全国高职高专规划教材

大气污染控制技术

（第二版）

主　编　姜成春

中国环境出版集团・北京

图书在版编目（CIP）数据

大气污染控制技术/姜成春主编．—2 版．—北京：中国环境出版集团，2016.6（2024.2 重印）
全国高职高专规划教材
ISBN 978-7-5111-2828-7

Ⅰ．①大…　Ⅱ．①姜…　Ⅲ．①空气污染控制—高等职业教育—教材　Ⅳ．①X510.6

中国版本图书馆 CIP 数据核字（2016）第 119774 号

出 版 人　武德凯
策划编辑　黄晓燕
责任编辑　孟亚莉
封面设计　宋　瑞

出版发行　中国环境出版集团
（100062　北京市东城区广渠门内大街 16 号）
网　　址：http://www.cesp.com.cn
电子邮箱：bjgl@cesp.com.cn
联系电话：010-67112765（编辑管理部）
010-67112735（第一分社）
发行热线：010-67125803，010-67113405（传真）
印　　刷　北京市联华印刷厂
经　　销　各地新华书店
版　　次　2009 年 7 月第 1 版　2016 年 6 月第 2 版
印　　次　2024 年 2 月第 3 次印刷
开　　本　787×960　1/16
印　　张　17.25
字　　数　350 千字
定　　价　33.00 元

《大气污染控制技术》
编写人员

主　编　姜成春

副主编　马东祝

参　编　高　辉　赵秋利　张小广　王宗舞　张　辉

前 言

《大气污染控制技术》自2009年出版以来以其实用选材、够用为度、深入浅出和简明扼要的特色受到读者的认可，几次重印。考虑到近年大气污染控制技术的发展，一些新理论和新技术需要补充到教材中。同时，一些与大气污染控制相关的国家标准近年也进行了重新颁布。因此，有必要对原有教材进行修订，出版《大气污染控制技术》(第二版)。

《大气污染控制技术》(第二版)新增了最新的大气污染控制相关国家标准，增加了空气质量指数、烟气排放量实测、气态污染物控制技术基础、管道和风机的相关计算等内容，并增加了大量的例题和练习题。同时，对教材原有内容进行了补充和修订，对其中的一些错误也进行了更正。

《大气污染控制技术》(第二版）实用特征更加明显，可使读者在较短时间内对大气污染控制全过程有一个全面了解。本书可作为高等专科学校和高等职业技术学校环境监测与治理专业及环境类其他专业大气污染控制教材，同时也可供环境保护管理人员、技术人员及相关从业人员参考使用。

全书分七章，由姜成春（深圳职业技术学院）担任主编，负责教材的整体构思、统稿工作及教材第五章的编写工作。马东祝（河北工业职业技术学院）担任副主编，负责第二章的编写工作。高辉（洛阳大学）负责第一章的编写工作。赵秋利（杨凌职业技术学院）负责第三章的编写工作。张小广（广东省环保职业技术学院）负责第四章的编写工作。王宗舞（黄河水利职业技术学院）负责第六章的编写工作。张辉（邢台职业技术学院）负责第七章的编写工作。

教材编写过程中，得到了教育部高等学校高职高专环保与气象专业教学指导委员会的关心与支持，中国环境出版社黄晓燕编辑、侯华华编辑对本书的编写和出版给予了大力的支持和帮助。本书编写过程中参考了大量文献资料。在此向专家、编辑及文献原作者一并表示衷心的感谢。由于编者水平所限，实践经验不足，不妥之处在所难免，恳请专家、同仁和广大读者批评指正。

编　者

2016 年 1 月

目　录

第一章 概 论

第一节 大气与大气污染

一、大气的组成

（一）大气和空气

国际标准化组织（ISO）对大气和空气作了如下定义：大气（atmosphere）是指环绕地球的全部空气的总和；环境空气（ambient air）是指人类、植物、动物和建筑物暴露于其中的室外空气。据此，我们可以看到“大气”和“空气”并无本质的区别，只是“大气”所指范围比“空气”要大一些。大气污染控制工程所研究的内容和范围其实更侧重于和人类关系最密切的近地层环境空气，因此无论是“大气”或“空气”，都是指“环境空气”。

（二）大气的组成

大气是多种气体的混合物，其组成可以分为三部分：干燥清洁的空气、水蒸气和各种杂质。

干洁空气的主要成分是氮、氧、氩和二氧化碳气体，其含量占全部干洁空气的99.996%（体积），氖、氦、氪、甲烷等次要组分只占0.004%左右。由于大气丰富而有序的运动，使得从地面到90 km高度这一人类经常活动的范围内，干洁空气的组成保持不变，物理性质基本相同。表1-1列出了乡村或远离大陆的海洋上空典型的干燥空气的化学组成。

大气中的水蒸气含量，平均不到0.5%，与干洁空气不同，水蒸气的分布极不均匀。随着时间、地点和气象条件的不同，其变化可达0.01%～4%。大气中的水蒸气具有重要的功能，它通过云、雾、雨、雪、霜、露等天气现象的变化，实现了大气中热能的输送和交换。此外，水蒸气吸收太阳辐射的能力较弱，但吸收地面长波辐射的能力较强，所以对地面的保温起着重要的作用。

大气中的各种杂质是由于自然过程和人类活动排到大气中的各种悬浮微粒和气

态物质形成的。大气中的悬浮微粒包括水滴、冰晶、有机微粒和无机固体微粒。有机微粒主要有细菌、病毒、植物花粉等；无机微粒则包括燃料燃烧和人类活动产生的烟尘、岩石和土壤风化后的尘粒、流星燃烧后产生的灰烬、浪花溅起的盐粒、火山灰等；气态物质主要有硫氧化物、氮氧化物、碳氧化物、硫化氢、氨、甲烷、甲醛、恶臭气体等。

杂质的存在对辐射的吸收和散射，对云、雨、雾的形成、对各种光学现象及人体的健康都具有重要影响，已经深深地影响了我们的生活和未来，是大气污染控制工程研究和治理的对象。

表 1-1　干洁空气的组成

成分	分子量	体积比/%	成分	分子量	体积比/10^{-6}
氮（N_2）	28.1	78.084±0.004	氖（Ne）	20.18	1.8
氧（O_2）	32.00	20.946±0.002	氦（He）	4.003	5.2
氩（Ar）	39.94	0.934±0.001	甲烷（CH_4）	16.04	1.2
二氧化碳（CO_2）	44.01	0.033±0.001	氪（Kr）	83.80	0.5
			氢（H_2）	2.016 0	0.5
			氙（Xe）	131.30	0.08
			二氧化氮（NO_2）	46.05	0.02
			臭氧（O_3）	48.00	0.01～0.04

注：干洁空气的平均分子量为 28.966，在标准状态下（273.15 K，101 325 Pa）密度为 1.293 kg/m^3。

二、大气污染的基本概念

（一）大气污染

国际标准化组织对大气污染的定义为：由于人类活动或自然过程引起的某些物质进入大气中，呈现出足够的浓度，达到了足够的时间，并因此而危害了人体的舒适、健康和福利或环境。其中人类活动包括生产活动和生活活动；自然过程包括火山活动、山林火灾、海啸、土壤和岩石的风化及大气圈中空气的运动等。对人体舒适、健康的危害，包括对人体正常生理机能的影响，引起疾病以至死亡等；福利则包括与人类协调共存的生物、自然资源及财产、器物等。大气污染主要是由人类活动造成的。

（二）大气污染源和大气污染物

1．大气污染源

大气污染源可以分为自然污染源和人为源两类：自然污染源是指由于自然原因

向环境释放污染物的地点或场所；人为源是指由于人类的生产活动和生活活动形成的污染源。大气污染控制工程的研究对象主要是人为源。

根据研究的对象和目的的不同，人为源又可做以下划分：按污染源的状态，可分为固定源（各类工厂、窑炉等）和移动源（机动车、飞机等）；按污染物排放的方式，可分为点源（污染物集中于一点或相当于一点的小范围排放源，如工厂的烟囱排放源）、面源（在相当大的面积范围内有许多个污染物排放源，如一个居住区内许多大小不同的污染物排放源）和线源；按污染物排放的时间，可分为连续源、间歇源和瞬时源；按污染物产生的类型，可分为工业污染源、生活污染源和交通污染源。根据对主要大气污染物的分类统计分析，大气污染源可概括分为三大方面：燃料燃烧、工业生产和交通运输。

2. 大气污染物

国际标准化组织对大气污染物的定义为：由于人类活动或自然过程排入大气的并对人或环境产生有害影响的物质。

大气污染物种类很多，按其存在状态可以分为气溶胶状态污染物和气体状态污染物。

（1）气溶胶状态污染物

在大气污染中，气溶胶是指沉降速度可以忽略的固体粒子、液体粒子或它们在气体介质中的悬浮体系，亦称颗粒物。按照气溶胶的物理性质，可将其分为以下几种。

① 粉尘（dust）：指悬浮于气体介质中的小固体颗粒，受重力作用能发生沉降，但在一段时间内能保持悬浮状态。它通常是由于固体物质的破碎、研磨、分级、输送等机械过程或土壤、岩石的风化等自然过程形成的。颗粒的形状往往是不规则的。颗粒的尺寸范围一般为 1～200 μm。

② 烟（fume）：指由冶金过程形成的固体颗粒的气溶胶。它是由熔融物质挥发后生成的气态物质的冷凝物，在生成过程中总是伴有诸如氧化之类的化学反应。烟颗粒的尺寸很小，一般为 0.01～1 μm。

③ 飞灰（fly ash）：指随燃料燃烧产生的烟气排出的分散得较细的灰分。

④ 黑烟（smoke）：指由燃料燃烧产生的能见气溶胶。

在无须仔细区分的工程中，一般将冶金过程和化学过程形成的固体颗粒气溶胶及燃料燃烧过程中产生的飞灰和黑烟称为烟尘；在其他情况下或泛指小固体颗粒的气溶胶时，则通称粉尘。

⑤ 雾（fog）：指气体中液滴悬浮体的总称。在气象中指造成能见度小于 1 km 的小水滴悬浮体。

根据粉尘颗粒的大小，颗粒物又可分为总悬浮颗粒物（total suspended particle）、可吸入颗粒物 PM_{10}（particulate matter）、细颗粒物 $PM_{2.5}$（particulate matter）。

总悬浮颗粒物（TSP）：指分散在大气中的各种粒子的总称，其空气动力学当量直径小于等于 100 μm，是目前大气质量评价中的一个通用的重要污染指标。

可吸入颗粒物（PM_{10}）：指悬浮在空气中，空气动力学当量直径小于等于 10 μm 的颗粒物。

细颗粒物（$PM_{2.5}$）：指悬浮在空气中，空气动力学当量直径小于等于 2.5 μm 的颗粒物。

PM_{10} 和 $PM_{2.5}$ 已经成为最引人注目的研究对象。因为粒径越小，越容易被人直接吸入并沉积在呼吸道中，对人体健康的危害越大。且因其在大气中长期漂浮，易使污染范围扩大，为新的光化学反应提供反应床，并产生危害更大的二次污染物。

2012 年 2 月 29 日，我国发布新修订的《环境空气质量标准》（GB 3095—2012），新标准增加了细颗粒物（$PM_{2.5}$）的浓度限值监测指标。

（2）气体状态污染物

气体状态污染物是以分子状态存在的污染物，简称气态污染物。气态污染物种类极多，主要分为五大类：以二氧化硫为主的含硫化合物、以氧化氮和二氧化氮为主的含氮化合物、碳氧化合物、有机化合物及卤素化合物（表 1-2）。

表 1-2 气态污染物及其主要人为源

类别	一次污染物	二次污染物	主要人为源
含硫化合物	SO_2，H_2S	SO_3，H_2SO_4，MSO_4	燃烧含硫的燃料
含氮化合物	NO，NH_3	NO_2，MNO_3	在高温时 N_2 和 O_2 的化合
有机化合物	C_1～C_{10}	醛，酮、过氧乙酰基硝酸酯、O_3	燃料燃烧，精炼石油，使用溶剂
碳的氧化物	CO，CO_2	无	燃烧
卤素化合物	HF，HCl	无	冶金作业

注：MSO_4 和 MNO_4 分别表示一般的硫酸盐和硝酸盐。

对气体状态污染物，根据其来源又可分为一次污染物和二次污染物。一次污染物是指直接从污染源排放到大气中的原始污染物质；二次污染物是指由一次污染物与大气中已有组分或几种一次污染物之间经过化学或光化学反应而生成的与一次污染物性质不同的新污染物质。

对上述主要气态污染物的特征、来源等简单介绍如下。

① 硫氧化物：硫氧化物中主要有二氧化硫，它是目前大气污染中数量较大，影响范围较广的一种气态污染物。大气中二氧化硫的来源很广，几乎所有工业企业都可能产生二氧化硫。它主要来自化石燃料的燃烧过程，以及硫化物矿石的焙烧、冶炼等热过程。火力发电厂，有色金属冶炼厂、硫酸厂、炼油厂，以及所有烧煤或油的工业窑炉等都会排放二氧化硫烟气。

② 氮氧化物：氮和氧的化合物有 N_2O，NO，NO_2，N_2O_3，N_2O_4 和 N_2O_5，总体

上用氮氧化物来表示。其中污染大气的主要是NO，NO_2。NO毒性不太大，但进入大气后可被缓慢地氧化成NO_2，当大气中有臭氧等强氧化剂存在时，或在催化剂作用下，其氧化速度会加快。NO_2的毒性约为NO的5倍。当NO_2参与大气中的光化学反应，形成光化学烟雾后，其毒性更强。人类活动产生的氮氧化物，主要来自各种炉窑，机动车和柴油机的排气，其次是硝酸生产、硝化过程、炸药生产及金属表面处理等过程。其中由燃料燃烧产生的氮氧化物约占83%。

③ 碳氧化物：CO和CO_2是各种大气污染物中发生量最大的一类污染物，主要来自燃料燃烧和机动车排气。CO是一种窒息性气体，进入大气后，由于大气的扩散稀释作用和氧化作用，一般不会造成危害。但在城市冬季采暖季节或在交通繁忙的十字路口，当气象条件不利于排气扩散稀释时，CO的浓度有可能达到危害人体健康的水平。CO_2是无毒气体，但当其在大气中的浓度过高时，氧气含量相对减小，对人体产生不良影响。地球上CO_2的浓度的增加会产生“温室效应”，迫使各国政府开始实施控制措施。

④ 有机化合物：有机化合物很多，从甲烷到长链聚合物的烃类。大气中的挥发性有机化合物（VOC），一般是C_1～C_{10}化合物，它与严格意义上的碳氢化合物不完全相同，因为它除含有碳原子和氢原子外，还常含有氧、氮和硫的原子。VOC是光化学氧化剂臭氧和过氧乙酰硝酸酯（PAN）的主要贡献者，也是温室效应的贡献者之一，所以必须加以控制。VOC主要来自于机动车和燃料燃烧排气，以及石油冶炼和有机化工生产等。

⑤ 光化学烟雾：光化学烟雾是在阳光照射下，大气中的氮氧化物、碳氢化合物和氧化剂之间发生一系列光化学反应而生成的蓝色烟雾（有时略带紫色或黄褐色）。其主要成分有臭氧、过氧乙酰硝酸酯、酮类和醛类等。光化学烟雾的刺激性和危害要比一次污染物强烈得多。

（三）大气污染的危害

1. 对人体健康的影响

大气污染对人体健康危害严重，其影响与污染物的浓度和毒性、暴露时间，以及人体健康状况有关。呼吸是人体受到大气污染危害的最直接、最主要的途径，因此，大气污染危害的主要表现为会引起一系列呼吸道疾病。此外直接的皮肤吸收和食用受污染的食物也是重要的途径。在突发的高浓度污染物作用下会造成人的急性中毒，并在短时间内引起死亡。

（1）颗粒物

颗粒物对人体健康的影响，主要取决于颗粒物的暴露浓度、颗粒物的粒径和颗粒物的理化活性。

研究数据表明，因呼吸道疾病、心脏病、肺气肿等疾病到医院就诊人数的增加，与大气中颗粒物浓度的增加是相关的。在震惊世界的英国伦敦烟雾事件中，颗粒物的浓度与死亡人数具有高度相关性。表 1-3 中列举了颗粒物浓度与其产生的影响之间关系的有限数据。

粒径的大小也同样强烈影响着它们危害的范围及其严重性。一方面，粒径越小越不容易沉降，长时间的漂浮会很容易被人吸入体内，且粒径越小，越容易沉积在肺泡的深处，引起严重的尘肺病；另一方面，粒径越小，粉尘比表面积越大，物理、化学活性越高，可以吸附空气中的各种有害气体（如苯并[*a*]芘、细菌）而成为它们的载体和进一步反应的反应床。

颗粒物的化学性质在决定它们对健康和环境的影响时也非常重要，重金属（如铬、锰、镉、铅、汞、砷等）和杀虫剂残余物的危害更大，严重时会引起中毒和死亡。

表 1-3 观察到的颗粒物的影响

颗粒物浓度/（mg/m^3）	测量时间及合并污染物	影响
0.06～0.18	年度几何平均，二氧化硫和水分	加快钢和锌板的腐蚀
0.08	年平均	环境空气质量一级标准
0.15	相对湿度＜70%	能见度缩小到 8 km
0.10～0.15	—	直射日光减少 1/3
0.08～0.10	硫酸盐水平 30 mg/（cm^2•月）	50 岁以上人死亡率增加
0.10～0.13	SO_2＞0.12 mg/m^3	儿童呼吸道发病率增加
0.20	24 h 平均 SO_2＞0.25 mg/m^3	工人因病未上班人数增加
0.30	24 h 平均值，SO_2＞0.63 mg/m^3	慢性支气管炎病人可能出现急性恶化的症状
0.75	24 h 平均值，SO_2＞0.715 mg/m^3	病人数量明显增加，可能发生大量死亡

（2）硫氧化物

SO_2 浓度较低（1.0×10^{-6}～0.3×10^{-6}）时，会引起人类包括动物出现支气管收缩，浓度较高（3×10^{-6}～1×10^{-6}）时，多数人开始感觉到刺激，浓度达到 1.0×10^{-7} 时刺激加剧，个别人会出现严重的支气管痉挛。与颗粒物和水分结合的硫氧化物对人类健康的影响更加显著。

当大气中的 SO_2 氧化形成硫酸和硫酸烟雾时，即使其浓度只相当于 SO_2 的 1/10，其刺激和危害也将更加明显。据动物实验表明，硫酸烟雾引起的生理反应要比单一 SO_2 气体强 4～20 倍。

（3）一氧化碳

CO 是一种有毒吸入物。被人体吸入后，CO 会与血液中负责携带氧气的血红蛋白结合，其结合力比氧与血红蛋白的结合力大 210 倍，从而妨碍氧气的补给。人暴露于高浓度（大于 7.50×10^{-8}）的 CO 中会导致死亡。

（4）氮氧化物

氮氧化物中对环境影响较大的主要是 NO 和 NO_2。

NO 对生物的影响还不清楚，动物实验认为，其毒性仅为 NO_2 的 1/5，但当 NO 被释放到大气中以后，会慢慢被氧化成 NO_2。

NO_2 是棕红色气体，对呼吸器官有强烈的刺激作用，会迅速破坏肺细胞，可能是哮喘病、肺气肿和肺癌的一种病因。NO_2 浓度升高对儿童的影响尤为明显。当浓度为 1.7×10^{-7} 时，呼吸 10 min，会使肺活量减少，肺部气流阻力增加。当 NO_x 与碳氢化合物混合时，在阳光照射下发生光化学反应生成光化学烟雾。光化学烟雾的成分是光化学氧化剂，它的危害更加严重。

（5）臭氧

在近地面发现的大气污染物臭氧可以被认为是一种“坏”臭氧，以区别于在地球高空平流层存在的“好”臭氧保护层。近地面臭氧是光化学烟雾的重要组成部分，由大气中的氮氧化物和碳氢化合物气体（也被称为挥发性有机化合物或者活性有机气体）通过复杂的化学反应生成。这些化学反应由夏日的太阳光引发，因为太阳光提供了开始光化学反应的能量。我们把它称为近地面臭氧或对流层臭氧以区别于有益的平流层臭氧。

臭氧属于光化学氧化剂。这些化合物还包括过氧乙酰硝酸酯（PAN）、过氧苯酰硝酸酯（PBN）和其他能使碘化钾的碘离子氧化的痕量物质，非常活泼。近地面臭氧及其他光氧化剂能导致健康问题，因为它会破坏肺组织，减弱肺功能，并且使肺对其他刺激更敏感。研究表明，大气环境中高浓度的臭氧不仅会让那些呼吸系统受到损害，如对患有哮喘的人产生影响，同时也会对健康人体产生影响。

（6）有机化合物

城市大气中有很多有机化合物是可疑的致突变物和致癌物，包括卤代甲烷、卤代乙烷、卤代丙烷、氯烯烃、氯芳烃、芳烃、氧化产物和氮化产物等。特别是多环芳烃（PAH）类大气污染物，大多有致癌作用，其中苯并[*a*]芘是强致癌物质。城市大气中的苯并[*a*]芘主要来自煤、油等燃料的未完全燃烧及机动车排气。苯并[*a*]芘主要通过呼吸道侵入肺部，并引起肺癌。实测数据表明，肺癌与大气污染、苯并[*a*]芘含量的相关性是显著的。从世界范围看，城市肺癌死亡率约比农村高 2 倍，有的城市肺癌死亡率是农村的 9 倍。

（7）铅

铅是一种重金属，能导致神经受到损伤并且会对肝脏和肾脏等器官产生不利影响。儿童暴露在铅污染中会更容易受到一系列的影响，如影响正常发育等。一旦铅通过呼吸或其他方法被摄入人体，它会在血液、骨骼和软组织中产生生物积累，因此铅的影响不太容易被逆转。大气中最大的铅排放源是使用含铅汽油的机动车。此外，铅冶炼和制造过程、水管中铅的腐蚀及含铅涂料等也是大气中铅的重要来源。

2．对植物的伤害

受污染的空气对植物的破坏有两种途径：一种是被污染空气中污染物的毒性破坏了敏感的细胞膜。如二氧化硫能直接损害植物的叶子，特别是生理功能旺盛的成熟叶子，因为成熟叶子气孔开得最大，而二氧化硫主要是通过气孔侵入的。氟化氢对植物来说是一种累积性毒物。即使暴露在极低的浓度中，植物最终也会把氟化物累积到足以损害其叶子组织的程度。臭氧可对植物气孔和膜造成损害，导致气孔关闭，可损害三磷酸腺苷的形成，降低光合作用对根部营养物的供应，影响根系向植物上部输送水分和养料。另一种途径是通过乙烯类的化学物质，充当植物激素，干扰植物正常的新陈代谢，破坏植物正常的生长和发展。公路和工业区附近的甲醛含量很高足以伤害敏感植物。一些科学家认为欧洲和北美洲大量森林的毁灭是由于火山喷发出的挥发性有机物造成的。

环境因素之间的特定结合会产生协同效应，即同时面临两种环境因素造成的伤害要大于各单因素分别作用之和。例如，白松幼苗分别暴露于低浓度的臭氧和二氧化硫气体中时，没有可见的伤害发生。可是当同样浓度的两种气体同时作用时，会产生可见的伤害。

3．对器物和材料的影响

大气污染对金属制品、油漆涂料、皮革制品、纸制品、纺织品、橡胶制品和建筑物等也会产生严重损害。这种损害包括沾污性损害和化学性损害两个方面。沾污性损害时是尘、烟等粒子落在器物表面造成的，有的可以通过清扫冲洗除去，有的很难除去，如煤油中的焦油等。化学性损害是由于污染物的化学作用，使器物腐蚀变质。如 SO_2 可使纸张变脆、褪色，使胶卷出现污点、皮革脆裂并使纺织品抗张力降低，SO_2 是造成金属腐蚀最为有害的污染物。含硫物质或硫酸会侵蚀多种建筑材料，如石灰石、大理石、花岗岩、水泥砂浆等，这些建筑材料先形成较易溶解的硫酸盐，然后被雨水冲刷掉。O_3 及 NO_x 会使染料与绘画褪色，使艺术品失去价值。

4．对大气能见度和气候的影响

（1）对大气能见度的影响

大气污染最常见的后果之一是大气能见度降低。一般来说，对大气能见度或清晰度有影响的污染物是气溶胶粒子（TSP、光化学烟雾）、能通过大气反应生成气溶胶粒子的气体（SO_2 和其他含硫化合物）或有色气体（NO_2）。

通常气候干燥时能见度比潮湿时好得多，主要因为细颗粒物从大气中吸收水分长大到更有效地散射太阳光的尺度。能见度降低会影响人们对环境的审美及交通安全。

（2）对气候的影响

大气污染对气候的影响极其复杂，CO_2 等温室气体的增加导致大气层温度升高，气候变暖，形成温室效应，同时气溶胶因为反射阳光使地表空气温度降低，就局部区域而言，气溶胶会大大抵消温室气体的温暖效应，但是气溶胶在空气中存在时间很短，因而降温效果是暂时的。20 世纪许多工业城市都经历了显著的变冷趋势。无论人为气溶胶还是自然气溶胶对气候的影响都是重要的。1991 年菲律宾皮纳图博火山爆发时喷射出的巨量火山灰和硫酸盐颗粒，使全球气温降低 1℃达 1 年之久。由于空气温度升高和海水表层升温造成的水蒸气含量增加是飓风和极端天气（罕见的大雨及洪水）频频发生的直接原因。

三、全球性大气污染问题

（一）全球气候变暖

大气中的 CO_2 和 H_2O 等微量组分对地球长波辐射吸收作用使近地面热量得以保持，从而导致全球气温升高的现象称为“温室效应”。

按照全球政府间气候变化小组（IPCC）第三次报告评估，全球平均地表气温自 1861 年以来一直在升高，20 世纪增加了 0.6℃±0.2℃，全球海平面上升了 10～20 cm。该报告和更多的数据显示：全球气候正在发生有史以来从未有过的急剧变化。并且根据各种计算机模型的预测，地球平均表面温度预计在 1990—2100 年还将升高 1.4～5.8℃，海平面将升高 8～9 cm。全球气候变暖将使得雪盖面积和冰川面积减少，导致海平面上升，使全球降水格局发生变化并导致全球灾害性气候增加，加大人群的发病率和死亡率，影响农业和自然生态系统。

全球气候变暖主要是人类在自身发展过程中对自然资源的过度开发，特别是对能源的过度使用从而造成大气中人为温室气体快速增加的结果。在已知的 30 多种与气候变化相关的大气组分中，二氧化碳、甲烷、氧化亚氮、氟利昂和臭氧是对气候变暖贡献最为显著的 5 种气体。其主要特征见表 1-4。

表 1-4 主要温室气体及其特征

气体	大气中体积分数/10^{-6}	年增长率/%	生存期/a	温室效应比（CO_2＝1）	现有贡献率/%	主要来源
CO_2	355	0.4	50～200	1	50～60	煤、石油、天然气、森林砍伐
CFC	0.000 85	2.2	50～102	3 400～15 000	12～20	发泡剂、气溶胶、制冷剂、清洗剂
CH_4	1.7	0.8	12～17	11	15	湿地、稻田、化石、燃料、牲畜
N_2O	0.31	0.25	120	270	6	化石燃料、化肥、森林砍伐
O_3	0.01～0.05	0.5	数周	4	8	光化学反应

从表 1-4 中可以看出，CO_2 是最主要的温室气体，贡献率达 50%～60%，这主要是因为一方面 CO_2 在大气中所占比重大，全球浓度增长显著；另一方面 CO_2 在大气中性质稳定、能长期存在。据预测，由温室效应加强的全球变暖将持续几个世纪。

CH_4 是大气中浓度最高的有机化合物，各项研究显示，甲烷对红外辐射的吸收带不在 CO_2 和 H_2O 的吸收范围之内。而且 CH_4 在大气中浓度增长的速度比 CO_2 快，单个 CH_4 的红外辐射能力超过 CO_2。因此，CH_4 在温室效应的研究中也具有重要的地位。

大气中的氟利昂没有天然来源，全部来自人为的生产过程。氟利昂的大气寿命很长，而且对红外辐射的吸收能力极强，在“温室效应”中的作用不容忽视。由于对臭氧层的破坏，氟利昂的使用已经有所减缓，但其许多替代品的显著增温能力值得高度关注。

为了有效遏制全球变暖的趋势，1992 年 149 个国家和地区签署了一个协议，允诺减少未来温室气体排放量的增加。这个历史性协议的成果之一就是 1997 年 12 月在日本东京由 84 个国家签署的一个正式气候变化议定书——《京都议定书》。这是第一次世界上主要发达国家同意对它们各自所设定的未来 CO_2 排放削减量的目标和时间表。中国于 1998 年 5 月 29 日签署了该议定书。

【阅读材料】

《京都议定书》及后续相关气候大会

为了人类免受气候变暖的威胁，1997 年 12 月，149 个国家和地区的代表在日本京都通过了旨在限制发达国家温室气体排放量以抑制全球变暖的《京都议定书》，它规定 2008—2012 年，主要工业发达国家的温室气体排放量要在 1990 年的基础上平均减少 5.2%，其中欧盟将 6 种温室气体的排放量削减 8%，美国削减 7%，日本削减 6%。

《京都议定书》需要占 1990 年全球温室气体排放量 55%以上的至少 55 个国家和地区批准之后，才能成为具有法律约束力的国际公约。中国于 1998 年 5 月签署并于 2002 年 8 月批准了该议定书。欧盟及其成员国于 2002 年 5 月 31 日正式批准了《京都议定书》。2004 年 11 月 5 日，俄罗斯总统普京在《京都议定书》上签字，使其正式成为俄罗斯的法律文本。截至 2005 年 8 月 13 日，全球已有 142 个国家和地区签署该议定书，其中包括 30 个工业化国家，批准国家的人口数量占全世界总人口的 80%。

截至 2004 年，主要发达工业国家的温室气体排放量在 1990 年的基础上平均减少了 3.3%，但世界上最大的温室气体排放国美国的排放量比 1990 年上升了 15.8%。2001 年，美国总统小布什第一任期就宣布美国退出《京都议定书》，理由是议定书对美国经济发展带来过重负担。

2007 年 3 月，欧盟各成员国领导人一致同意，单方面承诺到 2020 年将欧盟温室气体排放量在 1990 年的基础上至少减少 20%。英国公布确定二氧化碳减排目标法案草案。

2012 年之后如何进一步降低温室气体的排放，即所谓“后京都”问题是在肯尼亚首都内罗毕举行的《京都议定书》第二次缔约方会议上的主要议题。

《京都议定书》建立了旨在减排温室气体的三个灵活合作机制——国际排放贸易机制、联合履行机制和清洁发展机制。以清洁发展机制为例，它允许工业化国家的投资者从其在发展中国家实施的并有利于发展中国家可持续发展的减排项目中获取“经证明的减少排放量”。2005年2月16日，《京都议定书》正式生效。这是人类历史上首次以法规的形式限制温室气体排放。为了促进各国完成温室气体减排目标，议定书允许采取以下四种减排方式：①两个发达国家之间可以进行排放额度买卖的“排放权交易”，即难以完成削减任务的国家，可以花钱从超额完成任务的国家买进超出的额度；②以“净排放量”计算温室气体排放量，即从本国实际排放量中扣除森林所吸收的二氧化碳的数量；③可以采用绿色开发机制，促使发达国家和发展中国家共同减排温室气体；④可以采用“集团方式”，即欧盟内部的许多国家可视为一个整体，采取有的国家削减、有的国家增加的方法，在总体上完成减排任务。

2009年12月7—18日，《联合国气候变化框架公约》第15次缔约方会议暨《京都议定书》第五次缔约方会议在丹麦首都哥本哈根召开，会议旨在达成一个新的应对气候变化的协议，并以此作为2012年《京都议定书》第一阶段结束后的后续方案。哥本哈根会议争论焦点如下：①框架内外之争，即实行双轨制还是两轨合一问题的争论。一些发达国家希望并轨，取消《京都议定书》，使“共同但有区别的责任”丧失实际性的内容。而发展中国家坚决要求实行双轨制，坚持《框架公约》《京都议定书》和《巴厘路线图》要求，坚持“共同但有区别的责任”的原则不动摇。②减排承诺之争，中国、印度、南非、巴西、印度尼西亚都提出了到2020年的减缓行动目标，但大部分发展中国家以脱贫为由，愿意自行承诺的很少，而发达国家要求发展中国家还应该做得更好。因此，在减排目标方面分歧很大。③“适应”与“减缓”之争，对发展中国家来说，“适应”气候变化的直接影响，如海平面上升时居民搬迁问题、农业减产问题，是他们最关心的。而对于发达国家来说，通过能力建设、使用新能源等长线手段“减缓”气温升高和气候变化的影响，是他们的着眼点。④资助资金之争，按照联合国相关约定，发达国家需给发展中国家提供额外的、足够的资金和技术支持，以帮助发展中国家提高减缓和适应气候变化的能力。2030年之前，发展中国家每年将需要提供1 000亿美元的资助，缺口巨大，造成发展中国家对资助资金的激烈争夺和内部的激烈争论。此外，发达国家倾向于支持能力建设而非具体项目和技术转让，重视对“减缓”的支持，对发展中国家看重的“适应”支持较少。⑤技术转让的争议，发达国家以多种理由不履行技术转让义务，一是发达国家不愿承认、更不愿承担历史排放的责任，不愿无偿或低价转让技术给发展中国家；二是发达国家要求在传统的贸易体制（如国际贸易、FDI）和《京都议定书》清洁发展机制（CDM）之下，进行技术转让；三是发达国家认为，技术大部分属于私人所有，技术转让应以市场方式获得；四是发达国家以保护知识产权为由，声称技术转让不利技术创新和开发。哥本哈根会议通过的《哥本哈根协议》不具有法律约束力。协议指出气候变化是当前面临的主要挑战之一，各国根据“共同但有区别的责任”原则，紧急应对气候变化；为了达成公约规定的控制大气温室气体浓度的最终目标，应把温度上升的幅度控制在2℃以内，要加强长期合作行动以应对气候变化；协议要求，到2020年，发达国家应通过不同渠道，为发展中国家每年筹资1 000亿美元；应建立哥本哈根绿色气候基金，为发展中国家提供减排、适应、能力建设、技术开发与转让支持；应建立技术机制，支持各国自主采取的减排行动；协议应交由各国立法机构审核签署，并在2010年《联合国气候变化框架公约》第十六次缔约方会议上批准，成为法律文件，于2013年开始实施。

《联合国气候变化框架公约》第二十一次缔约方大会暨《京都议定书》第十一次缔约方大会”于2015年11月30日至12月11日在巴黎北郊的布尔歇展览中心举行。此次大会的首要目标是在《公约》框架下达成一项“具有法律约束力的并适用于各方的”全球减排新协议。新协议将在一定程度上确定2020年《京都议定书》第二承诺期结束后国际社会如何分担应对气候变化的责任。本次会议的核心是抑制或控制碳排放，旨在完成2009年哥本哈根气候大会提出的目标——达成一项抑制全球气候变暖的协定，确保地球升温不超过工业革命前2℃。

欧盟是巴黎气候大会协定的制定者，建议协定加入每5年进行审查的机制；承诺排放峰值不晚于2020年前达到；欧盟目标与联合国一致，即将气候变暖控制在不超过工业化前水平2℃。美国减排目标为到2025年，较2005年减少28%的温室气体排放。2015年6月，中国正式向联合国提交“国家自主决定贡献”：二氧化碳排放2030年左右达到峰值并争取尽早达峰、单位国内生产总值二氧化碳排放比2005年下降60%～65%，非化石能源占一次能源消费比重达到20%左右，森林蓄积量比2005年增加45亿m^3左右。

《联合国气候变化框架公约》近200个缔约方一致同意通过《巴黎协定》。协定共29条，包括目标、减缓、适应、损失损害、资金、技术、能力建设、透明度、全球盘点等内容。《巴黎协定》指出，各方将加强对气候变化威胁的全球应对，把全球平均气温较工业化前水平升高控制在2℃之内，并为把升温控制在1.5℃之内而努力。全球将尽快实现温室气体排放达峰，21世纪下半叶实现温室气体净零排放。根据协定，各方将以“自主贡献”的方式参与全球应对气候变化行动。发达国家将继续带头减排，并加强对发展中国家的资金、技术和能力建设支持，帮助后者减缓和适应气候变化。从2023年开始，每5年将对全球行动总体进展进行一次盘点，以帮助各国提高力度、加强国际合作，实现全球应对气候变化长期目标。

巴黎气候变化大会达成包括《巴黎协定》和相关决定的巴黎成果，在国际社会应对气候变化进程中又向前迈出了关键一步。《巴黎协定》的达成标志着2020年后的全球气候治理将进入一个前所未有的新阶段，具有里程碑式的意义。

（二）臭氧层破坏

平流层中最重要的化学组分是臭氧，它保存了大气中90%的臭氧，我们把这一层高浓度的臭氧称为“臭氧层”。臭氧层距离地球表面为 15～25 km，臭氧对太阳的紫外辐射有很强的吸收作用，有效地阻挡了对地表生物有伤害作用的短波紫外线。事实上可以认为，直到臭氧层形成之后，生命才有可能在地球上生存、延续和发展。正常大气中臭氧的柱浓度约为300 D.U（多布森单位，Dobson unit）。

20世纪70年代末和80年代，全世界范围内都观察到了平流层臭氧浓度的降低。最严重的臭氧层破坏是在南极洲，每到春天南极上空的平流层臭氧都会发生急剧的大规模的耗损，极地上空臭氧层的中心地带，有近95%的臭氧被破坏。从地面向上观测，高空的臭氧层极其稀薄，与周围相比像是形成了一个洞，“臭氧洞”因此得名。臭氧洞被定义为臭氧的柱浓度小于 200 D.U。如果臭氧浓度的降低发生在人口密集地区，那么紫外辐射穿透率的增加会导致皮肤癌、白内障和失明的可能性增加，对海洋中的藻类和浮游植物会造成危害，从而影响陆地和水体的生物地球化学循环。如果臭氧层被我们破坏殆尽，地球的生物将不复存在。

消耗臭氧层物质（ODSs）主要物质是人工合成的全氯氟烃（CFCs，氟利昂）、溴氯氟烷（CFCB，哈龙）、四氯化碳（CCl_4）、甲基氯仿（CH_3CCl_3）、氯氟烃（HCFC）、甲基溴（CH_3Br）等。在平流层中，强烈的紫外线照射使CFCs和哈龙等消耗臭氧层物质发生离解，释放出自由的氯原子和溴原子，它们通过以下反应消耗臭氧：

$$Cl+O_3 = ClO+O_2$$

$$ClO+O = Cl+O_2$$

据估算，一个氯原子自由基可以破坏 10^4～10^5 个臭氧分子，而由哈龙释放的溴原子自由基对臭氧的破坏能力是氯原子的 30～60 倍。

由于认识到全球范围的平流层臭氧破坏问题，1987 年 46 个国家联合签署了《关于消耗臭氧层物质的蒙特利尔议定书》（以下简称《蒙特利尔议定书》），对破坏臭氧层的物质提出了削减使用的时间要求。我国于 1992 年加入了《蒙特利尔议定书》。在各项国际环境公约中，《蒙特利尔议定书》是执行得最好的公约之一。但由于氟利昂相当稳定，可以在大气中稳定存在 50～100 年，即使议定书得到完全履行，臭氧层损耗也只能在 2050 年以后才有可能完全复原。

（三）酸雨

由于大气中 CO_2 的存在，正常降水的 pH 为 5.6。酸雨通常指 pH 低于 5.6 的降水。现在酸雨的定义已被扩展，泛指酸性物质以湿沉降或干沉降的形式从大气转移到地面上。湿沉降是指酸性物质以雨、雪形式降落地面，干沉降是指酸性颗粒物以重力沉降、微粒碰撞和气体吸附等形式由大气转移到地面。酸雨中绝大部分酸性物质是硫酸和硝酸，它们主要来源于二氧化硫和氮氧化物。

酸雨最早出现在挪威、瑞典等北欧国家，随后扩展至整个欧洲。美国和加拿大东部也是一大酸雨区。由于污染物长距离传输，造成了典型的越境污染问题，加拿大有一半酸雨来自美国。我国经济的快速发展，以及对能源特别是煤炭的大量使用，酸雨问题也日益严重。20 世纪 80 年代，我国的酸雨主要发生在重庆、贵阳和柳州为代表的西南地区，酸雨区面积约为 170 万 km^2。到 90 年代中期，酸雨已发展到长江以南、青藏高原以东及四川盆地的广大地区，酸雨区扩大了 100 多万 km^2。以长沙、赣州、南昌、怀化为代表的华中酸雨区现已成为全国酸雨污染最严重的地区，其中心区平均降水 pH 低于 4.0，酸雨频率高达 90%以上，已到了“逢雨必酸”的程度。以南京、上海、杭州、福州和厦门为代表的华东沿海地区也成为我国主要的酸雨地区。值得注意的是，华北的京津、东北的丹东、图们等地区也频频出现酸雨，年均 pH 低于 5.6 的区域已占全国国土面积的 40%左右。

酸雨造成的淡水和溪流的酸化直接影响鱼类和其他水生生物的生存，对海拔较高且土壤贫瘠的森林也具有较大的破坏作用，会导致一些树种死亡。酸雨对特定地区的危害很大程度上还取决于土壤的缓冲容量。如果当地的土壤中含有大量的石灰石，即 $CaCO_3$，那么雨水的酸度会被中和。如果土壤中石灰石含量少，那么观测到的地表水的 pH 比较低，产生的危害效应将很显著，因为酸度的增加也会加速金属从土壤中的溶出，比如铝，这样就增加了水中金属的含量，这些溶解的金属会对水生生物、植物和人类的饮用水造成更大的危害。

为控制酸雨污染，各国都在提倡、研究、实施清洁煤技术，美国建立了一套二氧化硫排放交易制度，以控制二氧化硫的排放，取得了显著的效果。我国实行了排污许可证制度，1998 年 3 月，国务院批复了国家环保总局上报的“酸雨控制区”和“二氧化硫控制区”（“两控区”）划分方案。通过重点整治“两控区”，来遏制二氧化硫的排放，从而减轻酸雨的危害。“两控区”划定范围约占国土面积的 11.4%，二氧化硫排放量约占全国排放总量的 60%。要求到 2010 年全国二氧化硫排放总量控制在 2000 年排放水平以内，酸雨控制区降水 pH 小于 4.5 的面积比 2000 年有明显减少。

第二节　大气污染控制的主要内容

一、大气污染控制的主要对象

大气污染控制的对象主要是人为活动，特别是燃料燃烧、工业生产和交通运输等过程排放的各种废气。主要包括含尘废气、低浓度 SO_2 废气、NO_2 废气、含氟废气、含铅废气、含汞废气、有机化合物废气、H_2S 废气、酸雾、沥青烟及恶臭等，也包括对破坏臭氧层的物质和温室气体的控制。

由于我国的能源结构以煤为主，属于煤烟型污染，所以大气污染控制的重点对象是工业燃煤和居民生活燃煤过程中排放的污染物。随着经济的快速发展，城市化进程的进一步加快，以汽车为代表的石油型污染在一些大中城市日益突出，因此汽车尾气也成为大气污染控制的主要对象。

二、大气污染控制技术

根据污染控制的方法原理，大气污染控制技术可分为洁净燃烧技术、烟气的高烟囱排放、颗粒污染物净化技术和气态污染物净化技术等。根据污染控制对象的不同，大气污染技术又可分为除尘技术、脱硫技术、NO_x 控制技术及含氟废气、含铅废气、含汞废气、有机化合物废气、H_2S 废气、酸雾、沥青烟及恶臭等的净化技术。

（一）洁净燃烧技术

洁净燃烧技术指为提高燃料利用率和减少燃烧过程污染物排放的所有技术的总称，主要是指洁净煤技术和低 NO_x 燃烧技术。垃圾焚烧及其污染控制技术也属于洁净燃烧技术。我国是世界上最大的煤炭生产国和消费国，传统的煤炭开发利用方式导致严重的煤烟型污染，已成为中国大气污染的主要类型。由于以煤为主的能源格局在相当一段时间内难以改变，发展洁净煤技术是现实的选择。其重点技术主要有：

① 先进的燃煤技术，如流化床燃烧技术等；

② 燃煤脱硫、脱氮技术，如煤炭洗选、型煤、水煤浆技术等；

③ 煤炭加工成洁净能源技术，如煤炭气化、液化技术，常压循环流化床、加压流化床、整体煤气化联合循环技术（IGCC）等；

④ 提高煤炭及粉煤灰利用率，如煤泥制水煤浆、煤泥和煤矸石燃烧、混烧技术、炉渣做水泥原料、粉煤灰制作各种建材的成型技术。

（二）烟气的高烟囱排放

烟气的高烟囱排放主要是通过高烟囱把含有污染物的烟气直接排入大气，使污染物向更大范围和更远区域扩散、稀释，充分利用大气的自净作用，使烟气达标排放，进一步降低地面空气中污染物的浓度，以减轻局部大气污染问题。虽然高烟囱排放不是根本办法，因为它没有从本质上减少污染物的总量，只是暂时降低了污染源周围的污染物浓度，但考虑到我国的实际国情，仍有些地方采用高烟囱排放。

（三）颗粒污染物净化技术

颗粒污染物的净化技术就是气体与粉尘微粒的多相混合物的分离操作技术，是我国大气污染控制的重点。它主要是各种除尘器的设计，具体介绍如下。

① 重力沉降室：通过重力作用使尘粒从气流中沉降分离的除尘装置，它的设计模式有层流式和湍流式两种。它结构简单，投资少，压力损失小，维修管理容易。但它的体积大，效率低，因此只能作为高效除尘的预除尘装置，除去较大和较重的粒子。

② 旋风除尘器：利用旋转气流产生的离心力使尘粒从气流中分离的装置。它结构简单，对于捕集分离 5～10 μm 的粉尘效率较高，可达 90%以上，其应用广泛。

③ 过滤式除尘器：使含尘气体通过一定的过滤材料来达到分离气体中固体粉尘的一种高效除尘设备。对微米和亚微米级的粉尘粒子除尘效率可达 99%以上，运行稳定，没有污泥处理、腐蚀和粉尘比电阻问题。

④ 电除尘器：使含尘气体在通过高压电场进行分离的过程中，使粉尘荷电，并在电场力的作用下，使粉尘沉积于电极上，将粉尘从含尘气体中分离出来的一种除

尘装置。除尘效率高，可达到 99%以上，且结构简单，压力损失小，可以实现微机操作，但设备费贵。

（四）气态污染物净化技术

① 吸收法：利用气体混合物中的一种或多种组分在选定的吸收剂中的溶解度不同或与吸收剂中的组分发生选择性的化学反应，从而将其从气相分离出去的操作过程。吸收法具有工艺成熟、设备简单、投资低等特点，但必须对吸收液进行适当的回收和利用，否则易造成二次污染和资源浪费。

② 吸附法：利用多孔性固体物质选择性地吸附废气中的一种或多种有害组分的过程。分为物理吸附和化学吸附。常用于用其他方法难以分离的低浓度有害物质。

③ 催化法：利用催化剂的催化作用，将废气中的污染物转化为无害或易于去除或回收利用的物质的净化方法，应用广泛，需避免催化剂中毒。

④ 燃烧法：利用某些废气中的污染物可燃烧氧化的特性，将其燃烧变为无害或易于进一步处理和回收的物质的方法。分为直接燃烧、催化燃烧、热力燃烧三类。

⑤ 冷凝法：指气体在不同温度及压力下具有不同饱和蒸汽压，在降低温度和加大压力时，某些气体物质凝结成液体分离出来，进而达到净化和回收的目的。冷凝法特别适合回收高浓度有价值的污染物。

第三节　大气环境标准

大气环境标准按其用途可分为环境空气质量标准、大气污染物排放标准、大气污染物控制技术标准等。按其使用范围可分为国家标准、地方标准和行业标准。此外，我国还实行了大中城市空气污染指数报告制度。

一、环境空气质量标准

“怎样的空气才算清洁？”这个问题要由《环境空气质量标准》来回答。《环境空气质量标准》是以改善环境空气质量，防止生态破坏，创造清洁适宜的环境，保护人体健康而制定的。2012 年 2 月 29 日我国发布新修订的《环境空气质量标准》（GB 3095—2012），由于我国不同地区的空气污染特征、经济发展水平和环境管理要求差异较大，自发布之日起，新标准按国家要求分期实施，自 2016 年 1 月 1 日起在全国实施。

与《环境空气质量标准》（GB 3095—1996）相比，新标准修订的主要内容为：

—— 调整了环境空气功能区分类，将功能区由三类合并为两类；

—— 增设了细颗粒物浓度限值和臭氧 8 h 平均浓度限值；

—— 调整了可吸入颗粒物、二氧化氮、铅和苯并[a]芘等的浓度限值；

—— 调整了数据统计的有效性规定。将有效数据要求由 50%～75%提高至 75%～90%。

按照新标准，我国环境空气功能区分为两类：一类区为自然保护区、风景名胜区和其他需要特殊保护的区域；二类区为居民区、商业交通居民混合区、文化区、工业区和农村地区。一类区适用一级浓度限值，二类区适用二级浓度限值。一、二类环境空气功能区质量要求见表 1-5、表 1-6。

表 1-5 环境空气污染物基本项目浓度限值（摘自 GB 3095—2012）

污染物名称	取值时间	浓度限值		浓度单位
		一级	二级	
二氧化硫（SO_2）	年平均	20	60	μg/m³（标准状态）
	24 h 平均	50	150	
	1 h 平均	150	500	
可吸入颗粒物（PM_{10}）	年平均	40	70	
	24 h 平均	50	150	
细颗粒物（$PM_{2.5}$）	年平均	15	35	
	24 h 平均	35	75	
二氧化氮（NO_2）	年平均	40	40	
	24 h 平均	80	80	
	1 h 平均	200	200	
臭氧（O_3）	日最大 8 h 平均	100	160	
	1 h 平均	160	200	
一氧化碳（CO）	24 h 平均	4	4	mg/m³（标准状态）
	1 h 平均	10	10	

表 1-6 环境空气污染物其他项目浓度限值（摘自 GB 3095—2012）

污染物名称	取值时间	浓度限值		浓度单位
		一级	二级	
总悬浮颗粒物（TSP）	年平均	80	200	μg/m³（标准状态）
	24 h 平均	120	300	
氮氧化物（NO_x）	年平均	50	50	
	24 h 平均	100	100	
	1 h 平均	250	250	
铅（Pb）	年平均	0.5	0.5	
	季平均	1	1	
苯并[a]芘（B[a]P）	年平均	0.001	0.001	
	24 h 平均	0.002 5	0.002 5	

在实施新标准之前，各地适用的仍为《环境空气质量标准》(GB 3095—1996)。它规定二氧化硫（SO_2）、总悬浮颗粒物（TSP）、可吸入颗粒物（PM_{10}）、二氧化氮（NO_2）、一氧化碳（CO）、臭氧（O_3）、铅（Pb）、苯并[*a*]芘（B[*a*]P）和氟化物（F）9 种污染物的浓度限值（表 1-7）。该标准根据对空气质量要求的不同，将环境空气质量分为三级。

一级标准：为保护自然生态和人群健康，在长期接触情况下，不发生任何危险性影响的空气质量要求。

二级标准：为保护人群健康和城市、乡村的动植物在长期和短期的接触情况下，不发生任何危险性影响的空气质量要求。

三级标准：为保护人群不发生急、慢性中毒和城市一般动、植物（敏感者除外）正常生长的空气质量要求。

表 1-7　《环境空气质量标准》规定的各项污染物的浓度限值（摘自 GB 3095—1996）

污染物名称	取值时间	浓度限值			浓度单位
		一级标准	二级标准	三级标准	
二氧化硫（SO_2）	年平均	0.02	0.06	0.10	mg/m^3（标准状态）
	日平均	0.05	0.15	0.25	
	1 h 平均	0.15	0.50	0.70	
总悬浮颗粒物（TSP）	年平均	0.08	0.20	0.30	
	日平均	0.12	0.30	0.50	
可吸入颗粒物（PM_{10}）	年平均	0.04	0.10	0.15	
	日平均	0.05	0.15	0.25	
二氧化氮（NO_2）	年平均	0.04	0.08	0.08	
	日平均	0.08	0.12	0.12	
	1 h 平均	0.12	0.24	0.24	
一氧化碳（CO）	日平均	4.00	4.00	6.00	
	1 h 平均	10.00	10.00	20.00	
臭氧（O_3）	1 h 平均	0.12	0.20	0.20	
铅（Pb）	季平均		1.50		$\mu g/m^3$（标准状态）
	年平均		1.00		
苯并[*a*]芘（B[*a*]P）	日平均		0.01		
氟化物（F）	日平均		7①		
	1 h 平均		20①		
	月平均	1.8②	3.0③		$\mu g/(m^2 \cdot d)$
	植物生长季平均	1.2②	2.0③		

注：① 适用于城市地区；② 适用于牧业区和以牧业为主的半农半牧区、蚕桑区；③ 适用于农业区和林业区。

该标准将环境空气质量功能区分为三类：

一类区为自然保护区、风景名胜区和其他需要特殊保护的地区；

二类区为城镇规划中的居住区、商业交通居民混合区、文化区、一般工业区和农村地区；

三类区为特定工业区。

一类区执行一级标准，二类区执行二级标准，三类区执行三级标准。

二、大气污染物排放标准

（一）标准内容

大气污染物排放标准是以实现环境空气质量标准为目标，对从污染源排入大气的污染物浓度（或数量）所做的限制规定。我国于 1973 年颁布《工业“三废”排放试行标准》（GBJ—4），暂定了 13 种有害物质的排放标准。经过 20 多年试行，1996 年修改制定了《大气污染物综合排放标准》（GB 16297—1996），规定了 33 种大气污染物的排放限值，其标准体系为最高允许排放浓度、允许排放速率和无组织排放监控浓度限值。

该标准指标体系规定：①通过排气筒排放废气的最高允许排放浓度；②通过排气筒排放的废气，按排气筒高度规定的最高允许排放速率；任何一个排气筒必须同时遵守上述两项指标，超过其中任何一项均为超标排放；③以无组织方式排放的废气，规定无组织排放的监控点及相应的监控浓度限值。

该标准将 1997 年 1 月 1 日前设立的污染源称为现有污染源，执行现有污染源的标准值；将 1997 年 1 月 1 日起设立（包括新建、扩建、改建）的污染源称为新污染源，执行新污染源的标准值。该标准规定的最高允许排放速率，现有污染源分为一、二、三级，新污染源分为二、三级。按污染源所在的环境空气质量功能区分类别，执行相应级别的排放速率标准。即：①位于一类区的污染源执行一级标准（一类区禁止新、扩建污染源，一类区现有污染源改建执行现有污染源的一级标准）；②位于二类区的污染源执行二级标准；③位于三类区的污染源执行三级标准。

大气污染物综合排放标准的其他规定：①排气筒高度除须遵守表列排放速率标准值外，还应高出周围 200 m 半径范围的建筑 5 m 以上，不能达到该要求的排气筒，应按其高度对应的表列排放速率标准值严格 50%执行；②两个排放相同污染物的排气筒，若其距离小于其几何高度之和，应合并视为一根等效排气筒。若有三根以上的近距排气筒，且排放同一种污染物时，应以前两根的等效排气筒，依次与第三、四根排气筒取等效值。等效排气筒的有关参数计算方法见等效排气筒有关参数；③若某排气筒的高度处于本标准列出的两个值之间，其执行的最高允许排放速率以内插法计算；当某排气筒的高度大于或小于本标准列出的最大值或最小值时，以外推法计算其最高允许排放速率，内插法和外推法计算式见排气筒最高允许排放速率的内插法和外推法；④新污染源的排气筒一般不应低于 15 m。若新污染源的排气筒必须低于 15 m 时，其排放速率标准值按外推计算结果再严格 50%执行。

（二）等效排气筒有关参数

①等效排气筒污染物排放速率：$Q = Q_1 + Q_2$

②等效排气筒高度：$h=[(h_1^2+h_2^2)/2]^{1/2}$

式中：Q_1、Q_2 —— 分别为排气筒 1 和排气筒 2 的排放速率，kg/h；

h_1、h_2——分别为排气筒 1 和排气筒 2 的高度，m。

（三）排气筒最高允许排放速率的内插法和外推法

①排气筒高度介于表列两高度之间，用内插法计算其最高允许排放速率：

$$Q=Q_a+(Q_{a+1}-Q_a)(h-h_a)/(h_{a+1}-h_a)$$

式中：h_a、h_{a+1} —— 分别为比某排气筒 h 低和高的列表排气筒高度，m；

Q_a、Q_{a+1} —— 分别为比某排气筒 h 低和高的列表排气筒排放速率，kg/h。

②排气筒高度高于表列排气筒最高值，用外推法计算其最高允许排放速率：

$$Q=Q_b(h/h_b)^2$$

式中：Q_b、h_b —— 分别为表列最高排气筒排放速率（kg/h）和高度（m）。

③排气筒高度低于表列排气筒最低值，用外推法计算其最高允许排放速率：

$$Q=Q_c(h/h_c)^2$$

式中：Q_c、h_c —— 分别为表列最低排气筒排放速率（kg/h）和高度（m）。

对位于国务院批准划定的酸雨控制区和二氧化硫控制区的污染源，其二氧化硫排放除执行该标准外，还应执行总量控制标准。

按照综合性排放标准与行业性排放标准不交叉执行的原则，仍继续执行的行业性标准有：《锅炉大气污染物排放标准》（GB 13271—91）、《工业炉窑大气污染物排放标准》（GB 9078—1996）、《火电厂大气污染物排放标准》（GB 13223—1996）、《炼焦炉大气污染物排放标准》（GB 16171—1996）、《水泥厂大气污染物排放标准》（GB 4915—1996）、《恶臭污染物排放标准》（GB 14554—1993）、《汽车大气污染物排放标准》（GB 14761.1～14761.7—93）、《摩托车排气污染物排放标准》（GB 14621—93）等。

三、大气污染控制技术标准

《大气污染控制技术标准》是根据污染物排放标准引申出来的辅助标准，如燃料、原料使用标准，净化装置选用标准，排气筒高度标准及卫生防护距离标准等。它们都是为保证达到污染物排放标准而从某一方面做出的具体规定。

四、空气质量指数

空气质量指数（Air Quality Index，AQI）是定量描述空气质量状况的无量纲指数。针对单项污染物还规定了空气质量分指数。参与空气质量评价的主要污染物为细颗粒物、可吸入颗粒物、二氧化硫、二氧化氮、臭氧、一氧化碳共六项。

（一）空气质量指数分级

2012 年上半年出台规定，将用空气质量指数（AQI）替代原有的空气污染指数（API）。空气质量按照空气质量指数大小分为六级，相对应空气质量的六个类别，指数越大、级别越高说明污染的情况越严重，对人体的健康危害也就越大，从一级优，二级良，三级轻度污染，四级中度污染，直至五级重度污染，六级严重污染。

根据《环境空气质量指数（AQI）技术规定（试行）》（HJ 633—2012）规定：空气污染指数划分为 0～50、51～100、101～150、151～200、201～300 和大于 300 六档，对应于空气质量的六个级别，指数越大，级别越高，说明污染越严重，对人体健康的影响也越明显。

（二）空气质量指数与空气污染指数的区别

AQI 与原来发布的空气污染指数（API）有着很大的区别。AQI 分级计算参考的标准是新的环境空气质量标准（GB 3095—2012），参与评价的污染物为 SO_2、NO_2、PM_{10}、$PM_{2.5}$、O_3、CO 六项；而 API 分级计算参考的标准是老的环境空气质量标准（GB 3095—1996），评价的污染物仅为 SO_2、NO_2 和 PM_{10} 三项，且 AQI 采用分级限制标准更严。因此，AQI 较 API 监测的污染物指标更多，其评价结果更加客观。

为此，空气质量新标准——《环境空气质量标准》（GB 3095—2012）在 2012 年初出台，对应的空气质量评价体系也变成了 AQI。“污染指数”变成了“质量指数”，在 API 的基础上增加了细颗粒物（$PM_{2.5}$）、臭氧（O_3）、一氧化碳（CO）3 种污染物指标，发布频次也从每天一次变成每小时一次。

（三）空气质量指数计算与评价过程

第一步是对照各项污染物的分级浓度限值[AQI 的浓度限值参照（GB 3095—2012），API 的浓度限值参照（GB 3095—1996）]，以细颗粒物（$PM_{2.5}$）、可吸入颗粒物（PM_{10}）、二氧化硫（SO_2）、二氧化氮（NO_2）、臭氧（O_3）、一氧化碳（CO）等各项污染物的实测浓度值（其中 $PM_{2.5}$、PM_{10} 为 24 h 平均浓度）分别计算得出空气质量分指数（Individual Air Quality Index，IAQI）。

$$IAQI_p=(IAQI_{Hi}-IAQI_{Lo})(C_p-BP_{Lo})/(BP_{Hi}-BP_{Lo})+IAQI_{Lo}$$

式中：$IAQI_p$——污染物项目 p 的空气质量分指数；

C_p——污染物项目 p 的质量浓度值；

BP_{Hi}——相应地区的空气质量分指数及对应的污染物项目浓度指数表中与 C_p 相近的污染物浓度限值的高位值；

BP_{Lo}——相应地区的空气质量分指数及对应的污染物项目浓度指数表中与 C_p 相近的污染物浓度限值的低位值；

$IAQI_{Hi}$——相应地区的空气质量分指数及对应的污染物项目浓度指数表中与 BP_{Hi} 对应的空气质量分指数；

$IAQI_{Lo}$——相应地区的空气质量分指数及对应的污染物项目浓度指数表中与 BP_{Lo} 对应的空气质量分指数。

第二步是从各项污染物的 IAQI 中选择最大值确定为 AQI，当 AQI 大于 50 时将 IAQI 最大的污染物确定为首要污染物。

$$AQI=\max\{IAQI_1, IAQI_2, IAQI_3, \cdots, IAQI_n\}$$

式中：IAQI——空气质量分指数；

n——污染物项目。

第三步是对照 AQI 分级标准，确定空气质量级别、类别及表示颜色、健康影响与建议采取的措施。

简言之，AQI 就是各项污染物的空气质量分指数（IAQI）中的最大值，当 AQI 大于 50 时对应的污染物即为首要污染物。IAQI 大于 100 的污染物为超标污染物。

表 1-8 空气质量分指数及对应的污染物项目浓度限值

空气质量分指数（IAQI）	污染物项目浓度限值									
	二氧化硫（SO_2）24 h 平均/（μg/m³）	二氧化硫（SO_2）1 h 平均/（μg/m³）[1]	二氧化氮（NO_2）24 h 平均/（μg/m³）	二氧化氮（NO_2）1 h 平均/（μg/m³）[1]	颗粒物（粒径小于等于 10 μm）24 h 平均/（μg/m³）	一氧化碳（CO）24 h 平均/（mg/m³）	一氧化碳（CO）1 h 平均/（mg/m³）[1]	臭氧（O_3）1 h 平均/（μg/m³）	臭氧（O_3）8 h 滑动平均/（μg/m³）	颗粒物（粒径小于等于 2.5 μm）24 h 平均/（μg/m³）
0	0	0	0	0	0	0	0	0	0	0
50	50	150	40	100	50	2	5	160	100	35
100	150	500	80	200	150	4	10	200	160	75
150	475	650	180	700	250	14	35	300	215	115
200	800	800	280	1 200	350	24	60	400	265	150
300	1 600	[2]	565	2 340	420	36	90	800	800	250

空气质量分指数（IAQI）	污染物项目浓度限值									
	二氧化硫（SO_2）24 h 平均/（μg/m^3）	二氧化硫（SO_2）1 h 平均/（μg/m^3）(1)	二氧化氮（NO_2）24 h 平均/（μg/m^3）	二氧化氮（NO_2）1 h 平均/（μg/m^3）(1)	颗粒物（粒径小于等于 10 μm）24 h 平均/（μg/m^3）	一氧化碳（CO）24 h 平均/（mg/m^3）	一氧化碳（CO）1 h 平均/（mg/m^3）(1)	臭氧（O_3）1 h 平均/（μg/m^3）	臭氧（O_3）8 h 滑动平均/（μg/m^3）	颗粒物（粒径小于等于 2.5 μm）24 h 平均/（μg/m^3）
400	2 100	(2)	750	3 090	500	48	120	1 000	(3)	350
500	2 620	(2)	940	3 840	600	60	150	1 200	(3)	500
说明	（1）二氧化硫（SO_2）、二氧化氮（NO_2）和一氧化碳（CO）的 1 h 平均浓度限值仅用于实时报，在日报中需使用相应污染物的 24 h 平均浓度限值。 （2）二氧化硫（SO_2）1 h 平均浓度值高于 800 μg/m^3 的，不再进行其空气质量分指数计算，二氧化硫（SO_2）空气质量分指数按 24 h 平均浓度计算的分指数报告。 （3）臭氧（O_3）8 h 平均浓度值高于 800 μg/m^3 的，不再进行其空气质量分指数计算，臭氧（O_3）空气质量分指数按 1 h 平均浓度计算的分指数报告。									

复习与思考题

1. 什么是大气污染？大气污染是如何形成的？
2. 大气污染有哪些危害？
3. 我国新标准增设细颗粒物 $PM_{2.5}$ 等变化，对现实和未来有什么意义？
4. 简述目前存在的全球性大气污染问题、产生原因及其对环境的影响。
5. 简述颗粒污染物和气态污染物的控制技术。

第二章　燃料燃烧与大气污染

大气中的主要污染物来源于燃料的燃烧。燃料的性质、燃烧技术、燃烧设备，以及燃烧过程的科学管理都与污染物的生成和大气污染的程度有密切的关系。本章侧重介绍燃料燃烧过程的基本原理、污染物的生成机理、污染物排放量的计算，以及如何控制燃烧过程减少污染物排放等内容。

第一节　燃料的种类和性质

燃料是指在燃烧过程中，能够放出热量，且在经济上可以取得效益的物质。主要燃料为煤、统称为常规燃料的石油和天然气等，以及统称为非常规燃料的多种其他燃料。

燃料按物理状态分为固体燃料、液体燃料和气体燃料三类。气体燃料的优点是燃烧迅速，其燃烧状态基本上可由空气与燃料的扩散或混合所控制。液体燃料也是以气态形式燃烧，因此它的燃烧速度受其蒸发过程控制。固体燃料的燃烧则受这两种现象控制：燃料中挥发性组分被蒸馏后以气态燃烧，而遗留下来的固定碳则以固态燃烧，后者的速率由氧向固体表面的扩散控制。

燃料的性质影响燃烧设备设计和各种操作条件，也会影响大气污染物的形成和排放。

一、固体燃料

煤是最重要的固体燃料，它是一种不均匀的有机燃料，主要是植物的部分分解和变质而形成的。煤的可燃成分主要是由碳、氢及少量氧、氮和硫等一起构成的有机聚合物。煤中有机成分和无机成分的含量，因煤的种类和产地的不同而有着很大差别。

（一）煤的分类

煤的形成要经历一个很漫长的过程，常常是处于高压覆盖层及较高温度条件之下。不同种类的植物及其不同的腐蚀程度，形成不同成分的煤。煤大体上可被分为三大类，即褐煤、烟煤和无烟煤。

1. 褐煤

褐煤是最低品位的煤，形成年代较短。呈黑色、褐色或泥土色，其结构类似木材。褐煤含碳量为 60%～75%，氢和氧的含量为 20%～25%，水分含量高。与高品位煤相比，其热值较低，挥发分高，在空气中极易风化粉碎。

2. 烟煤

烟煤的形成年代较褐煤为长。呈黑色，外形有可见条纹，其挥发分含量为 20%～45%，低于褐煤，碳含量为 75%～90%，高于褐煤。烟煤的成焦性较强，且含氧量低，水分和灰分含量一般不高，适宜于工业上的一般应用。在空气中，它比褐煤更能抵抗风化。与褐煤相比，烟煤的密度较大，不易吸湿，燃烧时有黏结性。根据烟煤的物理性质，可将烟煤分为以下几种：长焰煤、气煤、结焦煤、瘦煤等。其中长焰煤和气煤挥发分高，适宜制造煤气，结焦煤适宜炼焦。

3. 无烟煤

无烟煤的碳含量最高，是形成时间最长的煤。它具有明亮的黑色光泽，机械强度高。碳的含量一般高于 90%，无机物含量低于 10%，灰分及挥发分少，含硫量低，热值较高。由于着火困难，贮存时稳定，不易自燃，适宜于长途运输和贮存。

（二）煤的工业分析

在国家标准中，煤的工业分析包括煤的水分、灰分、挥发分和固定碳等指标的测定。通常煤的水分、灰分、挥发分是直接测出的，而固定碳是用差减法计算出来的。从广义上讲，煤的工业分析还包括煤的全硫分和发热量的测定，又叫煤的全工业分析。

1. 水分

煤中的水分来源于成煤过程中、煤形成后、开采、洗选和运输过程中等阶段。煤中的水分呈两种形态存在：一种是机械地附着在煤表面上的水分，这种水分叫做外部水分；另一种是被煤吸收并均匀分布在可燃质中的化学吸附水和存在于矿物杂质中的矿物结晶水，这种水分被称为内部水分。内部水分只有在高温下才能除去。通常在组分分析报告中所给出的水分指内部水分。

测定外部水分的方法是：称取一定量的 13 mm 以下粒度的煤样，置于干燥箱内，在 318～323 K 温度下干燥 8 h，取出冷却、干燥后所失去的水分质量占煤样原来质量的百分数就是煤的外部水分（W_w）。测定内部水分的方法是将上述失去外部水分的煤样继续在 375～380 K 下干燥约 2 h，所失去的水分质量占试样原来质量的百分数即为内部水分（W_n）。两部分水分之和即为煤所含的全水分。煤中含水分使热值降低，影响燃烧的稳定，一般控制煤中的水分在 10%～13%。

一般来说，水分是煤中的有害成分，对煤的工业利用是不利的；但水分对煤的工业利用也有好的一方面。水分对煤工业利用的危害有：①在煤的运输中，增加了无效运输量和运输成本；②燃烧时，降低了煤的发热量；③贮存时，使煤易碎裂、加速煤的氧化和自燃，在冬季使煤装卸困难（$FeS_2+H_2O+O_2 \longrightarrow FeSO_4+H_2SO_4+Q$）；④炼焦时，延长炼焦时间，并使焦炉的使用寿命缩短；⑤机械加工中，水分高的煤难以破碎和筛分，不仅降低生产效率，还可能损坏设备。水分对煤工业利用的益处有：①在燃烧粉煤时，煤中含有适量的水分，可以防止粉煤的散失，并适当改善炉膛的辐射能；②水分可作为加氢液化和气化的供氢体。

2．灰分

煤质分析中常以空气干燥基煤样测定煤的灰分产率（A_{ad}%）。测定灰分的方法是：将一定质量的空气干燥基（ad）煤样放入 850±15℃的马弗炉中烧至恒重，灼烧后残渣（灰分）的质量占煤样质量的百分率即煤的灰分产率。

灰分含量和组成因煤种及粗加工的不同而异，我国煤炭的平均灰分约为 25%。煤中灰分的存在，降低了煤的热值，也增加了烟尘污染及出渣量。以氧化物形式表示，灰分的组成见表 2-1。

表 2-1　煤中灰分的组成

成分	含量/%	成分	含量/%
SiO_2	20～60	MgO	0.3～4
Al_2O_3	10～35	TiO_2	0.5～2.5
Fe_2O_3	535	Na_2O 和 K_2O	1～4
CaO	1～20	SO_3	0.1～12

3．挥发分

煤在与空气隔绝的条件下加热分解出的可燃气体物质称为挥发分，通过将风干的煤样在 1 200±10 K 的炉中加热 7 min 以煤样失去的质量占煤样质量的百分数减去空气干燥基水分的百分含量即为该煤样的挥发分产率（V_{ad}%）。

挥发分主要由氢气、碳氢化合物、一氧化碳及少量的硫化氢等组成。在相同的热值下，煤中挥发分越高，就越容易燃着，火焰越长，越易燃烧完全。但挥发分含量过高，容易造成炉膛内没有充分的空间、时间，使氧气与逸出的挥发分充分混合，这时所分解的大量碳粒子与烟气形成浓烟从烟筒冒出，污染环境。

4．固定碳

从煤中扣除水分、灰分及挥发分后剩下的部分就是固定碳，是煤的主要可燃物质。煤中的碳不是以单质状态存在的，而是与氢、氮、硫、氧等组成有机化合物，图 2-1 表示了煤的一种化学有机结构的理化模型，煤的结构无疑要比这种结构更复杂和更多变。

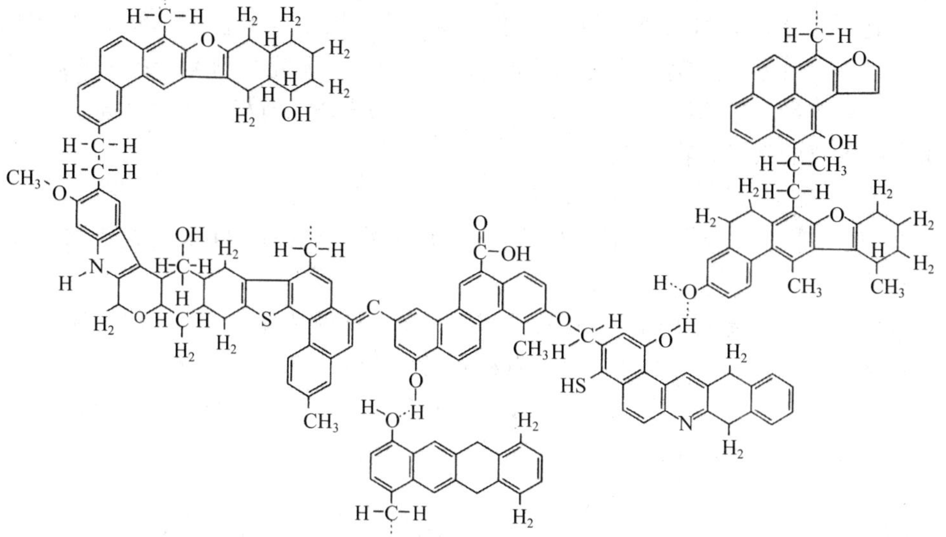

图 2-1 煤的化学有机结构的理化模型

（三）煤的元素分析

根据元素分析，煤的主要可燃质是碳元素，其次是氢、氧、氮、硫、磷等；另外还有一些含量极少的元素，如砷、氯等。而硫、磷、砷等是煤中的有害元素，对煤质有很大的影响。

煤的元素分析是测定碳、氢、氧、氮、硫五种元素的含量的过程。通常，只对碳、氢、氮、硫四种元素进行测定，氧含量则采用减差法求得。

1．煤中各元素的主要特性

（1）碳（C）

碳是煤组成中主要的可燃元素。煤的炭化年龄越大，含碳量就越高。碳在燃烧时放出大量的热。每千克碳完全燃烧时可放出约为 3.27×10^4 kJ 的热量。

（2）氢（H）

煤中的氢有两种存在形式：一种是与碳、硫等元素结合的氢，称为可燃氢或自由氢；另一种是与氧结合成水的氢，这种氢称为结合氢，它不参与燃烧反应。在燃烧计算时，应以可燃氢含量计算煤的发热量和燃烧所需空气量。

（3）氧（O）

氧在各种煤中的含量差别很大，最高可达 40%左右，随着炭化程度的提高，氧的含量逐渐降低。煤中的氧常与煤中的碳、氢等可燃元素构成氧的化合物。这种氧的化合物一般为非可燃性化合物。

（4）氮（N）

氮在煤中是以有机或无机氮化物形式存在的。煤中的氮含量一般不多，只有0.5%～2%。煤中少量的有机氮化物（如吡啶、咔唑、氨基化合物等）参与燃烧反应，而无机氮化物在一般情况下不参与燃烧反应。参与燃烧的有机氮化物经高温分解会形成污染大气的氮氧化物（NO_x）。

（5）硫（S）

煤中含有四种形态的硫：黄铁矿硫（FeS_2）、硫酸盐硫（$MeSO_4$）、有机硫（$C_xH_yS_z$）和元素硫。

煤中各种形态硫的比例，直接影响煤炭脱硫方法的选择。人们一般把硫分划为硫化铁硫、有机硫和硫酸盐硫三种。有机硫及硫化铁硫都能参与燃烧反应，因而总称为可燃硫，而硫酸盐硫不参与燃烧反应，常称为非可燃硫。煤中的可燃硫极为有害，随着煤的燃烧，可生成 SO_2 及 SO_3 等有害气体污染大气。

（6）磷（P）

煤中的磷主要是无机磷（如磷灰石［$Ca_3(PO_4)_2 \cdot CaF_2$］和磷酸铝（$Al_6PO_{14} \cdot 18H_2O$）等），此外，还有微量的有机磷。我国原煤中的含磷量普遍较低，一般为 0.01%～0.1%，最高不超过 1%。

（7）砷（As）

煤中的砷多以有机物的形式存在，有时也以硫化砷（雄黄或雌黄）或砷黄铁矿（$FeS_2 \cdot FeAs_2$）形式混杂于煤中。我国煤中砷的含量极低，一般只有 0.1～50 g/t，个别可达 283 g/t。砷在煤燃烧时生成的三氧化二砷（俗称“砒霜”）是一种剧毒物。

（8）氯（Cl）

煤中的氯多以氯化钠、氯化钾的形式存在，其含量一般为 0.01%～0.20%，个别可达 1.00%。但氯的危害极大，含氯煤用于炼焦对焦炉内壁的耐火砖有腐蚀，用于气化会腐蚀各种管道，用作动力燃料将会使锅炉遭到强烈腐蚀。

2．煤中各元素的测定

碳和氢是通过燃烧后分析尾气中 CO_2 和 H_2O 的生成量而测定的。

氮含量的测定是在催化剂作用下使煤中的氮转变为氨，继而用碱吸收，最后用酸滴定。

测定硫的含量，是将样品放在氧化镁和无水碳酸钠的混合物上加热，使硫化物转变为硫酸盐，再以重量法测定硫酸钡沉淀而决定的。

煤中的含氧量一般不用直接测定法测定，而是通过测定其他易测成分值，用下式间接算出：

$$O = 1 - (C + H + S + N + A) \times \frac{100}{100 - W} \tag{2-1}$$

式中：O —— 煤中氧的质量分数，%；

C——煤中碳的质量分数，%；
H——煤中氢的质量分数，%；
S——煤中硫的质量分数，%；
N——煤中氮的质量分数，%；
A——煤中灰分的质量分数，%；
W——煤中水分的质量分数，%。

（四）煤的成分表示方法

由于煤中水分和灰分受外界条件的影响，其百分比必然也随之改变。要确切说明煤的特性，必须同时指明百分比的基准。常用的基准有收到基、干燥基和无灰干燥基几种。

（1）收到基：以包括全部水分和灰分的燃料作为100%的成分，即进入锅炉燃料的实际成分，可表示为

$$C^{ar}+H^{ar}+O^{ar}+N^{ar}+S^{ar}+A^{ar}+W^{ar}=100\% \quad (2\text{-}2)$$

式中：ar——收到基成分，以角码表示；

C、H、O、N、S、A、W——分别为碳、氢、氧、氮、硫、灰分和水分。

由于收到基表示的是实际燃料，所以在进行燃料计算和热效应试验时，都以收到基为准。但由于煤的外部水分是不稳定的，收到基的百分成分也随之波动，因此利用收到基评价煤的性质是不准确的。

（2）干燥基：以去掉全部水分的燃料作为100%的成分，以角码“d”表示，即：

$$C^{d}+H^{d}+O^{d}+N^{d}+S^{d}+A^{d}=100\% \quad (2\text{-}3)$$

灰分含量常用干燥基成分表示，因为排除了水分的影响，干燥基能确切地反映出灰分的多少。

（3）干燥无灰基：以去掉水分和灰分的燃料作为100%的成分叫做干燥无灰基，干燥无灰基用角码“daf”表示，即：

$$C^{daf}+H^{daf}+O^{daf}+N^{daf}+S^{daf}=100\% \quad (2\text{-}4)$$

干燥无灰基成分因为避免了水分和灰分的影响，故而比较稳定。煤矿通常提供的煤质资料为干燥无灰基成分。

【例2-1】已知某种煤的收到基水分含量为5.0%，干燥基灰分含量为26%；干燥无灰基元素分析结果如下：C：91.7%，H：3.8%，O：2.2%，N：1.3%，S：1.0%。试求该种煤的收到基组成和干燥基组成。

解：灰分和干燥无灰基之和为：100%−5%＝95%

灰分占收到基份额为：95%×26%＝24.7%

干燥无灰基占收到基的份额为：95%−24.7%＝70.3%

干燥无灰基占干燥基的份额为：100%−26%＝74%

因此收到基组成为：

水分：5%；

灰分：24.7%；

C：91.7%×70.3%＝64.47%；

H：3.8%×70.3%＝2.67%；

O：2.2%×70.3%＝1.55%；

N：1.3%×70.3%＝0.91%；

S：1.0%×70.3%＝0.70%。

干燥基组成为：

灰分：26%；

C：91.7%×74%＝67.86%；

H：3.8%×74%＝2.81%；

O：2.2%×74%＝1.63%；

N：1.3%×74%＝0.96%；

S：1.0%×74%＝0.74%。

二、液体燃料

石油是液体燃料的主要来源，又称为原油，是天然存在易流动的液体，密度为0.78～1.00 kg/m^3。它是多种化合物的混合物，主要是由链烷烃、环烷烃和芳香烃等碳氢化合物组成的混合物。其化合物元素组成主要是碳和氢，硫、氮和氧比例很小，它们的含量因产地而异。石油通常还含有微量钒、镍、氯、砷和铅等，它们的总含量一般在 0.001%左右。

原油虽然是可燃的，但出于安全和经济考虑，很少用于直接燃烧，一般都经过炼油厂的蒸馏、裂化和重整等加工过程生成汽油、柴油、化学产品和燃料油等各种化学产品。

原油中的硫大部分以有机硫形式存在，形成非碳氢化合物的巨大分子团。硫的质量分数一般为 0.1%～7.0%。原油加工成汽油等产品后，在汽油等轻馏分中含硫量减少，以硫化氢、硫醇（R—S—H）、一硫化物（R—S—R）和二硫化物（R—S—S—R）形态存在。在燃料油的重馏分中硫的质量分数相对增加，有 80%～90%留于其中，以复杂的环状结构存在。因为硫原子仅是庞大分子中的一小部分，当含硫 3%～5%时，重馏分中含硫化合物的量可能占到全部质量的一半以上。燃料油中的硫不能用分离硫化物的物理方法降低，只能采用高压催化加氢破坏 C—S—C 键，形成硫化氢的方法可降低硫含量，但费用很高。

三、气体燃料

天然气是典型的气体燃料，一般含甲烷 85%、乙烷 10%、丙烷 3%及少量含碳更高的碳氢化合物。此外，还含有 H_2O、CO_2、N_2、He 和 H_2S 等。

天然气中的硫化氢具有腐蚀性，燃烧时生成硫氧化物，因此许多国家都规定了天然气中总含硫量和硫化氢含量的最大允许值。

多数情况下，天然气中的惰性组分可忽略不计，但当其所占比例增加时，将降低燃烧热，并增加输送成本。惰性组分也会影响燃料的其他燃烧特征，当影响严重时必须除去或用其他气体混合稀释。例如，氦的体积分数超过 0.2%时，就必须设法除去。

四、其他燃料和能源

煤、石油和天然气等是普遍使用的燃料，一般称为常规燃料。除此之外，一切可燃烧的物质都可包括在其他燃料之中，并被称为非常规燃料。

根据来源，非常规燃料可分为如下几类：城市固体废物、商业和工业固体废物；农产物及农牧废物、水生植物和水生废物、污泥处理厂废物、可燃性工业和采矿废物、天然存在的含碳和含碳氢的资源以及合成燃料等。

开发利用非常规燃料的重要性在于它能够部分代替日益减少的化石燃料用量，也可以有效地处理可燃废物。因此，非常规燃料技能提供能源，又能处置废物，同时减轻对环境的污染。但是，非常规燃料的燃烧，特别是城市固体废物的焚烧，常常会造成更严重的环境污染，应引起特别重视。

另外，非常规燃料常需要一些专门的制备技术，才能将其转变为更好利用的形式，如使之便于加工或改善其燃烧特性等。所用的技术可能只会导致物理性能的改变，也可能使其纯化，或者引起化学变化而使之成为其他燃料形式，完全改变其特性（例如通过微生物作用转化为醇或气化为燃料气）。现有的制备技术很多，其中有些对控制空气污染有重要的意义。但选择这些技术时，必须考虑可能导致的空气污染问题。

为了减轻燃料燃烧对大气的污染，人们不仅重视研究节约能源，改进燃烧方式，而且越来越重视研究开发清洁能源，如水电、沼气、地热、太阳能、风能和潮汐能等。其中除水电已工业化外，太阳能和风能等早已被人类利用，但由于科学技术水平的限制，至今还难以实现工业化生产。不过，这些能源不仅比较清洁，而且可以再生，所以是大有发展前途的能源，应引起足够的重视。

第二节　固体燃料的燃烧过程及设备

一、燃烧过程

（一）影响燃烧过程的主要因素

1. 燃烧及燃烧产物

燃烧是指可燃物质与空气或氧气发生化学反应并伴有光和热量产生的过程，同时使燃料的组成元素转化为相应的氧化物。化石燃料完全燃烧的产物主要是二氧化碳和水蒸气。当不完全燃烧将产生黑烟、一氧化碳及某些有机氧化物等大气污染物。若化石燃料含有少量的硫和氮，燃烧时还会产生少量的 SO_x 和 NO_x 随烟气排放。氮氧化物的生成量，低温燃烧时主要来自燃料中氮的氧化，高温燃烧时空气中的氮也会被氧化成 NO_x。前者称为燃料型 NO_x，后者称为热型 NO_x。

2. 燃料完全燃烧的条件

燃料完全燃烧必须具如下条件：

（1）适量的空气

燃料燃烧必须保证供给与燃料燃烧相适应的适量空气。如果空气供给不足，燃烧就不完全；相反，空气量过大，则会降低炉温，增加锅炉排烟热损失。

（2）足够的燃烧温度

燃料只有达到着火温度时才燃烧。所谓着火温度是可燃物质在空气中开始燃烧所必须达到的最低温度。各种燃料都有特征着火温度，按固体燃料、液体燃料、气体燃料的顺序上升。不同燃料的着火温度见表 2-2。

表 2-2　燃料的着火温度

燃料	着火温度/K
木炭	593～643
无烟煤	713～773
重油	803～853
发生炉煤气	973～1 073
氢气	853～873
甲烷	923～1 023

当温度高于着火温度时，若燃烧过程放热速率高于周围的散热速率，才能使燃烧过程继续进行。

（3）必要的燃烧时间

燃料在燃烧室中的停留时间是影响燃烧完全程度的另一因素。燃料在高温区的停留时间应大于燃烧所需要的时间。因此，在一定的燃烧反应速度下，停留时间将决定燃烧室的大小和形状。反应速度随温度升高而加快。温度越高，燃烧所需时间越短。设计者必须面对这样的问题：燃烧室越小，在可利用时间内氧化一定量燃料的温度就必须越高。

（4）燃料与空气的充分混合

燃料和空气的充分混合也是有效燃烧的基本条件。混合不充分，燃烧不完全，将增加污染物数量。对于蒸汽相的燃烧，湍流可以加速液体燃料的蒸发，有利于燃烧。对于固体燃料的燃烧，湍流可破坏燃烧产物在燃料颗粒表面形成的边界层，提高表面反应的氧利用率，加速燃烧过程。

适当控制空气与燃料之比、温度、时间和湍流度这四个因素，是实现有效燃烧，使大气污染物排放量最少所必需的条件。评价燃烧过程和燃烧设备的优劣，必须认真考虑这些因素。温度（Temperature）、时间（Time）和湍流（Turbulence）通常称为燃烧过程的“三 T”，是有效燃烧的基本条件。

（二）燃料燃烧的空气量

1. 理论空气量

燃料燃烧所需要的氧气一般由空气获得，标准状态下单位量（1 kg 或 1 m^3）燃料按燃烧反应方程式完全燃烧所需要的空气量称为理论空气量，以 V_a^0 表示。

为了建立燃烧反应方程式，通常作如下假设：

①空气中仅由氮和氧组成，其体积分数为 79∶21＝3.76；

②燃料中固定态氧参与燃烧反应；

③燃料中的硫主要被氧化为二氧化硫；

④热力型 NO_x 的生成量较小，燃料中的氮含量也较低，在计算理论空气量时，忽略 NO_x 的生成量；

⑤燃料中的氮在燃烧时转化为 N_2；

⑥燃料的化学组成为 $C_xH_yS_zO_w$，其中 x、y、z、w 分别代表碳、氢、硫、氧的原子数。

由此得到燃料与空气中的氧完全燃烧的化学方程式为

$$\begin{aligned}&C_xH_yS_zO_w+\left(x+\frac{y}{4}+z-\frac{w}{2}\right)O_2+3.76\left(x+\frac{y}{4}+z-\frac{w}{2}\right)N_2\longrightarrow\\&xCO_2+\frac{y}{2}H_2O+zSO_2+3.76\left(x+\frac{y}{4}+z-\frac{w}{2}\right)N_2+Q\end{aligned}\tag{2-5}$$

式中：Q——燃烧释放的热量。则理论空气量 V_a^0 为

$$V_a^0 = 22.4 \times 4.76\left(x + \frac{y}{4} + z - \frac{w}{2}\right) / (12x + 1.008y + 32z + 16w)$$
$$= 106.6\left(x + \frac{y}{4} + z - \frac{w}{2}\right) / (12x + 1.008y + 32z + 16w) \quad m^3/kg \tag{2-6}$$

练习：标准状态下 1 m^3 甲烷完全燃烧所需的理论空气量。

但是，在多数情况下很难准确知道燃料的化学分子式，如煤和重油等。这时要对燃料进行元素分析，得出各种可燃元素的含量，然后分别计算各种可燃元素燃烧所需的氧气量，最后加和得到单位燃料燃烧所需的理论空气量。

【例 2-2】某燃烧设备用重油做燃料，重油成分（按质量百分数）C：88.3%，H：9.5%，S：1.6%，H_2O：0.50%，灰分：0.10%。求 1 kg 重油燃烧所需要的理论空气量。

解：

（1）列可燃元素方程式：

①$C+O_2 = CO_2$；②$4H+O_2 = 2H_2O$；③$S+O_2 = SO_2$

（2）列计算表：

1 kg 重油中各成分含量计算表

元素	质量/g	物质的量/mol	需氧量/mol
C	883	73.58	73.58
H	95	95	23.75
S	16	0.5	0.5
H_2O	5.0	0.278	0
灰分	1		
合计			97.83

所需理论氧气量为

73.58+23.75+0.5＝97.83 mol

所需理论空气量为

97.83×（1+3.76）＝465.67 mol

即　465.67×22.4/1 000＝10.43 m^3（标态）

答：燃烧 1 kg 重油所需理论空气量为 10.43 m^3/kg。

2．空气过剩系数

燃料完全燃烧时所需的实际空气量取决于所需的理论空气量和“三 T”条件的保证程度。在理想的混合状态下，理论量的空气即可保证完全燃烧；但在实际的燃烧装置中，“三 T”条件不可能达到理想化的程度，因此为使燃料完全燃烧，必须供给过量的空气。一般把超过理论空气量多供给的空气量称为过剩空气量，并把实际空气量 V_a 与理论空气量 V_a^0 之比定义为空气过剩系数 α，即

$$\alpha = \frac{V_a}{V_a^0} \tag{2-7}$$

通常 $\alpha>1$，α 值的大小取决于燃料种类、燃烧装置类型及燃烧条件等因素。表 2-3 给出了不同燃料和炉型的空气过剩系数。

表 2-3　不同燃料和炉型的空气过剩系数

燃烧方式	烟煤	无烟煤	重油	煤气
手烧炉和抛煤机炉	1.3～1.5	1.3～2.0		
链条炉	1.3～1.4	1.3～1.5		
悬燃炉	1.2	1.25	1.15～1.2	1.05～1.1

3. 空燃比 AF

空燃比是指单位质量燃料燃烧所需要的空气质量，可由燃烧方程式直接求得。例如，1 mol 甲烷在理论空气下完全燃烧：

$$CH_4+2O_2+7.52N_2 \longrightarrow CO_2+2H_2O+7.52N_2$$

则空燃比 AF 为

$$AF = \frac{2\times 32+7.52\times 28}{1\times 16} = 17.2$$

随着燃料中氢相对含量的减少，碳相对含量的增加，理论空燃比随之减小。例如汽油（～C_8H_{10}）的理论空燃比为 15，纯碳的理论空燃比约为 11.5。根据燃烧方程式也可计算燃烧产物的量，即燃料燃烧产生的烟气量。

对于纯的化合物，式 2-5 中的下标 x、y、z 和 w 为整数或零。然而大多数燃料为可燃质的混合物，x、y 等下标可以取为分数。燃料的通用分子式仅表示各种原子的相对丰度，而不是实际的分子结构，但式 2-5 仍然能够应用。对于混合燃料，下标 x、y 等可由燃料的元素分析确定。

练习：

（1）空气过剩系数为 1.2 时，$1m^3$ 甲烷燃烧所需的实际空气量和空燃比。

（2）空气过剩系数为 1.2 时，例 2-1 所需的实际空气量和空燃比。

（三）燃烧产生的污染物

燃料燃烧过程并不是像式 2-5 表示的简单过程，还有分解和其他的氧化、聚合等过程。燃烧烟气主要由悬浮的少量颗粒物、燃烧产物、未燃烧和部分燃烧的燃料、

氧化剂及惰性气体（主要为 N_2）等组成。燃烧可能释放出的污染物有：二氧化碳、一氧化碳、硫的氧化物、氮的氧化物、烟、飞灰、金属及其氧化物、金属盐类、醛、酮和稠环碳氢化合物等。这些都是有害物质，它们的形成与燃烧条件有关。从图 2-2 可以看出，温度对各种燃烧产物的绝对量和相对量都有影响。

由于各种燃料组成不同，燃烧方式不一样，燃烧产物也有一定差异。表 2-4 给出了一座 1 000 MW 电站产生的主要污染物的数量。

表 2-4 1 000 MW 电站排出的主要污染物

燃料种类 污染物	年排放量/10^3kg		
	气①	油②	煤③
颗粒物	0.46	0.73	4.49
SO_x	0.012	52.66	139.00
NO_x	12.08	21.70	20.88
CO	可忽略	0.008	0.21
CH	可忽略	0.67	0.52

注：① 假定每年燃气 $1.9\times10^9\,m^3$；② 假定每年燃油 1.57×10^9 kg，油的硫含量为 1.6%，灰分为 0.05%；③ 假定每年耗煤 2.3×10^9 kg，煤的硫含量为 3.5%，硫转化为 SO_x 的比例为 85%，煤的灰分为 9%。

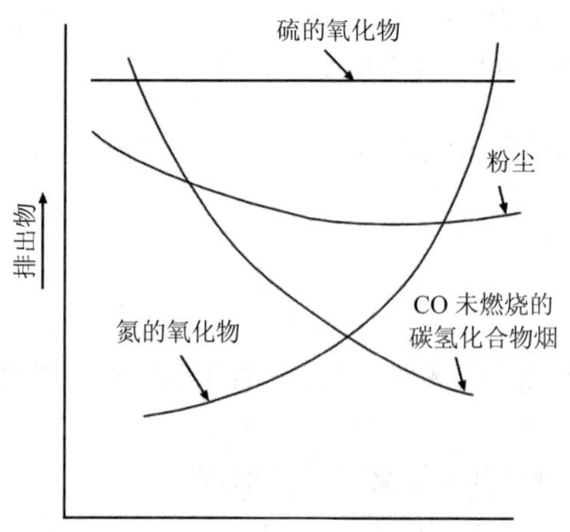

图 2-2 燃烧产物与温度的关系

在我国的能源消耗结构中，煤炭是第一能源，占 70%以上。燃煤比燃油造成的环境负荷要大得多。因为煤的发热量低，灰分含量高；含硫量虽然可能比重油低，但为获得同样的热量所耗煤量要大得多，所以产生的 SO_x 反而可能更多。煤的含氮量约比重油高 5 倍，因而 NO_x 的生成量也高于重油。此外，煤炭燃烧还会带来汞、砷等微量重金属污染，氟、氯等卤素污染和低水平的放射性污染。

1．硫氧化物的形成机制

硫氧化物是指 SO_2 和 SO_3，当燃料中的可燃性硫（元素硫、硫化物硫和有机硫）

进行燃烧时，就生成了 SO_2，另有 1%～5%的 SO_2 被进一步氧化成 SO_3。元素硫和硫化物硫在燃烧时直接生成 SO_2 和 SO_3，而有机硫则先生成形成 H_2S、CS_2 等含硫化合物，进一步被氧化形成 SO_2。主要的化学反应如下

元素硫的燃烧： $S+O_2 = SO_2$

$SO_2+1/2O_2 = SO_3$

硫化物硫的燃烧： $4FeS_2+11O_2 = 2Fe_2O_3+8SO_2$

$SO_2+1/2O_2 = SO_3$

有机硫的燃烧： $CH_3CH_2SCH_2CH_3 = H_2S+2H_2+2C+C_2H_4$

$2H_2S+3O_2 = 2SO_2+2H_2O$

$SO_2+1/2O_2 = SO_3$

2. 氮氧化物的形成机制

氮氧化物主要有七种不同的氧化物 N_2O、NO、NO_2、NO_3、N_2O_3、N_2O_4、N_2O_5，其中 NO、NO_2 是造成大气污染的主要污染物，通常所说的氮氧化物就是指 NO 和 NO_2，并表示为 NO_x，主要来源于化石类燃料的燃烧。

燃烧过程中产生的 NO_x 分为两类：一类是在高温燃烧时空气中的 N_2 和 O_2 反应生成的 NO_x，称为热力型 NO_x；另一类是通过燃料中有机氮经过化学反应生成的 NO_x，称为燃料型 NO_x。因此热力型 NO_x 和燃料型 NO_x 生成量之和即为燃烧产生的 NO_x 的总量。

（1）热力型 NO_x

热力型 NO_x 与燃烧温度、燃烧气氛中氧气的浓度及气体在高温区停留的时间有关。实验证明，在氧气浓度相同的条件下，NO 的生成速度随燃烧温度的升高而增加。当燃烧温度低于 300℃时，只有少量的 NO 生成，而当燃烧温度高于 1 500℃时，NO 的生成量显著增加。为了减除少热力型 NO_x 的生成量，应设法降低燃烧温度，减少过量空气，缩短气体在高温区停留的时间。

$$N_2+O_2 = 2NO$$

$$2NO+O_2 = 2NO_2$$

（2）燃料型 NO_x

燃料中的氮经过燃烧有 20%～70%转化成燃料型 NO_x。燃料型 NO_x 的发生机制目前尚不完全清楚。一般认为，燃料中的氮化合物首先发生热分解形成中间产物，然后再经氧化生成 NO，燃料型 NO_x 主要是 NO，在一般锅炉烟道气中只有不到 10%的 NO 氧化成 NO_2。

热力学和动力学研究表明：在 NO_x 中 NO 约占 90%，NO_2 约占 10%。NO 浓度随温度升高迅速增加，低温有利于 NO_2 的生成，高温下生成的 NO 在低温下将氧化为 NO_2。另外烟气在高温区的停留时间越长，NO 生成量也越多。由此可见，降低燃烧温度，减少烟气在高温区停留时间，有利于降低烟气中 NO_x 浓度，减少 NO 对

大气的污染。

由于炉排炉燃烧温度比较低（1 024～1 316℃），所以燃料中的氮只有10%～20%转化成 NO_x。而煤粉炉燃烧温度比较高（1 538～1 649℃），有25%～40%的燃料氮转化为 NO_x。旋风燃烧炉因炉温高，不仅使燃料中的氮大部分转化为 NO_x，而且会使热力型 NO_x 生成量的增加，从而限制了旋风燃烧炉的推广应用。

3．颗粒污染物的形成机制

燃烧过程中产生的颗粒污染物主要是燃烧不完全形成的炭黑、结构复杂的有机物、烟尘和飞灰等。

（1）燃煤粉尘的形成

煤在非常理想的燃烧条件下，可以完全燃烧，即挥发分和固定碳都被氧化成二氧化碳，余下为灰分。如果燃烧条件不够理想，在高温时会发生热解作用，形成多环化合物而产生黑烟。据测定，在黑烟中含有苯并[*a*]芘、蒽等芳香族化合物，是极其有害的污染物。燃烧的装置不同，条件不同，产生的黑烟差别很大。实践证明，煤粉越细，挥发分及燃烧的火焰越高，燃烧的时间就越短，如果其他燃烧条件满足时，燃烧就越完全，产生的黑烟等污染物就会越少。

黑烟的产生与煤的种类和质量有很大的关系。据研究出现黑烟由少到多的燃料顺序为：无烟煤→焦炭→褐煤→低挥发分烟煤→高挥发分烟煤。

随烟气一起排出的固体颗粒物一般都称为飞灰，包括未燃尽的煤粒、燃尽后余下的灰粒及燃烧过程中形成的炭黑等。

（2）气、液燃料燃烧形成的碳粒子

气态燃料燃烧的颗粒污染物为积炭，液态燃料高温分解形成颗粒污染物为结焦和煤胞。实验观察表明，积炭由大量粗糙的球形粒子结成，很像穿在一起的珍珠项链，其粒子直径为 10～20 μm，随火焰形式而明显改变，一般认为积炭的形成有三个阶段，即核化过程、核表面的非均质反应、凝聚过程。是否出现积炭主要取决于核化步骤和中间体的氧化反应，燃料的分子结构也是影响积炭的重要因素，实践证明，如果碳氢燃料与足够的氧化合，能够有效地防止积炭的生成。

在多数情况下，液态燃料的燃烧尾气不仅会有气相过程形成积炭，而且也会有液态烃燃料本身生成的碳粒。燃料油雾滴在被充分氧化之前，与炽热的壁面接触会导致液相裂化，接着就发生高温分解，最后出现结焦，由此产生的碳粒叫石油焦，是一种比积炭更硬的物质，这种焦粒的生成反应顺序为烷烃→烯烃→芳烃→沥青。

4．燃烧过程其他污染物的形成机制

（1）有机污染物的形成机制

有机污染物常常指未燃尽的碳氢化合物，是燃料不完全燃烧的结果。有些碳氢组分对人体健康的危害并不严重，例如烷烃。有些碳氢化合物是能够引起癌症的，例如多核有机化合物（POM）。

燃烧过程中碳氢化合物通过链式反应进行热分解，同时也会发生合成反应其主要历程为：

① 链烃分子氧化脱氢形成乙烯和乙炔；

② 延长乙炔的链形成各种不饱和基；

③ 不饱和基进一步脱氢形成聚乙炔；

④ 不饱和基通过环化反应形成 C_6—C_2 型芳香族化合物；

⑤ C_6—C_2 基逐步合成多环有机物。

（2）一氧化碳的形成

一氧化碳是所有大气污染物中量最大、分布最广的一种，也是燃烧过程中产生的主要污染物之一。由于它对健康有害甚至能致死，因此大部分工业部门一直监测和控制 CO 的排放。

CO 的形成和破坏过程都是有动力学控制的。在碳氢化合物燃烧机理中形成 CO 的最基本线路之一，可以表示为：

$$RH \rightarrow R \rightarrow RCHO \rightarrow RCO \rightarrow CO$$

其中 R 是碳氢基。主要的 CO 形成反应是由于 RCO 基的热解。可以用一个综合的模式描述 CO 的形成：

$$C_nH_m + \frac{n}{2}O_2 \longrightarrow nCO + \frac{m}{2}H_2$$

CO 氧化为 CO_2 的速率相比较 CO 形成速率很慢，所以在很多情况下可以忽略。

（3）汞的形成

近年来燃煤过程中的汞的排放受到了广泛的关注，主要是因为汞的挥发性很强，危害肾和神经系统等。进入水体中的汞经过甲基化后，可以经过食物链逐级积累，最后进入人的消化系统。据调查，1994—1995 年，美国电站锅炉向大气排放的汞在各行业汞排放量中排在第一位，高达 51 t/a。我国在 1995 年发电行业向大气排放的汞估计在 70 t/a 左右。因此，有效控制燃煤过程中汞的排放，是控制燃煤污染的又一新课题。

煤中汞的析出率与燃烧条件有关，当温度大于 900℃时析出率大于 90%。还原气氛较氧化气氛汞的析出率较低。燃煤的循环流化床的汞平衡计算结果显示，当添加石灰石时，烟气中的汞的浓度明显降低，而飞灰和灰渣中汞的含量则明显增加。

二、煤的燃烧设备

煤的燃烧过程概括起来有四个主要过程：气相中的氧分子扩散到煤粒子的表面；煤中挥发分的扩散；进行化学反应；反应产物转移到气流中。煤的燃烧方式分为层燃、室燃和流态化燃烧。燃烧设备大致可以分为炉排炉、煤粉炉、旋风燃烧炉和流化床锅炉。各种炉排炉采用层燃方式，煤粉炉和旋风燃烧炉则采用室燃方式，而沸腾炉和循环流化床锅炉均属于流态化燃烧方式。

（一）炉排炉

炉排炉又称为层燃炉。虽然已有很长的历史，但目前在工业上，特别是在取暖锅炉中仍然占有主要的地位。层燃炉按操作方式又分为手烧炉、半机械化炉和机械化炉；按炉排形式可分为链条炉、振动炉排炉和抛煤机炉排炉等，下面简单介绍三种不同炉排形式的炉排炉。

1. 链条炉

图 2-3 是典型的链条炉，燃料由炉膛的一端进入，落在炉排上，随着炉排的移动，燃料穿过炉膛与热空气相遇，依次经过干燥、预热、燃烧、燃尽。灰渣则随炉排落到炉膛的另一端。

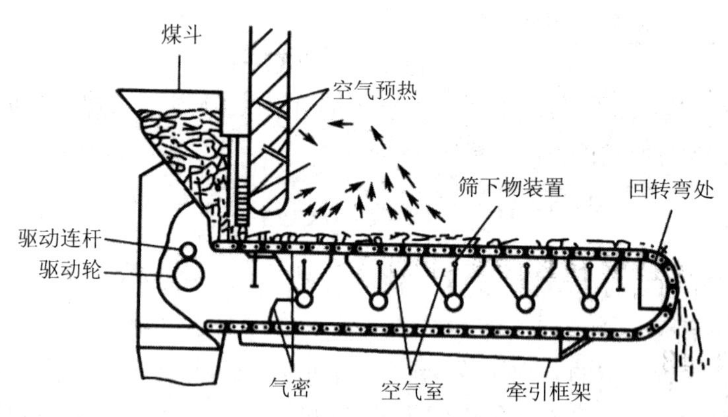

图 2-3 链条炉

2. 振动炉排炉

链条炉的燃料可以是泥煤、褐煤、不黏煤、无烟煤及有适当粒度的焦炭，但不适合燃烧强黏结性的烟煤，因为烟煤在燃烧过程中会软化、熔融、板结，从而阻碍空气的分布，甚至会使燃烧过程中断。

如图 2-4 所示，燃料从煤斗通过可调节的挡板振动到燃料层，空气通过炉排底部风嘴通入，燃烧后的灰则排到浅坑里。

振动炉排炉适合于燃用烟煤和褐煤，具有结构简单，制造容易，维修费用低，对燃料的适用性广等优点而被普遍采用。

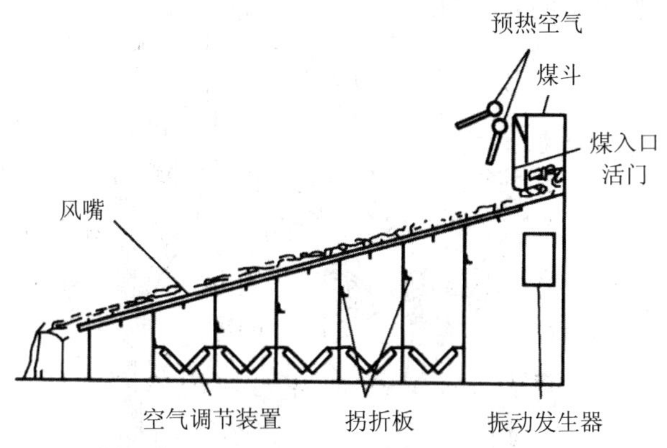

图 2-4 振动炉排炉

3．抛煤机炉排炉

如图 2-5 所示，煤连续地投入炉内燃料层上方的炉膛，煤粉以悬浮状态燃烧，比较大的煤粒落到炉排的燃料层上呈层状燃烧。

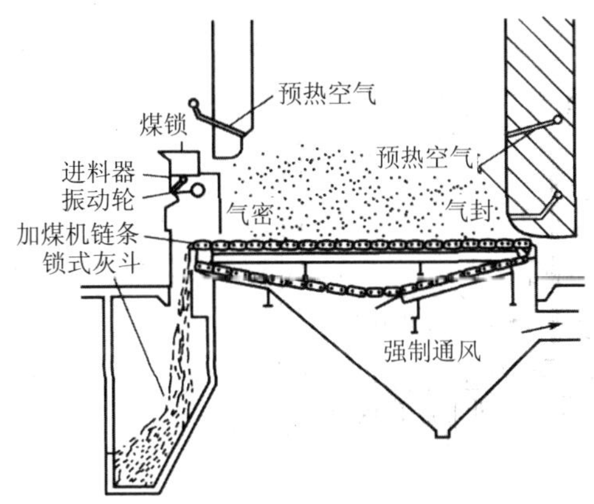

图 2-5 抛煤机炉排炉

通常，抛煤机炉排炉燃用高水分的褐煤、不黏结的烟煤、焦煤粉与高挥发分煤的混合燃料。由于煤的黏结性在悬浮状态中很快受热而破坏，所以煤粒不会在燃烧着的煤层上黏结在一起，因此抛煤机炉排炉可以燃烧具有一定黏结性的烟煤。

（二）煤粉炉

煤粉炉是用空气将粉碎至一定粒度的煤粉喷入炉膛，并在炉膛中以悬浮状态燃烧。图 2-6 是一种典型的煤粉燃烧炉。为使煤粉能完全燃烧，必须保证煤粉在炉膛内有足够的停留时间及煤粉燃烧所需的火焰长度，这不仅要求煤粉具有相当细的粒度，而且还要求炉膛有足够大容积。

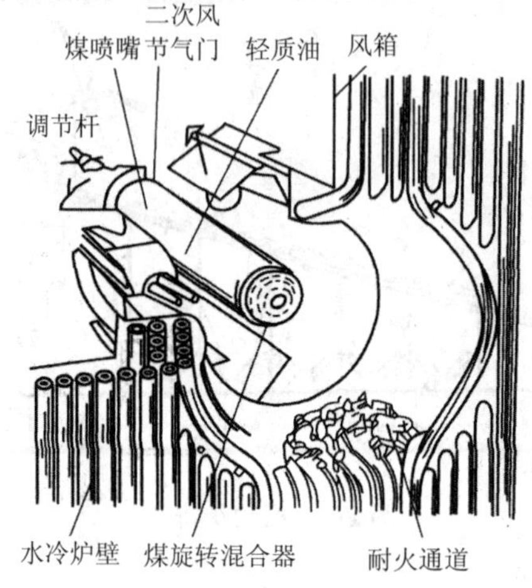

图 2-6　圆柱形煤粉燃烧炉

烟煤是煤粉炉最常用的燃料。煤粉的燃烧比气体、液体燃料燃烧更为复杂，实际操作中一般是先加入一次空气与煤粉混合喷入炉中，用于挥发分的燃烧，后加入空气直接喷入炉中，使焦炭充分燃烧。实践证明，二次空气加入的方法对煤粉实现完全燃烧是不产生或少产生污染物的重要因素。

（三）旋风燃烧炉

旋风燃烧炉如图 2-7 所示。碎煤与一次风（总空气量的 20%）混合后以适当的速度从切线方向进入炉膛内，煤粒被离心力抛到炉壁上，并固定在液渣层中燃烧。大部分的灰留在液渣层内，使飞灰大大地减少。燃料颗粒大部分在炉膛内随气流回旋运动时被燃烧掉，其余的黏附在熔渣膜上燃烧。

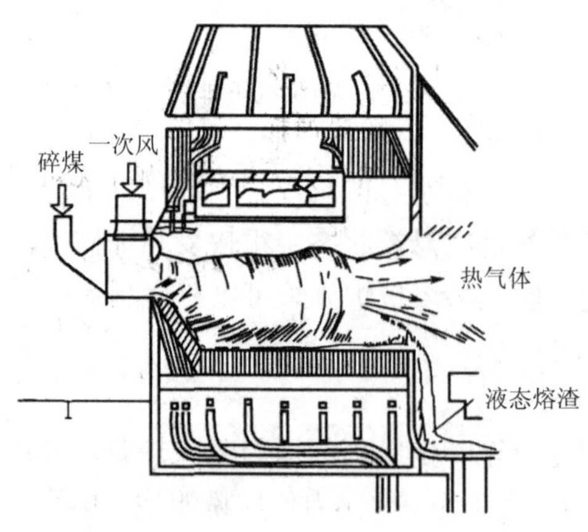

图 2-7　旋风燃烧炉

旋风燃烧炉可燃用烟煤、褐煤、贫煤和无烟煤，也可以燃用灰分高达 50%、发热量仅有 12 560 kJ/kg、挥发分为 12%的劣质贫煤。旋风炉的炉温比煤粉炉高，燃料容易燃烧完全，燃烧效率高。另外，旋风燃烧炉还具有体积小、飞灰少、使用经济等优点。

（四）流化床锅炉

流化床锅炉（Fluid Bed Boiler，FBB）是 20 世纪 60 年代初发展起来的一种锅炉燃烧方式，由于它在 SO_2 和 NO_x 控制方面的独特作用，以及在劣质燃料利用方面的优势而得到迅速发展，目前仍处于进一步完善的阶段。

流化床锅炉与煤粉燃烧炉相比具有以下优点：将石灰石加入到床层能实现炉内脱硫；NO_x 排放也比较少；能燃烧各种燃料；提高了蒸汽发生器的利用率；热效率高；费用较低。

流化床锅炉燃烧系统按流体动力特性可以分为鼓泡流化床和循环流化床；按工作条件又分为常压流化床和加压流化床。

普通常压流化床适用于商业、工业或电站锅炉，图 2-8 是其简单的流程示意图。煤和石灰石从燃烧室下部进入，二次风从燃烧室中部进入。高速气流使燃料颗粒、石灰石粉和灰形成流态化的固态物床层，在循环床内强烈扰动，并充满燃烧室。固体颗粒与炉膛水冷壁等受热面接触，进行热传导。燃烧温度控制在 815～900℃。加入石灰石的量控制钙硫比为 2～4，脱硫效率达 70%以上。消耗的石灰石离开床层后或作为固体废物排放或再生后重新利用。

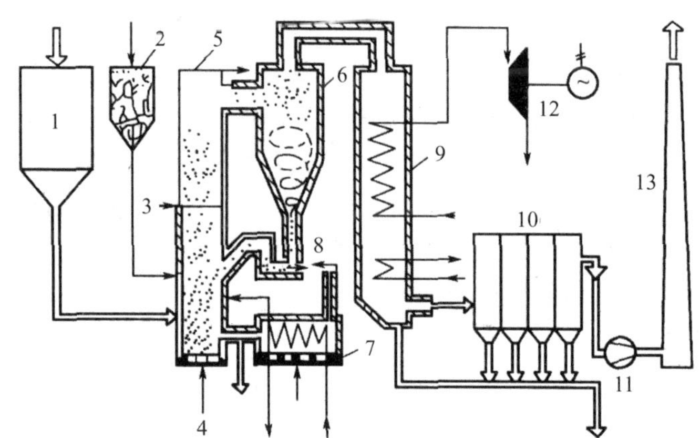

1—原煤仓；2—石灰石仓；3—二次风；4—一次风；5—燃烧室；6—旋风分离器；7—外置流化床热交换器；8—控制阀；9—对流竖井；10—除尘器；11—引风机；12—汽轮发电机；13—烟囱

图 2-8　典型的流化床锅炉

第三节 燃烧过程污染物排放量的计算

一、烟气体积的计算

大气污染物综合排放标准规定的最高允许排放浓度 C（mg/m^3）和排放速率 Q（mg/h）都与单位时间产生的烟气体积 V（m^3/h）相关：Q（mg/h）=C（mg/m^3）×V（m^3/h）。同时，在管路设计和风机选择上都需要计算或测量单位时间的烟气体积。因此，燃烧过程污染物排放量的计算或测量在环境工程和环境管理上都非常重要。

（一）理论烟气量与实际烟气量

燃料燃烧后产生的二氧化碳等烟气体积，称为烟气量。

1．理论烟气量

在供给理论空气量（$\alpha=1$）条件下，燃料完全燃烧产生的烟气体积，称为理论烟气量，以 V_{fg}^0 表示。

理论烟气量=燃烧产物的体积+燃料中水分蒸发后的体积+理论空气中氮气的体积。

烟气中燃烧产物主要包括 C、H、S 等可燃元素燃烧产生的 CO、CO_2、SO_2、H_2O 等；燃料中所含水分蒸发后进入烟气中；理论空气中的氧燃烧掉，氮气进入烟气中。

当燃料分子式已知时，理论烟气量可由燃烧方程式求得，例如，标准状态下 1 mol CH_4 完全燃烧时：$CH_4+2O_2+7.52N_2 == CO_2+2H_2O+7.52N_2$

1 mol CH_4 完全燃烧产生 3 mol 的燃烧产物（CO_2、H_2O）和 7.52 mol 氮气；燃料中不含水分。则理论烟气量=3+7.52+0=10.52 mol，所以标准状态下 1 mol 甲烷完全燃烧产生的理论烟气体积，$V_{fg}^0=10.52\times22.4=235.6$ L。

当燃料分子式未知时，就要对燃料进行元素分析，得出各种可燃元素的含量，然后分别计算各种可燃元素燃烧所需的氧量、对应的氮气量，以及产物的量，最后得到单位燃料燃烧所产生的理论烟气量。

2．实际烟气量

实际烟气量等于理论烟气量和过剩空气量之和，即：

$$V_{fg}=V_{fg}^0+(\alpha-1)V_a^0 \tag{2-8}$$

假设空气过剩系数$\alpha=1.05$，求标准状态下 1 mol CH_4 完全燃烧产生的实际烟气量：

$$V_{fg}=V_{fg}^0+(\alpha-1)V_a^0=10.52+(1.05-1)\times9.52=10.99\text{ mol}$$

所以，空气过剩系数α=1.05 时，标准状态下 1mol CH_4完全燃烧产生的实际烟气量为 V_{fg}=10.99×22.4=246.2 L

练习：（1）空气过剩系数为 1.2 时，1 m^3 甲烷燃烧产生的实际烟气量。

（2）空气过剩系数为 1.2 时，例 2-2 所产生的实际烟气量。

3．干烟气量与湿烟气量

烟气通常分为干烟气（不含水蒸气）和湿烟气（含水蒸气）。烟气量等于干烟气量和水蒸气体积之和。

V_{fg}可表示为：$V_{fg}= V_{fg\ 干烟气}+V_{水蒸气}$ （2-9）

（二）烟气体积、密度和浓度的校正

燃烧所产生烟气的温度和压力总是高于标准状态（273 K，101 325 Pa），为便于计算和比较，往往需要把工况烟气体积、密度和浓度换算成标准状态。同时，在实际工程中有时也需用将标准状态的烟气参数转换成工况状态时的烟气参数。

大多数烟气被视为理想气体，可应用理想气体状态方程进行烟气体积、烟气密度和烟气浓度的换算。设操作条件下烟气体积、密度、浓度、温度和压力分别为 V_s、ρ_s、C_s、T_s和 P_s，标准状态下相应参数以 V_0、ρ_0、C_0、T_0和 P_0表示，则由理想气体状态方程式可以计算标准状态下的烟气和密度：

$$V_0= V_s\times(P_s/P_0)\times(T_0/T_s) \quad (2\text{-}10)$$

$$\rho_0=\rho_s\times(P_0/P_s)\times(T_s/T_0) \quad (2\text{-}11)$$

$$C_0= C_s\times(P_0/P_s)\times(T_s/T_0) \quad (2\text{-}12)$$

应该指出，美国、日本和国际全球监测系统网所说的标准状态是指 298 K 和 101 325 Pa，在作数据比较时需注意。

【例 2-3】已知排烟温度是 150℃，压力是 98 000 Pa，试计算燃烧含 C 87%、H 12%、S 0.5%、H_2O 0.5%的 1 kg 重油所生成的理论烟气量；若过剩空气系数为 1.2，计算实际烟气量（标态温度 273 K；压力 101 325 Pa）。

解：（1）列可燃元素方程式：

① $C+O_2=CO_2$；② $4H+O_2=2H_2O$；③ $S+O_2=SO_2$

（2）列计算表：

元素	质量/g	物质的量/mol	需氧数/mol	生成物/mol
C	870	72.50	72.50	72.50
H	120	120.00	30.00	60.00
S	5	0.16	0.16	0.16
H_2O	5	0.278	0.00	0.00
合计			102.66	132.66

（3）理论空气中氮气：102.66×3.76=386 mol

（4）理论烟气体积：132.66+0.278+386=518.94 mol

（5）标态实际烟气体积：V_0=518.94+（1.2−1）×（386+102.66）=617.4 mol

=617.4 mol×22.4 L/mol=13 829.7 L

（6）工况实际烟气体积：$V_s=V_0(P_0/P_s)\times(T_s/T_0)$

=13 829.7×（101 325/9 800）×[（273+150）/273]

=22 155.4 L

（三）过剩空气校正

不同企业燃烧过程所选择的过剩空气系数可能不同，也不排除个别企业存在污染物稀释的问题。因此，不同过剩空气系数下的污染物浓度不具备可比性。在环境管理上通常将实测过剩空气系数条件下的污染物浓度校正到某一给定过剩空气系数条件下的污染物浓度。

$$C_{校正}=C_{实测}\times(\alpha_{实测}/\alpha_{校正}) \tag{2-13}$$

式中：$C_{实测}$、$\alpha_{实测}$——分别为实测条件下的污染物浓度和过剩空气系数；

$C_{校正}$、$\alpha_{校正}$——分别为校正条件下的污染物浓度和过剩空气系数。

【例 2-4】已知某电厂排烟温度是 200℃，排烟压力是 96.93 kPa，湿烟气量 V=10 400 m^3/min，含水汽 6.25%（体积），实测过剩空气系数为 1.61，污染物排放的排放速率为 22.7 kg/min（标准状态：273 K；1.013×10^5Pa）。求：（1）污染物排放速率（t/d）；（2）污染物在干烟气中浓度；（3）校正至过剩空气系数为 1.8 时污染物在烟气中的浓度。

解：（1）污染物排放的质量流量为

$$22.7\frac{\text{kg}}{\text{min}}\times 60\frac{\text{min}}{\text{h}}\times 24\frac{\text{h}}{\text{d}}\times\frac{t}{1\ 000\ \text{kg}}=32.7\ \text{t/d}$$

（2）测定条件下的干空气量为

$$Q_{\text{d}}=10\ 400\times(1-0.062\ 5)=9\ 750\ \text{m}^3/\text{min}$$

测定状态下干烟气中污染物的浓度：

$$C_s=\frac{22.7}{9\ 750}\times 10^6=2\ 328.2\ \text{mg/m}^3$$

标态下的浓度：

$$C_0 = C_s\left(\frac{P_0}{P_s}\frac{T_s}{T_0}\right) = 2\ 328.2\times\frac{101.33}{96.93}\times\frac{473}{273} = 4\ 217.0\ \text{mg/m}^3$$

（3）校正至α＝1.8 条件下的浓度：

$$C_{校正}=C_{实测}\times（\alpha_{实测}/\alpha_{校正}）=4\ 217.0\times（1.61/1.8）=3\ 778.9\ \text{mg/m}^3$$

（四）大气污染物基准含氧量排放浓度折算

燃料燃烧时，燃料中含有多余的自由氧称为含氧量，通常以干基容积百分数表示。按照《火电厂大气污染物排放标准》（GB 13223—2011）要求，实测的污染物排放浓度要按照各类热能转化设施的基准含氧量规定进行折算。

（1）实测火电厂烟尘、二氧化硫、氮氧化物和汞及其化合物排放浓度必须折算成基准含氧量排放浓度：

$$C_{基准}=C_{实测}\times[（21-O_{2\,基准}）/（21-O_{2\,实测}）] \qquad (2\text{-}14)$$

（2）各类能量转化设施基准含氧量如表 2-5 所示。

表 2-5　各类能量转化设施基准含氧量（100%）

序号	能量转化设施	基准含氧量（O_2）/%
1	燃煤锅炉	6
2	燃油及燃气锅炉	3
3	燃气轮机组	15

二、污染物排放量的计算

燃烧过程中污染物排放量理论计算简单方便，特别是在燃烧设备建成前的环境管理阶段经常采用。同时，理论计算也可对实际测量的结果进行必要的校核。理论计算方法可根据同类燃烧设备的排污系数、燃料成分和燃料状况，通过物料衡算预测烟气量、污染物浓度和污染物排放量。各种污染物的排污系数与燃料种类、组成、污染物形成机理和燃烧条件有关，很难给出一个统一的公式，下面通过例题说明有关计算。

【例 2-5】重油组成如例 2-2 所示，若燃烧时重油中的硫全部转化为 SO_x（其中 SO_2 占 97%）。（1）计算空气过剩系数 α＝1.2 时烟气中 SO_2 和 SO_3 的浓度。（2）求干烟气中 CO_2 的含量（均以体积百分数计算）。

解：

（1）列可燃元素方程式：

①$C+O_2 = CO_2$；②$4H+O_2 = 2H_2O$；③$S+O_2 = SO_2$；④$S+3/2O_2 = SO_3$

（2）列计算表：

1 kg 重油中各成分含量如下：

元素	质量/g	物质的量/mol	需氧数/mol	生成物量/mol
C	883	73.58	73.58	73.58（CO_2）
H	95	95	23.75	47.50（H_2O）
S	16	0.5	0.5×0.97	0.485（SO_2）
			0.5×0.03×3/2	0.015（SO_3）
H_2O	5.0	0.278		
灰分	1			
合计			97.837 5	121.58

（3）理论空气量：97.837 5×4.76×22.4/1 000=10.44 m^3

（4）理论烟气量：（121.58+0.278+97.837 5×3.76）×22.4/1 000=10.97 m^3

（5）实际烟气量：10.97+（1.2−1）×10.44=13.06 m^3

（6）SO_2 和 SO_3 的浓度：

C_{SO_2}=（0.485×22.4/1 000）/13.06×100%=0.083%

C_{SO_3}=（0.015×22.4/1 000）/13.06×100%=0.002 6%

（7）干烟气体积：V_d=13.06−（47.5+0.278）×22.4/1 000=11.987 m^3

（8）干烟气中 CO_2 的浓度：C_{CO_2} =（73.58×22.4/1 000）/11.987×100%=13.75%

三、污染物排放量的实际测量

实测法是通过燃烧时实际排烟温度、排烟压力、烟气湿度、烟气流速和烟气中污染物浓度等数据计算烟气体积和污染物排放量。这种方法工作量大，要求一定的仪器和和实验条件，需要测定的参数也较多。

（一）烟气温度测量

烟气温度是污染物排放量测量中最重要的参数，直接影响烟气体积和污染物排放浓度。烟气温度测量常用的仪器包括：①玻璃温度计；②热电偶温度计。

工程上烟气温度的单位通常用开氏温度（K）表示，开氏温度和摄氏温度的转换关系为：T（K）=t（℃）+273.15，其中273.15代表标准状态（0℃）的开氏温度。国外也有用华氏温度（℉）表示，华氏温度和摄氏温度的转换关系为：℉=1.8℃+32。

（二）烟气压力测量

烟气压力同样也是直接影响烟气体积和污染物排放浓度的重要参数。烟气压力的单位通常用帕、百帕或千帕表示，1 Pa=1 N/m^2。工程上也用大气压表示，1 atm=101 325 Pa。有时也用厘米水柱表示，1 cm水柱与Pa的换算关系为：

1 cm水柱压力 $P=\rho gh=10^{-3}\text{kg/cm}^3\times9.8\ \text{N/kg}\times1\text{cm}\times10^4\text{cm}^2/\text{m}^2=98\ \text{N/m}^2=98\ \text{Pa}$

1．烟气压力构成

烟气压力分为动压、静压、全压和绝对压力。

动压：指单位体积烟气所具有的动能，是使气体流动的压力，动压的数值为正数。

静压：指单位体积烟气所具有的势能，表现为气体在各个方向上作用于管壁的压力，静压的数值可能为正也可能为负。

全压：静压和动压的代数和称为全压，是气体在管道中流动时具有的总能量，全压的正负取决于动压和负压的代数和。

绝对压力：指烟气直接作用于管道表面的压力，以绝对真空为起点。

烟气绝对压力 － 一个大气压 ＋ 烟气静压

例如，大气压力为 100 000 Pa，烟气静压为−600 Pa 时，烟气的绝对压力为100 000−600=99 400 Pa。

2．烟气压力测量仪器

烟气压力测量仪器包括皮托管和压力计两部分。

（1）皮托管

图2-9所示为标准皮托管的示意图。标准皮托管为双层套筒结构，顶部开孔通过内管与尾部相连，用来采集烟气动压和全压信号；顶部侧面开孔通过环形通路与尾部支管相连，用来采集烟气静压信号。标准皮托管的缺点是侧孔容易堵塞，实际应用时通常采用S形皮托管。图2-10所示的S形皮托管为两根背靠背的圆管，迎着烟气侧采集动压和全压信号，背对烟气侧采集静压信号。由于静压信号采集时会受皮托管本身对烟气流线的干扰，在使用S形皮脱管时通常要考虑其与标准皮托管的校正系数。

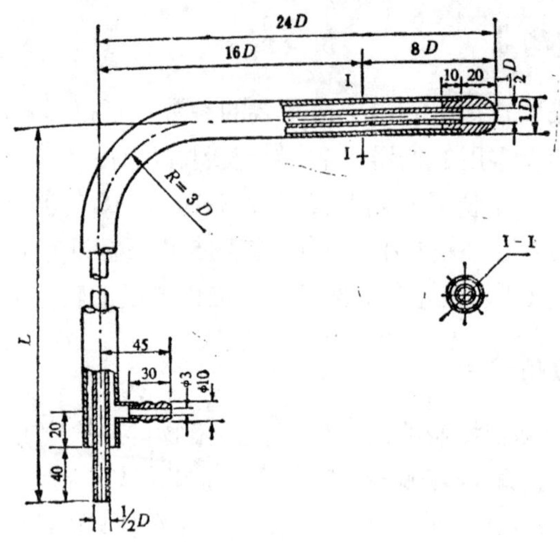

图 2-9 标准皮托管

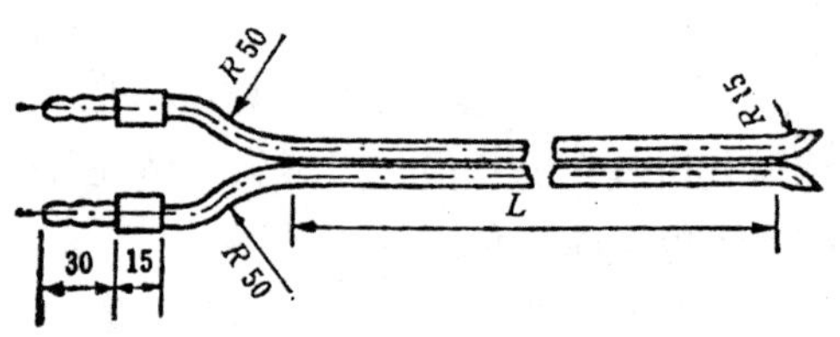

图 2-10 S 形皮托管

（2）压力计

最简单的压力计为 U 形管压力计，以及原理相同精度稍高的斜管压力计，目前测量仪器配备的多为精度更高的电子微压计。

3．烟气压力测量

通过皮托管和压力计的不同连接方式可测得烟气的动压、静压和全压。对于 U 形管压力计和斜管压力计来讲，当与标准皮托管的主孔连通时测得的信号为全压值；当与标准皮托管的侧孔连通时测得的信号为静压值；当压力计的两端分别与标准皮托管的主孔和侧孔连通时测得的信号为动压值。图 2-11 和图 2-12 分别是 U 形管压力计和斜管压力计与皮托管不同的连接方式。

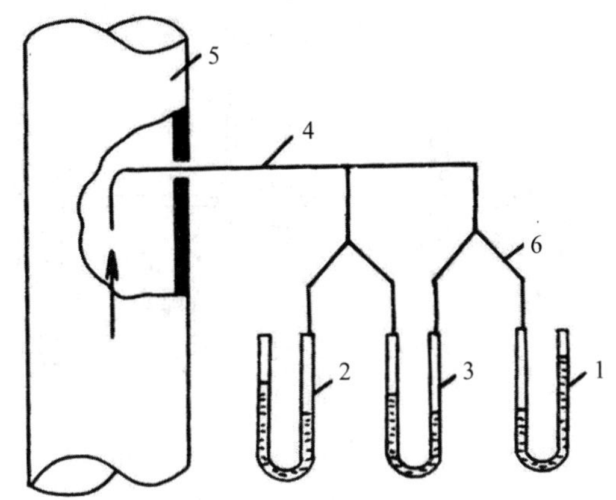

1—全压；2—静压；3—动压；4—皮托管；5—烟道；6—橡皮管

图 2-11 标准皮托管与 U 形管压力计连接方法

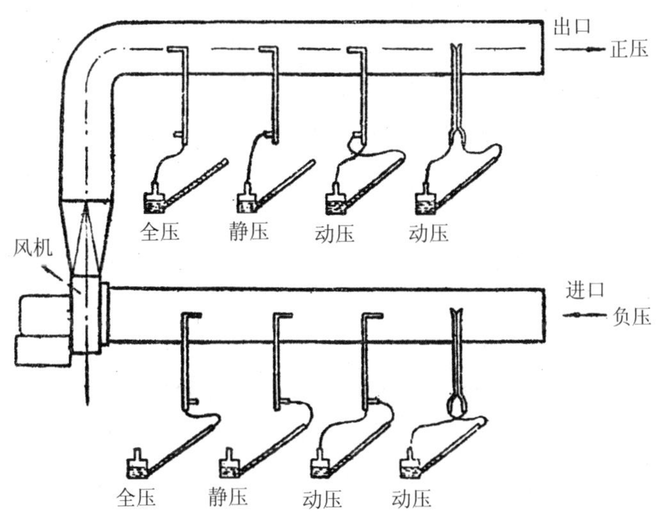

图 2-12 皮托管与倾斜微压计连接方法

（三）烟气含湿量测定（干湿球法）

1．原理

根据干、湿球温度计读数和测点处烟气绝对压力、取样管绝对压力及湿球温度时饱和水蒸气压力确定烟气湿度。干湿球法采样系统如图 2-13 所示。

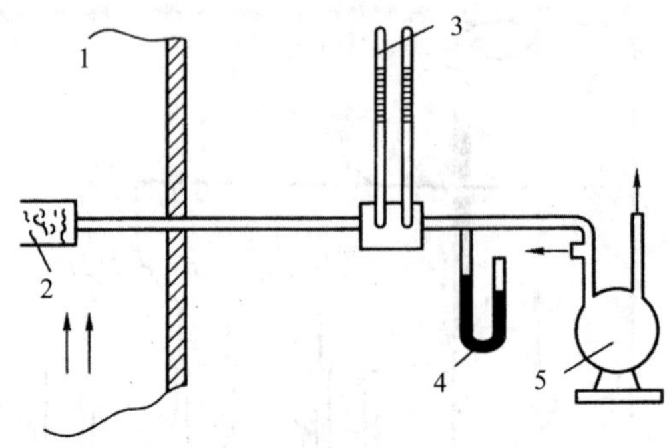

1—烟道；2—滤棉；3—干球、湿球温度计；4—U 形管压力计；5—抽气泵

图 2-13　干湿球法采样系统

2．计算公式

$$X_{H_2O}=[P_{bv}-C(t_c-t_b)(B_a+P_b)]/(B_a+P_s) \tag{2-15}$$

式中：P_{bv}——温度为 t_b 时饱和水蒸气压，Pa；

t_c——干球温度，℃；

t_b——湿球温度，℃；

B_a——大气压力，Pa；

P_b——流过湿球烟气的指示压力（静压），Pa；

P_s——烟道测点处烟气静压，Pa；

C——系数，当抽气流速大于 2.5 m/s 时，取 0.000 66。

练习：测得干球温度 52℃，湿球温度 40℃，流过湿球烟气压力为−1 334 Pa，大气压力 101 380 Pa，烟气静压−883 Pa，40℃时水的饱和蒸气压力为 7 377 Pa，求烟气中水气含量百分数。

（四）烟气流速测量

1．流速测量原理

气体流速与气体动压的平方根成正比。

2．流速计算

$$u_s=K_p[(2P_d)/\rho_s]^{1/2} \tag{2-16}$$

$\rho_s=\rho_0\times[(B_a+P_s)/101\ 325]\times[273/T_s]$

$$\rho_0=[(M_{O_2}X_{O_2}+M_{CO}X_{CO}+M_{CO_2}X_{CO_2}+M_{N_2}X_{N_2})(1-X_{H_2O})+M_{H_2O}X_{H_2O}]\times 1/22.4 \tag{2-17}$$

式中：u_s——烟气流速，m/s；

K_p——皮托管系数；

P_d——烟气动压，Pa；

P_s——烟气静压，Pa；

B_a——大气压力，Pa；

T_s——烟气温度，K；

ρ_s——实测烟气密度，kg/m^3；

ρ_0——标准状态烟气密度，kg/m^3；

M_{O_2}、M_{CO}、M_{CO_2}、M_{N_2}、M_{H_2O}——烟气中几种气体和水的分子量；

X_{O_2}、X_{CO}、X_{CO_2}、X_{N_2}——干烟气中几种气体的体积百分数，%；

X_{H_2O}——烟气含湿量，%。

【例 2-6】根据气体分析仪测出锅炉干烟气中各组分体积百分数为：氧气 1.6%、一氧化碳 1.7%、二氧化碳 26.0%、氮气 70.7%，已知烟气中水汽含量为 12.4%，烟气温度 150℃，烟气静压−2 001 Pa，大气压力 100 850 Pa。求该工况下的烟气密度。

解：ρ_0= [（$M_{O_2}X_{O_2}$+ $M_{CO}X_{CO}$+ $M_{CO_2}X_{CO_2}$+ $M_{N_2}X_{N_2}$）（1−X_{H_2O}）+ $M_{H_2O}X_{H_2O}$]×1/22.4

=[（32×0.016+28×0.017+44×0.26+28×0.707）（1−0.124）+18×0.124]/22.4

=1.36 kg/m^3

ρ_s= ρ_0×[（B_a+P_s）/101 325] ×[273/T_s]

=1.36×[（100 850−2 001）/101 325]×[273/（273+150）] =0.86 kg/m^3

【例 2-7】在【例 2-6】中，假定 S 形皮托管系数为 0.85，烟气平均动压为 83.4 Pa，求烟气流速。

解：u_s=K_p [（2P_d）/ρ_s]$^{1/2}$

=0.85×[（2×83.4）/0.86]$^{1/2}$

=11.83 m/s

（五）烟气流量计算

1. 测量状态下烟气流量

$$V_s=u_s\times A\times 3\ 600 \tag{2-18}$$

式中：V_s——测量状态下烟气流量，m^3/h；

u_s——测量断面烟气平均流速，m/s；

A——测量断面面积，m^2。

2. 标准状态下烟气流量

$$V_0=V_s\times[(B_a+P_s)/101\ 325]\times(273/T_s) \tag{2-19}$$

式中：V_0——标准状态下烟气流量，m^3/h；

B_a——大气压力，Pa；

P_s——烟气静压，Pa；

T_s——烟气温度，K。

【例 2-8】已知正方形烟道边长 0.9 m，烟气平均流速 12.8 m/s，烟气平均温度 250℃，烟气静压−133 Pa，大气压力 100 717 Pa，求标准状态下烟气流量（m^3/h）。

解：$V_s=u_s\times A\times 3\ 600=12.8\times 0.9^2\times 3\ 600=37\ 324.8\ m^3/h$

$V_0=V_s\times[(B_a+P_s)/101\ 325]\times(273/T_s)$

$=37\ 324.8\times[(100\ 717-133.4)/101\ 325]\times[273/(273+250)]=19\ 340\ m^3/h$

（六）过剩空气测定

1. 测定原理

根据燃烧产物中氮气（N_2）的量确定实际供给的氧气（O_2）的量；根据燃烧消耗的氧气（O_2）量确定理论需氧量。

（1）燃烧实际供氧量为：（21/79）N_{2p}

（2）燃烧理论需氧量为：（21/79）$N_{2p}-O_{2p}+0.5CO_p$

（3）过剩空气系：

$$\alpha=[(21/79)N_{2p}]/[(21/79)N_{2p}-O_{2p}+0.5CO_p] \tag{2-20}$$

式中：N_{2p}、O_{2p}、CO_p——燃烧产物中各种气体所占的体积分数，%。

【例 2-9】用奥氏气体分析仪测得烟气各组分的百分数为：CO_2 10%、O_2 4%、CO 1%，求实测的过剩空气系数。

解：（1）烟气 N_2 组分的百分数：

$$N_{2p}=100\%-10\%-4\%-1\%=85\%$$

（2）实测的过剩空气系数：

$$\alpha=[(21/79)N_{2p}]/[(21/79)N_{2p}-O_{2p}+0.5CO_p]$$
$$=[(21/79)\times 85]/[(21/79)\times 85-4+0.5\times 1]$$
$$=1.21$$

2. 过剩空气系数近似计算

为简化测量工作，在要求不是很精确的情况下工程上通常通过烟气中的氧含量的测量近似计算过剩空气系数。

$$\alpha = 21/(21 - O_{2p}) \tag{2-21}$$

3. 过剩空气系数测量方法

奥氏气体分析器法是过剩空气系数测量的传统方法。

（1）系统组成：吸收瓶、连接管、量气管、水准瓶。

（2）测量原理：用不同的吸收液分别对烟气中各组分逐一进行吸收，根据吸收前后烟气体积的变化，分别算出各组分在烟气中所占比例。

（3）分析步骤：检漏；取样；分析。测量时从烟道中抽取 100 ml 干烟气试样，依次进入三个吸收瓶，先分析 CO_2 和 SO_2（三原子气体），再分析 O_2，最后分析 CO。所用吸收剂分别为苛性钾溶液、没食子酸的碱溶液和氯化亚铜的氨溶液。由干烟气中的 CO_2 和 SO_2、O_2 及 CO 的含量，进而计算出 N_2（假定代表所有未参加燃烧反应的惰性气体组分）。由奥萨特分析仪所测得的各组分的百分数，可计算燃烧过程的空气过剩系数（图 2-14）。

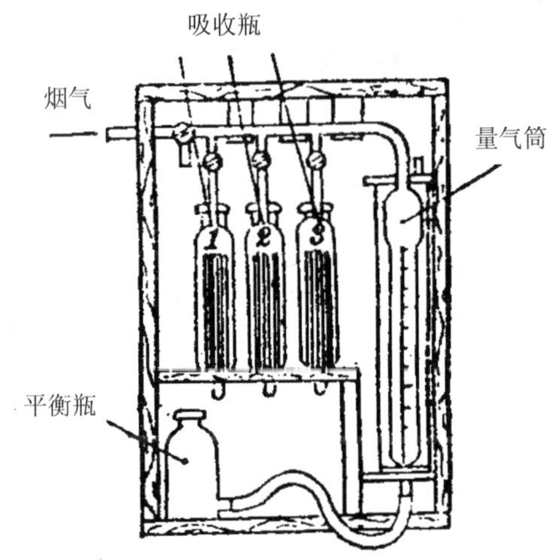

图 2-14 奥萨特气体分析仪

复习与思考题

1. 已知重油元素分析结果为，C: 85.5% H: 11.3% O: 2.0% N: 0.2% S: 1.0%。试计算：① 燃烧 1 kg 重油所需的理论空气量和产生的理论烟气量；② 干烟气中 SO_2 的质量浓度和 CO_2 的最大质量浓度；③ 当空气的过剩量为 10%时，所需的空气量及产生的烟气量。

2. 煤的元素分析结果（质量百分数）是，S: 0.6%; H: 3.7%; C: 79.5%; N: 0.9%; O: 4.7%; 灰分: 10.6%。在空气过剩 20%下完全燃烧，当忽略大气中 N_2 生成的 NO，

燃料氮① 50%被转化 NO 时，计算烟气中 NO 的质量浓度；② 20%被转化 NO 时，计算烟气中 NO 的质量浓度。

3. 某锅炉燃用煤气成分体积比为：H_2S：0.2%；CO_2：5%；O_2：0.2%；CO：28.5%；H_2：13.0%；CH_4：0.7%；N_2：52.4%。空气含湿量为 $12g/m^3$（标态），α =1.2 时，试求实际所需空气量和燃烧时产生的实际烟气量。

4. 烟道气各组分的体积分数为：CO_2：11%、O_2：8%、CO：2%、SO_2：0.012%、颗粒物的质量浓度为 $30.0\ g/m^3$（测定状态下），烟道气流量在 93 310 Pa 和 443 K 条件下为 $566.37\ m^3/min$，水汽体积分数为 8%。试计算：① 过量空气的百分数；② SO_2 排放的质量浓度（单位：mg/m^3）；③ 在标准状态下（1.013×10^5 Pa 和 273 K），干烟气的体积；④ 在标准状态下颗粒物的质量浓度。

5. 某燃油锅炉尾气，NO 排放标准为 $287.5\ mg/m^3$，若燃油的分子式为 $C_{10}H_{20}N_x$，在 50%过剩空气条件下完全燃烧，燃料中的氮 50%转化为 NO，不计大气中 N_2 转变生成的 NO。计算在不超过排放标准情况下，燃料油中氮的最高质量分数。

6. 燃料油的重量组成为，C：86%；H：14%。在干空气下燃烧，烟气分析结果（基于干烟气）为：O_2：1.5%；CO：600×10^{-6}（体积分数）。试计算燃烧过程的空气过剩系数。

第三章　大气污染扩散

污染物排入大气后是否引起严重大气污染，除了取决于污染物的排入量外，还与污染物在大气中的扩散稀释速度关系极大。因为污染物在大气中会随风移动，同时在大气湍流的作用下进行上下左右的扩散，逐渐地和周围洁净空气相混合而稀释，这种现象就是大气污染扩散。一个地区的污染源所排出的污染物总量不因气象条件的影响而发生改变。但是当地的气象条件影响着污染物在大气中扩散稀释的快慢以及污染物浓度时空再分布。因此要研究污染现象，掌握污染物的扩散规律，对大气污染形成进行有效地防治，就必须要了解大气扩散和气象之间的关系。本章将主要介绍大气圈构成、大气污染、气象与大气污染扩散关系、大气污染扩散的基本理论、大气污染物浓度估算方法以及如何用气象资料进行厂址选择和烟囱高度设计等内容。

第一节　大气圈结构及气象要素

一、大气圈结构

气象学中的大气是指在地球引力作用下包围地球的空气层，其最外层的界限难以确定。通常把自地面至 1 200 km 范围内的空气层称作大气圈或大气层，而空气总质量的 98.2%集中在距离地球表面 30 km 以下。超过 1 200 km 的范围，由于空气极其稀薄，一般视为宇宙空间。

自然状态的大气由多种气体的混合物、水蒸气和悬浮微粒组成。其中，纯净干空气中的氧气、氮气和氩气三种主要成分的总和占空气体积的 99.97%，它们之间的比例从地面直到 90 km 高空基本不变，为大气的恒定的组分；二氧化碳由于燃料燃烧和动物的呼吸，陆地的含量比海上多，臭氧主要集中在 15～60 km 高空，水蒸气含量在 4%以下，在极地或沙漠区的体积分数接近零，这些为大气的可变的组分；而来源于人类社会生产和火山爆发、森林火灾、海啸、地震等暂时性的灾害排放的煤烟、粉尘、氯化氢、硫化氢、硫氧化物、氮氧化物、碳氧化物为大气的不定的组分。

大气的结构是指气温、大气密度及其组成在垂直方向上的分布情况。这里主要研究气温的垂直分布。根据气温在垂直方向上的分布状况，可将大气分为五层，即对流层、平流层、中间层、暖层和散逸层（图 3-1），这里主要介绍与大气扩散密切相关的对流层及平流层。

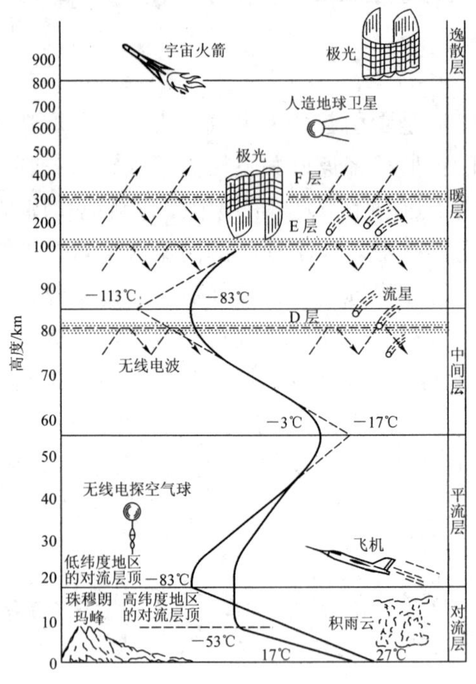

图 3-1 大气层的垂直分布

（一）对流层

对流层位于近地面，直接与水圈、岩石圈、生物圈接触，与人类活动最为密切。整个大气大气质量的 75%和几乎全部的水蒸气、微尘杂质集中在该层之中。因此，对流层的空气密度最大，也较潮湿。

受太阳辐射与大气环流的影响，对流层中空气的湍流运动和垂直方向混合比较强烈，主要的天气现象云雨风雪等都发生在这一层，有可能形成污染物易于扩散的气象条件，也可能生成对环境产生有危害的逆温气象条件。因此，该层对大气污染物的扩散、输送和转化影响最大。

大气对流层的厚度不恒定，随地球纬度增高而降低，且与季节的变化有关，赤道附近约为 15 km，中纬度地区为 10～12 km，两极地区约为 8 km；同一地区，夏季比冬季厚。一般情况下，对流层中的气温沿垂直高度自下而上递减，每升高 100 m 平均降低大约 0.65℃。

自下垫面算起，其厚度为 100 m 左右的一层大气称为近地面层（近地层）。从地面向上至 1～1.5 km 高度范围内的对流层称为大气边界层，该层空气流动受地表影响最大。由于气流受地面阻滞和摩擦作用的影响，风速随高度的增加而增大，因此又称为摩擦层。地表面冷热的变化使气温在昼夜之间有明显的差异，可相差十几摄氏度乃至几十摄氏度。由于从地面到 100 m 左右的近地层在垂直方向上热量和动量的交换甚微，所以上下气温之差可达 1～2℃。大气边界层对人类生产和生活的影响最大，污染物的迁移扩散和稀释转化也主要在这一层进行。

（二）平流层

平流层是指从对流层顶到离地面高度约 55 km 范围的大气层，该层内空气表现为大尺度的平流运动。由于平流层中水汽含量很少，在对流层中经常出现的气象现象很少会发生，层内空气稀薄，几乎没有水汽和尘埃，大气透明度很高。

平流层的温度分布是：从对流层顶到离地约 22 km 的高度范围为同温层，气温几乎不随高度变化，约为−55℃。从 22 km 继续向上进入臭氧带，通常将 22～25 km 处称为臭氧层，在这里太阳辐射光中紫外部分（＜290 nm）几乎全部被吸收，转化为热能，导致气温随高度增加而上升，到达层顶时气温升高到−3℃左右。平流层内气温下低上高的分布规律，使得该层空气的竖直对流混合微弱，大气基本处于平流运动。因此，该层气流稳定，很少出现云雨及风暴等天气现象。

二、主要气象要素

气象条件是影响大气中污染物扩散的主要因素。历史上发生过的重大空气污染危害事件，都是在不利于污染物扩散的气象条件下发生的。为了掌握污染物的扩散规律，以便采取有效措施防止大气污染的形成，必须了解气象条件对大气扩散的影响，以及局部气象因素与地形地貌状况之间的关系。

在气象学中，用于描述大气状态和物理现象的物理量称为气象要素或气象因子，包括气温、气压、气湿、云、风、能见度以及太阳辐射等。这些要素都能从观测直接获得，并随着时间经常变化彼此之间相互制约。不同的气象要素组合呈现出不同的气象特征，因此对污染物在大气中的输送扩散产生不同的影响。其中风和大气不规则的湍流运动是直接影响大气污染物扩散的气象特征，而气温的垂直分布又制约着风场与湍流结构。下面介绍与大气污染关系密切的气象要素。

（一）气温

气象学上所说的气温是指在离地面 1.5 m 高处的百叶箱内观测到的大气温度。是表示空气的冷热程度的物理量，国际上标准的气温度量单位是℃，理论计算中则用绝对温度 K 表示。两者之间的换算关系是：

$$T\text{（K）}=t\text{（℃）}+273.15$$

（二）气压

气压即大气的压强。空气是有重量的，气压是指大气柱施加于单位面积上的力。气压的单位为 Pa，1 Pa＝1 N/m^2。气压的单位可以用毫米水银柱高（mmHg）表示，气象学中常用毫巴（mbar）或百帕（hPa）表示，其间的换算关系如下：

1 mmHg＝1.333 mbar＝133.32 Pa＝1.333 2 hPa

1 mbar＝0.75 mmHg＝100 Pa＝1 hPa

国际上规定：温度为 0℃（273K）时，位于纬度 45°平均海平面上的气压为一个标准大气压，记作 atm，1 atm＝101 325 Pa＝1 013.25 mbar＝760 mmHg。

根据气压的定义可知，高度越高，压在其上的气柱质量越小，气压也就越低。因此，对于任一地区，气压的变化总是随着高度的增高而降低。在静止状态下，气压随高度降低的规律可用公式表示为

$$\frac{\mathrm{d}p}{\mathrm{d}z}=-\rho g \tag{3-1}$$

式中：p —— 气压，Pa；

z —— 大气的竖直高度，m；

ρ —— 空气的密度，kg/m^3；

g —— 重力加速度。

（三）气湿

空气湿度是表示空气中水汽含量，即空气潮湿程度的一个物理量。气象学中常用的表示方法有：绝对湿度、相对湿度、露点等。绝对湿度就是单位体积湿空气中所含水蒸气质量，单位为 g/m^3，其数值为湿空气中水蒸气的密度，表明湿空气中实际的水蒸气含量。相对湿度是空气中实际水汽分压与同温度下的饱和空气的水汽分压的百分比值，它只是一个相对数字，表明空气湿度距离饱和的程度。露点是指在一定气压下空气达到饱含状态时的温度。

（四）云况

云是指漂浮在大气中的微小水滴或冰晶构成的汇集物质。云吸收或反射太阳的辐射，反映了气象要素的变化和大气运动的状况，其形成、数量、分布及演变也预示着天气变化的趋势，可用云高和云量来描述。

云底距地面的高度称为云高，以米为单位。按云高的不同范围分为：云底高度在 2 500 m 以下称为低云；云底高度在 2 500～5 000 m 称为中云；云底高度在 5 000 m 以上称为高云。

云遮蔽天空的份额称为云量。我国规定将视野内的天空分为10等份，云遮蔽天空的成数即为云量。例如：云密布的阴天云量为10，云遮蔽天空三成时云量为3；当碧空无云的晴天时，云量则为0。

而国外是把天空分为8等份，仍按云遮蔽的成数来计算云量。国外云量与我国云量间的关系为

$$\text{国际云量} \times 1.25 = \text{我国云量} \tag{3-2}$$

在气象学中，云量是用总云量和低云量之比表示的，即用总云量/低云量的形式记录，如10/7。总云量是指所有的云量（包括高、中、低云）遮蔽天空的程度；低云量仅仅是指低云遮蔽天空的程度。

（五）风

风是指空气在水平方向的运动。风的运动规律可用风向和风速描述。风向是指风的来向，通常用8方位或16方位表示，如西北（WN）风指风从西北方来。此外也可用角度表示，以北风为0°，沿顺时针方向旋转。8个方位中相邻两方位的夹角为45°，正北与风向的反方向的顺时针方向夹角称为风向角，如东南风的风向角为135°。

风速是指空气在单位时间内水平运动的距离，单位可用m/s和km/h表示。气象预报的风向和风速指的是距地面10 m高处在一定时间内观测到的平均值。风速也可用风力级数表示（0～12级）来表示。若用ρ表示风力，u表示风速（km/h），则有：

$$u = 3.02\sqrt{\rho^3} \tag{3-3}$$

由于地面对风产生摩擦，起阻碍作用，所以风速会随高度升高而增加。风对污染物的扩散有两个作用，一方面是整体的输送作用，风向决定污染物迁移运动的方向；另一方面是对污染物的冲淡稀释作用，对污染物的稀释程度主要取决于风速。风速越大，单位时间内与烟气混合的清洁空气量越大，冲淡稀释的作用就越好。一般来说，大气中污染物的浓度与污染物的总排放量成正比，而与风速成反比。

（六）湍流

大气除了整体水平运动以外，还存在着不同于主流方向的各种不同尺度的次生运动或旋涡运动，我们把这种极不规则的大气运动称作湍流，如日常生活中感觉到的阵风。大气的湍流运动造成湍流场中各部分之间的强烈混合。当污染物由污染源排入大气中时，高浓度部分污染物由于湍流混合，不断被清洁空气渗入，同时又无规则地分散到其他方向去，使污染物不断地被稀释、冲淡。

根据湍流的形成与发展趋势，大气湍流可分为机械湍流和热力湍流两种形式。

机械湍流是因地面的摩擦力使风在垂直方向产生速度梯度，或者由于地面障碍物（如山丘、树木与建筑物等）导致风向与风速的突然改变而造成的。热力湍流主要是由于地表受热不均匀，或因大气温度层结不稳定，在垂直方向产生温度梯度而造成的。一般近地面的大气湍流是机械湍流和热力湍流的共同作用，其发展、结构特征及强弱取决于风速的大小、地面障碍物形成的粗糙度和低层大气的温度层结状况。

风和湍流是决定污染物在大气中扩散状况的最直接的因子，也是最本质的因子，是决定污染物扩散快慢的决定性因素。风速越大，湍流越强，污染物扩散稀释的速率就越快。因此，凡有利于增大风速、增强湍流的气象条件，都有利于污染物的稀释扩散，否则将会使污染加重。

（七）能见度

能见度是指正常视力的人在当时的天气条件下，从水平方向中能够看到或辨认出目标物的最大距离，单位是 m 或 km。能见度的大小反映了大气浑浊或透明的程度，一般分为 10 个级别（0～9 级，相应距离为 50～50 000 m），0 级的白日视程为最小，50 m 以下，9 级的白日视程为最大，大于 50 km。

（八）太阳高度角

太阳辐射能是地面和大气最主要的能量来源，太阳高度角是太阳光线与地平面间的夹角，是影响太阳辐射强弱的最主要的因子之一。

（九）太阳倾角

地球赤道平面与太阳和地球中心连线的夹角称为太阳倾角，也称为当地地理纬度角。

第二节　大气的热力过程

一、太阳、大气和地面的热交换

太阳是一个炽热的球形体，不断以电磁波方式向外辐射能量。辐射到地表的太阳辐射主要是短波辐射（波长 0.15～4 μm）。地面吸收太阳辐射的同时也向空中辐射能量，这种辐射主要是长波辐射（波长 3～120 μm）。大气中水汽、二氧化碳吸收长波辐射的能力极强，而吸收短波辐射的能力很弱。因此，在大气边界层内尤其是近地层内，低层大气吸收了地面辐射后，又以辐射的方式传给上部气层，地面的热量就这样以长波辐射方式一层一层地向上传递，致使近地层空气温度，随着地面温度的增高而增高，而且是自下而上地增高；反之，空气温度随着地表温度降低而降低，也是自下而上地降低。

二、气温的垂直变化

大气对流的容易与否是影响大气污染物扩散的重要因素，它与气温的垂直分布有关。

（一）气温直减率

在标准大气状况下，近地层的气体温度总要比其上层气体温度高。因此，对流层内，气温垂直变化的总趋势，是随高度的增加而逐渐降低。气温垂直变化的这种情况，可用气温垂直递减率（γ）来表示，简称气温直减率。气温垂直递减率的含义是：在垂直于地球表面的方向上，高度每升高 100 m 气温变化率的负值。

$$\gamma = -\frac{\Delta T}{\Delta Z} = -\frac{\partial T}{\partial Z} \tag{3-4}$$

式中：γ—— 气温直减率，℃/100 m；

ΔT—— 气温在垂直方向上的变化值，℃或 K；

ΔZ—— 垂直方向上高度的变化值，m。

负号表示气温随高度而降低时，γ 为正值，反之，γ 为负值。

在正常的气象条件下，对流层内不同高度上的γ值不同，其平均值约为$\gamma = 0.65$℃/100 m。

（二）大气的温度层结

由于近地层实际大气的情况非常复杂，各种气象条件都可能影响到气温的垂直分布，因此实际大气的气温垂直分布与标准大气可以有很大的不同。气温沿垂直高度的分布规律称为温度层结（图 3-2），这种曲线称为气温沿高度分布曲线或温度层结曲线，简称温度层结。温度层结反映了垂向上大气状况是否稳定，其直接影响大气的运动以及污染物质的扩散过程和浓度分布。大气中的温度层结有四种类型：

① 气温随高度增加而递减，即$\gamma > 0$，称为正常分布层结或递减层结，如曲线 1 所示；

② 气温直减率等于或近似等于干绝热直减率，即$\gamma = \gamma_d$，称为中性层结，如曲线 2 所示；

③ 气温不随高度变化，即$\gamma = 0$，称为等温层结，如曲线 3 所示；

④ 气温沿高度增加而升高，与正常大气温度的垂直分布相反，称为逆温递增，简称逆温，出现逆温的气层叫逆温层，此时$\gamma < 0$，如曲线 4 所示。

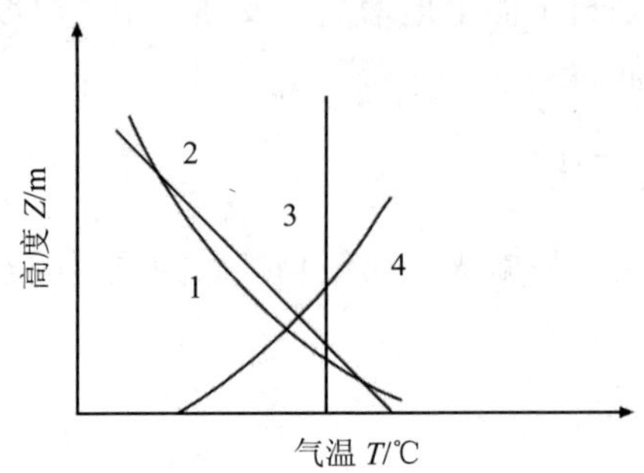

图 3-2 温度层结曲线

（三）逆温

大气温度层结状况对大气污染的形成影响很大。逆温的存在大大阻碍气流的垂直运动，所以也将逆温层称为阻挡层。某一高度上的逆温层像一个盖子一样阻碍着气流的垂直运动，由于上升的污染气流不能穿过逆温层而积聚在它的下面，则会造成严重的大气污染现象。有许多大气污染事件多发生在有逆温及静风的气象条件下，所以在研究污染物的大气扩散时必须对逆温给予足够的重视。

通常，根据逆温离地面的高度，把逆温分为接地逆温和上层逆温。若从地面开始就出现逆温，称为接地逆温，这时把从地面到某一高度的气层，称为接地逆温层；若在空中某一高度区间出现逆温，称其为上层逆温，该气层称为上部逆温层。逆温层的下限距地面的高度称为逆温高度，逆温层上、下限的高度差称为逆温厚度，上、下限间的温差称为逆温强度。按逆温层的形成过程又分为辐射逆温、下沉逆温、湍流逆温、平流逆温及锋面逆温等。

1. 辐射逆温

在晴空无云（或少云）的夜间，当风速较小（＜3 m/s）时，地面因强烈的有效辐射而很快冷却，近地面气层冷却最为强烈，较高的气层冷却较慢，因而形成了自地面开始逐渐向上发展的逆温层，称为辐射逆温。辐射逆温随着地面的冷却逐渐向上扩展，到日出前逆温充分发展。日出后，地面吸收太阳的辐射逐渐升温，逆温层又逐渐自下而上消失。到上午 9 点左右，逆温全部消失。辐射逆温的生消过程如图 3-3 所示。

图 3-3 表示辐射逆温在一昼夜间从生成到消失的过程。图中 a 是下午时递减温度层结；b 是日落前 1 h 逆温开始生成的情况；随着地面辐射的增强，地面迅速冷却，逆温逐渐向上发展，黎明时达到最强（图中 c）；日出后太阳辐射逐渐增强，地面逐渐增温，空气也随之自下而上地增温，逆温便自下而上地逐渐消失（图中 d）；大约在上午 10 点逆温层完全消失（图中 e）。

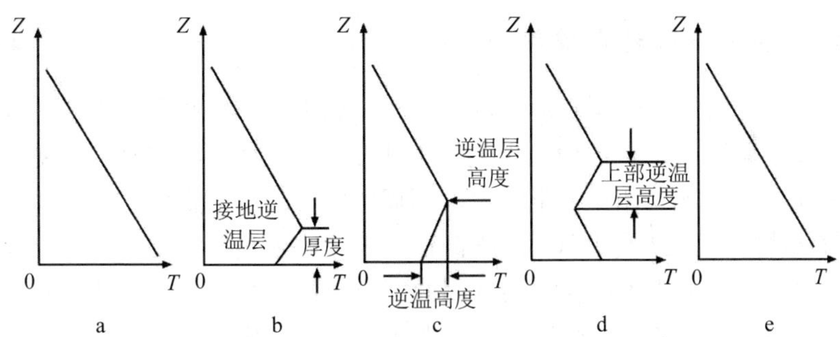

a．逆温生成前正常逆温层结；b．日落前 1 h 逆温开始生成；

c．日出前逆温充分发展；d．逆温逐渐消失；e．逆温消失

图 3-3 辐射逆温的生消过程

辐射逆温为大陆上常年可见的逆温类型，以冬季为最强。在中纬度地区的冬季，辐射逆温层厚度可达 200～300 m，有时可达 400 m 左右。冬季晴朗无云和微风的白天，由于地面辐射越过太阳辐射，也会形成逆温层。辐射逆温与大气污染的关系最为密切。

2．下沉逆温

下沉逆温又称压缩逆温，是由于高压区内某一层空气发生强度较大的气团下沉运动时，若气层下沉距离很大，就可能使顶部增温后的气温高于底部增温后的气温，从而形成逆温层。下沉逆温多出现在高压控制区内，范围很广，厚度也很大，一般可达数百米。下沉气流一般达到某一高度就停止了，所以下沉逆温多发生在高空大气中。

3．平流逆温

由暖空气平流到冷地表面上而形成的逆温称为平流逆温。这是由于低层空气受地表面影响大、降温多、上层空气降温少所形成的。暖空气与地面之间温差越大，逆温越强。当冬季中纬度沿海地区的海上暖空气流到大陆上及暖空气平流到低地、盆地内积聚的冷空气上面时，皆可形成平流逆温。

4．湍流逆温

低层空气湍流混合过程中形成的逆温称为湍流逆温。实际空气的运动都是一种湍流运动，其结果使大气中包含的热量、水分及污染物质得到充分的交换和混合。

5．锋面逆温

在对流层中的冷空气团与暖空气团相遇时，暖空气团因其密度小就会爬到冷空气上面去，形成一个倾斜的过渡区，称为锋面。在锋面上，如果冷暖空气的温差较大，也可以出现逆温，这种逆温称为锋面逆温。锋面逆温仅在冷空气一边可以看到。

上面分析了各种逆温的形成原因，实际上大气中出现的逆温常常是几种原因共同形成的。因此，在分析逆温的成因时，必须注意当时的具体条件。

（四）气温的干绝热直减率

考察一团在大气中做垂直运动的干空气，如果干空气在运动中与周围空气不发生热量交换，则称为绝热过程。当干气团垂直运动在递减层结时，气团的温度变化与气压变化相反。干气团绝热上升时，因周围气压减小而膨胀，消耗大部分内能对周围大气做膨胀功，则气团温度显著降低。干气团绝热下降时，因周围气压增大被压缩，外界的压缩功大部分转化为气团的内能增量，气团温度明显上升。

干空气团或未饱和的湿空气团在绝热垂直运动过程中，每上升（或下降）100 m时，温度降低（或升高）的数值称为干空气温度的绝热垂直递减率，简称干绝热直减率，并用 γ_d 表示，γ_d=0.98℃/100 m≈1℃/100 m。其定义式为

$$\gamma_d = -\frac{\partial T}{\partial Z} \qquad (3\text{-}5)$$

负号表示干气团在绝热上升的过程中，温度随高度而降低。

注意：γ_d 表示干气团或未饱和的湿气团，在干绝热过程中，气团每上升或下降100 m，温度约降低或升高 0.98℃，即γ_d为固定值，而气温直减率γ 则随时间和空间变化，这是两个不同的概念。

三、大气稳定度

（一）大气稳定度概念

大气稳定度是指大气中某一高度上的空气团在垂直方向上的相对稳定程度，即大气是否容易发生对流。当气层中的气团受到对流冲击力的作用，产生了向上或向下的运动，当运动到某一位置时消除外力，该气团继续运动的趋势，将存在着三种可能的情况：

气团仍然继续加速上升或下降，称这种大气是不稳定的；

气团被外力推到哪里就停到哪里或做等速运动，称这种大气是中性的；

气团逐渐减速并有返回原来高度的趋势，这时的大气称为稳定大气。

（二）大气稳定度的判别

大气稳定度用气温垂直递减率γ 与干绝热递减率γ_d 的对比进行判别，干绝热直减率γ_d≈1℃/100 m 可作为大气稳定性的判据，可用当地实际气层的γ与其比较，以此判断大气的稳定度。

（γ–γ_d）的符号决定了气块加速度与其位移的方向是否一致，也就决定了大气是否稳定。当$\gamma>\gamma_d$时，大气处于不稳定状态；当$\gamma=\gamma_d$时，气层是中性的；当$\gamma<\gamma_d$时，大气则处于稳定状态。不稳定条件常出现在晴天中午，中性常出现在阴天和大风时，

稳定条件常出现在晴天日落后至翌日日出前，逆温是典型的稳定大气的例子。

大气稳定度对污染物在大气中的扩散有很大影响。γ越大，大气越不稳定，越有利于污染物扩散稀释；γ越小，大气趋向稳定；逆温最不利于污染物扩散稀释。

【例 3-1】在高塔下测得下列气温资料，试计算各层大气的气温直减率：$\gamma_{1.5\sim10}$、$\gamma_{10\sim30}$、$\gamma_{30\sim50}$、$\gamma_{1.5\sim30}$、$\gamma_{1.5\sim50}$，并判断各层大气稳定度。

高度 Z/m	1.5	10	30	50
气温 T/K	298	297.8	297.5	297.3

解：已知$\gamma=-\Delta T/\Delta Z$

以$\gamma_{1.5\sim10}$为例计算：

$\gamma_{1.5\sim10}=-（297.8-298）/（10-1.5）=0.023\ 5$ ℃/m$=2.35$ ℃/100 m

由$\gamma_d=0.98$ ℃/100 m，可知$\gamma_{1.5\sim10}>\gamma_d$，所以，位于 1.5～10 m 层大气不稳定。依次计算，总的计算结果及大气稳定度判断结果列于下表。

$\gamma_{1.5\sim10}$	$\gamma_{10\sim30}$	$\gamma_{30\sim50}$	$\gamma_{1.5\sim30}$	$\gamma_{1.5\sim50}$
2.35	1.5	1.0	1.75	1.44
不稳定	不稳定	中性	不稳定	不稳定

（三）大气稳定度的分类

大气稳定度与天气现象、时空尺度及地理条件密切相关，其级别的准确划分非常困难。目前国内外对大气稳定度的分类方法已多达 10 种，下面仅介绍应用较广泛的有帕斯奎尔（Pasquill）法和特纳尔（Turner）法。

1. 帕斯奎尔法（P-S 法）

帕斯奎尔首先提出应用地面平均风速（距离地面高度 10 m）、白天的太阳辐射状况（分为强、中、弱、阴天等）或夜间云量的大小将稳定度分为 A～F 六个级别（表 3-1）。

由于城市有较大的地面粗糙度及热岛效应，这种方法对城市地区是不大可靠的。对于开阔的乡村地区还能给出较可靠的稳定度。尤其当最大差别出现在静风的晴朗夜晚，乡村地区的大气状况是稳定的，而城市地区在高度相当于建筑物的平均高度几倍之内是稍不稳定或近中性的，它的上部则有一个稳定层。

帕斯奎尔法虽然可以利用简单的常规气象资料即可确定大气稳定度级别，简单易行，应用方便，但这种方法没有确切地描述太阳的辐射强度的强、中、弱概念，云量的确定也不准确，人为因素较多，比较粗略，为此特纳尔作了改进与补充。

表 3-1 大气稳定度等级

地面风速（距地面 10 m 处）/（m/s）	白天太阳辐射			阴天的白天或夜间	有云的夜间（十分制）	
	强	中	弱		薄云遮天或低云≥5/10	云量≤4/10
<2	A	A-B	B	D		
2～3	A-B	B	C	D	E	F
3～5	B	B-C	C	D	D	E
5～6	C	C-D	D	D	D	D
>6	D	D	D	D	D	D

注：对表 3-1 的几点说明如下：① 稳定度级别中，A 为极不稳定，B 为不稳定，C 为弱不稳定，D 为中性，E 为弱稳定，F 为稳定；② 稳定度级别 A-B 表示按 A、B 级的数据内插；③ 夜间定义为日落前 1 h 至日出后 1 h；④ 不论何种天气状况，夜间前后各 1 h 作为中性，即 D 级稳定度；⑤ 仲夏晴天中午为强日照，寒冬晴天为弱日照。

2. 特纳尔（Turner）法

我国的“环境影响评价技术导则与标准”中推荐采用修订后的帕斯奎尔分类法，即采用特纳尔方法确定大气稳定度的级别。特纳尔法首先根据某地所处月份确定太阳倾角；再根据其所处的经、纬度，观测时间及太阳倾角确定太阳高度角；再根据太阳高度角和云量确定太阳辐射等级；再由太阳的辐射等级和距地面 10 m 高度的平均风速确定大气稳定度的级别（表 3-2 至表 3-4）。

步骤 1：确定某地的太阳倾角

表 3-2 太阳倾角（赤纬）概略值 单位：（°）

月份	1 月	2 月	3 月	4 月	5 月	6 月	7 月	8 月	9 月	10 月	11 月	12 月
上旬	−22	−15	−5	6	17	22	22	17	7	−5	−15	−22
中旬	−21	−12	−2	10	19	23	21	14	3	−8	−18	−23
下旬	−19	−9	2	13	23	23	19	11	−1	−12	−21	−23

步骤 2：确定某地、某时的太阳高度角

$$h_0 = \arcsin\left[\sin\varphi\sin\delta + \cos\varphi\cos\delta\cos\left(15t + \lambda - 300\right)\right] \tag{3-6}$$

式中：φ——当地地理纬度，（°）；

λ——当地地理经度，（°）；

t——观测时的北京时间，h。

步骤 3：确定太阳辐射等级

表 3-3 太阳辐射等级

云量 总云量/低云量	夜间	不同太阳高度角 h_0 对应的太阳辐射等级			
		$h_0 \leqslant 15°$	$15° < h_0 \leqslant 35°$	$35° < h_0 \leqslant 65°$	$h_0 > 65°$
≤4/≤4	−2	−1	+1	+2	+3
5～7/≤4	−1	0	+1	+2	+3
≥8/≤4	−1	0	0	+1	+1
≥7/5～7	0	0	0	0	+1
≥8/≥8	0	0	0	0	0

步骤 4：确定大气稳定度级别

表 3-4 大气稳定度级别

地面风速/（m/s）	与太阳辐射等级对应的大气稳定度					
	+3	+2	+1	0	−1	−2
≤1.9	A	A-B	B	D	E	F
2～2.9	A-B	B	C	D	E	F
3～4.9	B	B-C	C	D	D	E
5～5.9	C	C-D	D	D	D	D
≥6	C	D	D	D	D	D

注：地面风速（m/s）是指距地面 10 m 高度处 10 min 平均风速，如使用气象台（站）资料，其观测规则与国家气象局编订的《地面气象观测规范》相同。

练习：试确定位于东经 102°，北纬 24°，在 7 月 15 日 12 时观测到云量 8/3，地面上 10 m 风速为 2.5 m/s 时当地的大气稳定度级别。

（四）烟流形状与大气稳定度的关系

通过大气稳定度对烟流扩散的影响，可以直观地看出大气稳定度与污染物扩散的关系。图 3-4 表示的是不同温度层结情况下烟流的典型形状。

① 波浪形又称蛇形形。此时大气状况为$\gamma > \gamma_d$，大气处于不稳定状态。由于对流强烈，污染物扩散快，因此地面最大浓度落地点距烟囱较近且浓度较大。这种情况多发生在晴朗的白天。

② 锥形。烟气沿主导风向呈锥形流动，这种烟形扩散速度比波浪形低，大气状况为$\gamma = \gamma_d$，处于中性或弱稳定状态，污染物落地浓度低于波浪形，但污染距离长。这种状况多发生在多云的白天或冬季的夜晚。

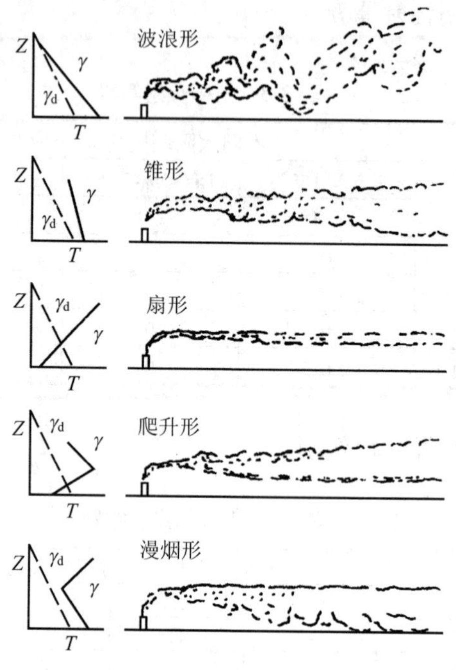

图 3-4 大气稳定度与烟流形状

③ 扇形又称平展形。在垂直方向上烟流扩散很小，沿水平方向缓慢扩散，烟流从烟源处呈扇形展开。此时的大气状况为$\gamma<\gamma_d$，即在烟源出口的一层大气处于逆温，因此污染情况随烟源有效源高的不同而不同。这种烟云对地面污染较轻，且可传送到较远的地方。但若遇到山峰、高层建筑物的阻挡，则可出现下沉现象，造成严重污染。在晴朗天气的夜间或清晨常出现这种烟形。

④ 屋脊形又称爬升形。排出的烟流呈屋脊形扩散。在排烟出口上方$\gamma>\gamma_d$，大气处于不稳定状态；排烟口下方$\gamma<\gamma_d$，大气处于稳定状态，气层为逆温层，因此，排出的烟流只能向上扩散，而不能向下扩散。这种烟形对地面不会造成很大的污染。这种烟形一般出现在日落前后，持续时间较短。

⑤ 漫烟形又称熏蒸形。当存在辐射逆温的情况时，日出后由于地面增温，低层空气被加热，使逆温从地面向上逐渐破坏。当不稳定大气发展到烟流的下缘，而上部仍处于稳定状态时，就出现这种烟形。此时排出口上方仍存在逆温$\gamma<\gamma_d$，大气稳定，犹如上面盖了一层顶盖，阻止了烟气的向上扩散；而排出口下方，逆温已遭破坏，大气不稳定，$\gamma>\gamma_d$，造成烟气大量下沉，发生熏烟情况。这种情况多发生在日出以后，持续时间较短，对排出口下风向的附近地面会造成强烈的污染，很多烟雾事件就是在这种情况下形成的。

通过对以上五种不同烟形的产生条件的分析，粗略地了解了温度层结与大气稳定度对烟云扩散的影响。由于影响因素很多，实际烟形要比以上的典形烟形复杂得多，例如风和地面粗糙度都会对烟形及污染物扩散造成影响。但从以上的分析还是可以直观地了解污染物扩散与大气稳定与否的密切关系，可以帮助我们简单地判断大气稳定度状态，并分析大气污染的趋势，及时预防大气污染事件的发生。

四、地形、地物对大气污染物扩散的影响

地形或地面状况的不同，即下垫面情况的不同，会影响到该地区的气象条件，形成局部地区的热力环流，表现出独特的局地气象特征。除此之外，下垫面本身的机械作用也会影响到气流的运动，如下垫面粗糙，湍流就可能较强，下垫面光滑平坦，湍流就可能较弱。因此，下垫面通过影响该地的气象条件影响着污染物的扩散，同时也通过本身的机械作用影响污染物的扩散。

（一）地形对大气污染物扩散的影响

1. 海陆风

在水陆交界处（沿海、沿湖地带），经常出现海陆风。白天，地表受热后，陆地增温比海面快，因此陆地上的气温高于海面上的气温。陆地上的暖空气上升，并在上层流向海洋，而下层海面上的空气则由海洋流向陆地，形成海风。夜间，陆地散热快，海洋散热慢，形成和白天相反的热力环流，上层空气由海洋吹向陆地，而下层空气由陆地吹向海洋，即为陆风。

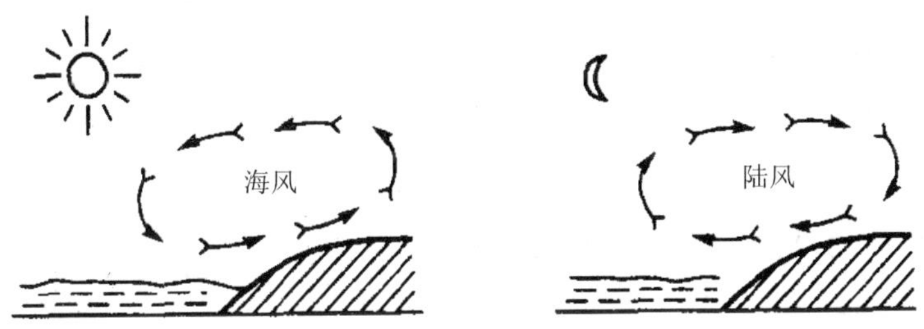

图 3-5 海陆风环流

由上述可知，建在海边地区的工厂所排放的污染物必须考虑海陆风的影响，因为有可能出现在夜间随陆风吹到海面上的污染物，在白天又随海风吹回来，或者进入海陆风局地环流中，使污染物不能充分地扩散稀释从而造成严重的污染。

2. 山谷风

山谷风是山区地理差异产生的热力作用而引起的另外一种局地风，也是以 1 天为周期循环变化。白天，山坡吸受较强的太阳辐射，气温增高，因空气密度小而上升，形成空气从谷底沿山坡向上的流动，称为谷风；同时在高空产生由山坡指向山

谷的水平气压梯度，从而产生谷底上空的下降气流，形成空气的热力循环。夜间，山坡的冷却速度快，气温比同高度的谷底上空低，空气密度大，使得空气沿山坡向谷底流动，形成山风，同时构成与白天反向的热力环流。山谷风的流动示意图如图3-6所示。

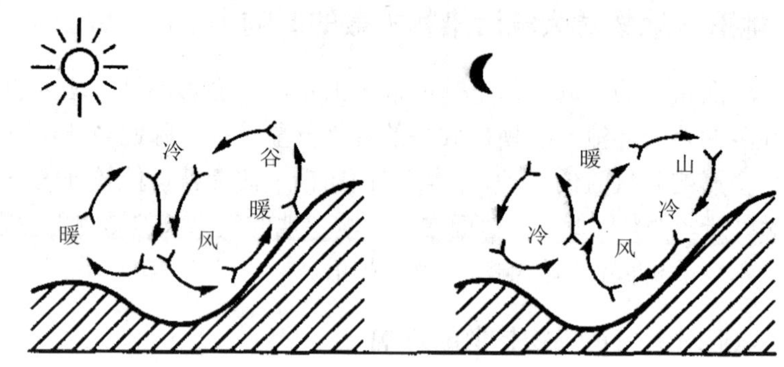

图 3-6 山风和谷风环流

山风和谷风的方向是相反的，但比较稳定。在山风与谷风的转换期，风方向是不稳定的，山风和谷风均有机会出现，时而山风，时而谷风。这时若有大量污染物排入山谷中，由于风向的摆动，污染物不易扩散，在山谷中停留时间很长，有可能造成严重的局地大气污染。山谷风具有明显的日变化，大气污染也就具有明显的日变化。

此外，污染源在山坡上风侧时，对迎风坡会造成污染，而在背风侧，污染物会被下沉气流带至地面，或在回流区内回旋积累，无法扩散出去，很容易造成高浓度污染。

（二）地物对大气污染物扩散的影响

1．热岛环流

城市是人口、工业高度集中的地区，由于人的活动和工业生产以及城市覆盖物的大热容，使城市温度比周围郊区温度高，这一现象被称为城市热岛效应。城市热岛可形成年均气温比周边地区高 0.4～1.5℃，有时高达 6～8℃。由于城区气温比农村高，特别是低层空气温度比四周郊区空气温度高，于是城市地区热空气上升，并在高空向四周辐散，而四周郊区较冷的空气流来补充，形成了城市特有的热力环流——热岛环流。这种现象在夜间和在晴朗平稳的天气下，表现得最为明显。图3-7为热岛环流的示意图。

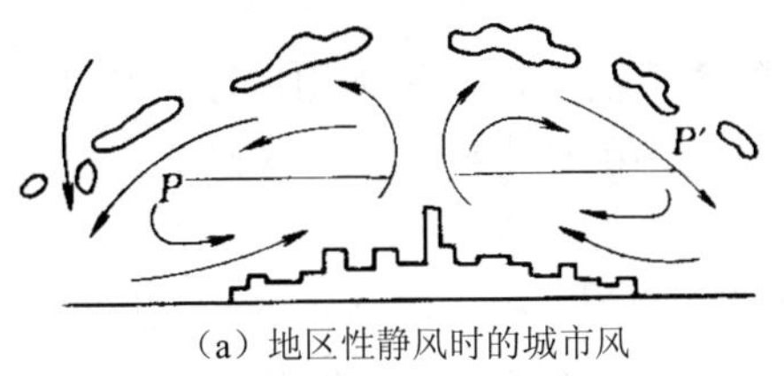

（a）地区性静风时的城市风

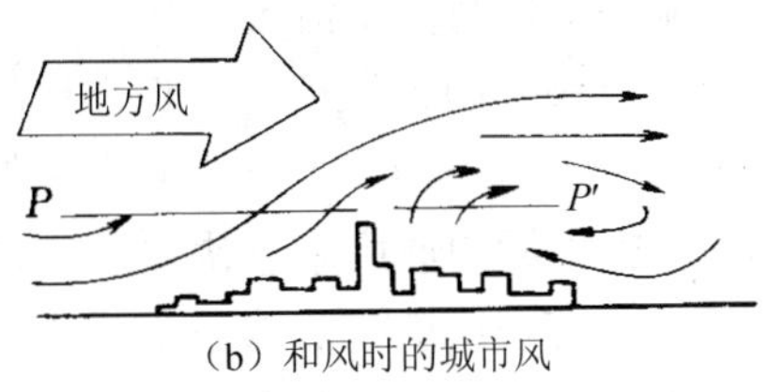

（b）和风时的城市风

图 3-7　城乡间的空气环流

由于热岛环流的存在，城市郊区工厂所排放的污染物可由低层吹向市区，使市区污染物难以扩散，浓度升高。因此，在城市四周布置工业区时，要考虑热岛环流存在这一特点。

2. 背风涡旋

排放源附近的高大密集的建筑物也会对烟流的扩散产生明显影响。地面上的建筑物除了阻碍气流运动而使风速减小，有时还会引起局部环流，这些都不利于烟流的扩散。例如，当烟流掠过高大建筑物时，建筑物的背面会出现气流下沉现象，并在接近地面处形成返回气流，从而产生涡流。结果，建筑物背风侧的烟流很容易卷入涡流之中，使靠近建筑物背风侧的污染物浓度增大，明显高于迎风侧。

第三节　烟气在大气中扩散的高斯模式

大气污染源的类型、排放方式、近地层下垫面的状况及源排放的污染物的数量等不同，污染物进入大气的初始状态也不一样，因而其浓度分布就不同，污染物浓度估算的公式也不同。但具体应用时，污染源的几何形状和排放方式只是相对的。例如，通常将工厂烟囱排放当作高架连续点源，繁忙的公路作为连续线源，城市居民区的家庭炉灶当作面源。把各个污染源结合在一起考虑，则看成复合源。

大气污染的形成及其危害程度与有害物质的浓度及其持续时间相关，大气扩散模式就是用数学模型估算大气污染物浓度的时空变化规律，即各种大气污染源在一定条件下的扩散稀释规律。

一、湍流扩散理论

大气的无规则运动称为大气湍流，风的脉动和风的摆动就是湍流作用的结果。按照湍流形成的原因可分为两种湍流：一种是由于垂直方向温度分布不均匀引起的热力湍流，它的强度主要取决于大气稳定度；另一种是由于垂直方向风速分布不均匀及地面粗糙度引起的机械湍流，它的强度主要取决于风速梯度和地面粗糙度。实际的湍流是上述两重湍流的叠加。

湍流有极强的扩散能力，但在风场运动的主风向上，由于平均风速比脉动风速大得多，所以污染物在主风方向上风的平流输送作用是主要的。风速越大，湍流越强，污染物扩散的速度就越快，污染物的浓度就越低。

从污染源放出的污染粒子在沿主风向的湍流扩散过程中，从统计学上讲，其在水平和垂直方向的浓度分布分别以主风向为对称轴呈正态分布，如图 3-8 所示。

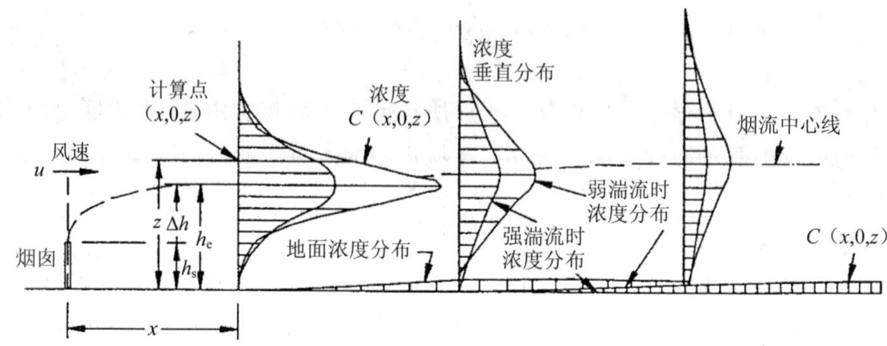

图 3-8 由湍流引起的扩散

二、连续点源的高斯扩散模式

（一）高斯模式的坐标系

高斯模型的坐标系如图 3-9 所示，其原点为地面源排放点或高架源排放点在地面的投影点，x 轴正向为平均风向，y 轴在水平面上垂直于 x 轴，正向在 x 轴的左侧，z 轴垂直于水平面 xoy，向上为正向，即为右手坐标系。

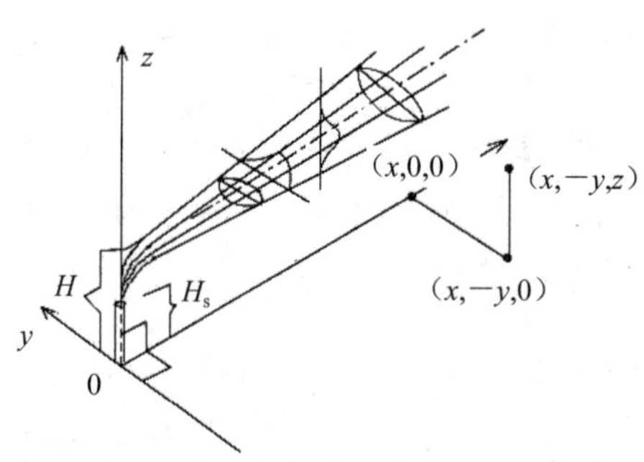

图 3-9 高斯模型坐标系

（二）高斯模式的四点假设

大量的实验和理论研究证明，特别是对于连续点源的平均烟流，其浓度分布是符合正态分布的。因此我们可以作如下假定：

① 污染物浓度在 y、z 轴上呈正态分布；

② 在全部扩散空间中风速是不变的、稳定的；

③ 源强是连续均匀的；

④ 污染物在扩散过程中的质量不变，到达地面时不发生沉降或化学反应而全部反射。

（三）无限空间连续点源扩散的高斯模式

由烟气扩散正态分布的假定可以推出下风向任一点（x，y，z）的污染物平均浓度的分布函数为

$$C(x,y,z)=A(x)e^{-ay^2}e^{-bz^2} \tag{3-7}$$

式中，待定函数 $A(x)$为与源强、风速和扩散参数相关的函数表达式；待定系数 a 和 b 也分别与横向和纵向扩散参数相关。由概率统计理论及烟气扩散正态分布的相关假定分别得出 $A(x)$，a，b 的表达式为

$$A(x)=\frac{Q}{2\pi\bar{u}\sigma_y\sigma_z} \qquad a=\frac{1}{2{\sigma_y}^2} \qquad b=\frac{1}{2{\sigma_z}^2}$$

将上述三个方程式分别代入浓度分布函数，得到无限空间连续点源扩散式公式：

$$C_{(x,y,z)}=\frac{Q}{2\pi\bar{u}\sigma_y\sigma_z}\exp\left[-\left(\frac{y^2}{2{\sigma_y}^2}+\frac{z^2}{2{\sigma_z}^2}\right)\right] \tag{3-8}$$

式中：$C_{(x,y,z)}$ —— 排放源在下风向任一空间点（x，y，z）处造成的浓度，mg/m^3 或 g/m^3；

Q —— 源强，单位时间内污染物排放量，mg/s 或 g/s；

$\bar{u}$ ——排放口处的平均风速，m/s；

σ_y，σ_z —— 横向和纵向方向上的扩散参数，主要取决于当地当时的气象条件和地形条件，m；

x —— 下风向任一点至污染源排放点的距离，m；

y —— 下风向任一点至 xoz 面的距离，m；

z —— 任一点到地表面的距离，m。

（四）高架连续点源扩散的高斯模式

实际的污染物排放源多位于地面或接近地面的大气边界层内，污染物在大气中的扩散必然会受到地面的影响，这种大气扩散称为有界大气扩散。所以，在建立大气扩散模式时，必须考虑地面的影响。

对于高架于地面的污染源，在排放的气态污染物在扩散过程中遇到地面时会产生反射作用。如图 3-10 所示。可以把下风向任意一点 *P*（*x*，*y*，*z*）点的污染物浓度看成是两部分贡献之和：一部分是不存在地面时 *P* 点所具有的污染物浓度；另一部分是由于地面反射作用所增加的污染物浓度。这相当于不存在地面时由位置在（0，0，0，*H*）的实源和在（0，0，0，－*H*）的虚源在 *P*（*x*，*y*，*z*）点所造成的污染物浓度之和（*H* 为有效源高）。

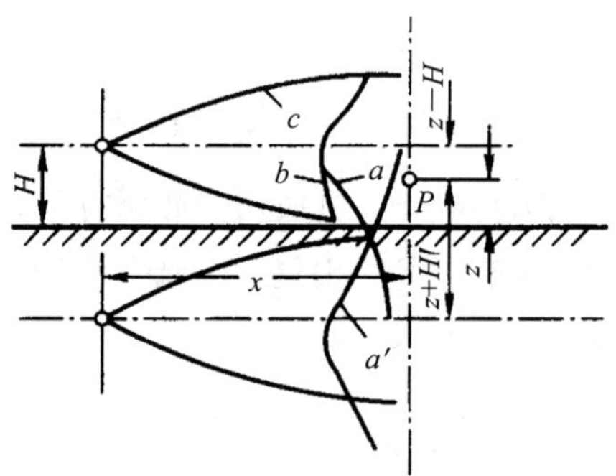

图 3-10　高架连续点源高斯扩散模式

① 实源的作用：*P* 点在以实源为原点的坐标系中的垂直坐标（距烟流中心线的垂直距离）为（*z*－*H*）。当不考虑地面影响时，它在 *P* 点所造成的污染物浓度按式 3-8 计算为

$$C_{0(x,y,z,H)}=\frac{Q}{2\pi\bar{u}\sigma_y\sigma_z}\exp\left[-\left(\frac{y^2}{2{\sigma_y}^2}+\frac{(z-H)^2}{2{\sigma_z}^2}\right)\right] \tag{3-9}$$

② 虚源的作用：*P* 点在以虚源为原点的坐标系中的垂直坐标（距虚源的烟流中心线的垂直距离）为（*z*+*H*）。它在 *P* 点产生的污染物浓度按式 3-8 计算为

$$C_{1(x,y,z,H)}=\frac{Q}{2\pi\bar{u}\sigma_y\sigma_z}\exp\left[-\left(\frac{y^2}{2{\sigma_y}^2}+\frac{(z+H)^2}{2{\sigma_z}^2}\right)\right] \tag{3-10}$$

P 点的实际污染物浓度应为实源和虚源作用之和，

$$C=C_0+C_1 \tag{3-11}$$

即 P（x，y，z）点的实际污染物浓度应为实源和虚源作用之和，具体用式 3-12 表示为

$$C_{(x,y,z,H)}=\frac{Q}{2\pi\bar{u}\sigma_y\sigma_z}\exp\left(-\frac{y^2}{2\sigma_y{}^2}\right)\left\{\exp\left[-\frac{(z-H)^2}{2\sigma_z{}^2}\right]+\exp\left[-\frac{(z+H)^2}{2\sigma_z{}^2}\right]\right\} \tag{3-12}$$

式中：$C_{(x,y,z,H)}$—— 高架排放源在下风向任一空间点（x，y，z）处造成的浓度，mg/m^3 或 g/m^3；

H—— 有效源高，m；

其他参数同公式 3-8。

（五）几种常用的高斯模式

1. 地面浓度模式

人们最关心的是地面上污染物浓度，而不是空间任一点的污染物浓度。令 $Z=0$，由高架点源扩散模式得：

$$C_{(x,y,0,H)}=\frac{Q}{\pi\bar{u}\sigma_y\sigma_z}\exp\left(-\frac{y^2}{2\sigma_y{}^2}\right)\exp\left(-\frac{H^2}{2\sigma_z{}^2}\right) \tag{3-13}$$

2. 地面轴线浓度模式

在地面浓度模式（式 3 13）中，令 $y=0$ 时，得到地面轴线浓度模式为

$$C_{(x,0,0,H)}=\frac{Q}{\pi\bar{u}\sigma_y\sigma_z}\exp\left(-\frac{H^2}{2\sigma_z{}^2}\right) \tag{3-14}$$

3. 地面最大浓度及其出现距离

在解决实际问题时，人们最关心的高架源的地面最大浓度和它离污染源的距离。地面浓度是以 x 轴对称的，轴线 x 上具有最大值，向两侧（y 方向）逐渐减小，由于 σ_y 和 σ_z 都随 x 的增大而增大，从式 3-14 分析 $\frac{Q}{\pi\bar{u}\sigma_y\sigma_z}$ 和 $\exp\left(-\frac{H^2}{2\sigma_z{}^2}\right)$ 两个乘积项，这两项作用的结果必然在某一距离 x 处出现浓度的最大值。经过推算，即可求得：

当

$$\sigma_z\big|_{x=x_{max}}=\frac{H}{\sqrt{2}}\ 时 \tag{3-15}$$

地面浓度达到最大，为

$$C_{max} = \frac{2Q}{\pi \bar{u} e H^2} \times \frac{\sigma_z}{\sigma_y} \tag{3-16}$$

式中：C_{max} —— 地面最大浓度；

x_{max} —— 它离源的距离；

e＝2.718，自然数。

除了极稳定或极不稳定的大气条件，通常设σ_y＝$2\sigma_z$，代入式 3-16 有

$$C_{max} = \frac{Q}{\pi \bar{u} e H^2} \tag{3-17}$$

由式 3-17 可以看出：① 地面上最大浓度与烟囱的有效高度的平方成反比；② 最大浓度出现的位置，离污染源（烟囱脚）的距离随烟囱高度而变远。此式常被列入烟囱设计手册，作为估算最大地面浓度时用。

【例 3-2】某污染源二氧化硫的排放速率为 80 g/s，有效源高为 80 m，烟囱出口处平均风速为 4.6 m/s，在当时的气象条件下，正下风向 500 m 处的σ_y =35.3m，σ_z=18.1m，试求正下风向 500 m 处二氧化硫的地面浓度。

解：根据地面轴线浓度公式

$$C_{(x,0,0,H)} = \frac{Q}{\pi \bar{u} \sigma_y \sigma_z} \exp\left(-\frac{H^2}{2{\sigma_z}^2}\right)$$

$C_{(500,0,0,80)}$=[(80×10^3)/(3.14×4.6×35.5×18.1)]exp[−80^2/(2×18.1^2)]

=4.94×10^{-4}mg/m^3

（六）地面连续点源的高斯模式

地面连续点源的高斯模式可由高架连续点源模式推导，令其有效源高 H＝0 而得。即：

$$C_{(x,y,z,0)} = \frac{Q}{\pi \bar{u} \sigma_y \sigma_z} \exp\left[-\left(\frac{y^2}{2{\sigma_y}^2} + \frac{z^2}{2{\sigma_z}^2}\right)\right] \tag{3-18}$$

通过比较式 3-8 和式 3-18 可以发现，地面连续点源造成的污染物浓度恰好是无界空间连续点源所造成的浓度的 2 倍。

由式 3-18 可求出以下几个人们关心的点的污染物浓度。

令 z＝0 时，$C_{(x,y,0,0)}$即为地面连续点源在地面上的浓度；

令 y＝0，z＝0 时，$C_{(x,0,0,0)}$即为地面连续点源地面轴线上的污染物的浓度。

高斯扩散模式适合大气湍流的性质，物理概念明确，估算污染浓度的结果基本上能与实验资料相吻合，且只需利用常规气象资料即可进行简单的数学运算，因此被普遍使用。

（七）颗粒污染物扩散模式

烟囱或排气筒排放的颗粒物粒径小于 15 μm 时，颗粒物的地面浓度可按气态污染物扩散模式估算。而对于粒径大于 15 μm 的颗粒物，由于其明显的重力沉降作用，浓度分布将有所改变，可以按倾斜烟流模式估算其地面浓度。

即：

$$C_{(x,y,0,H)}=\frac{(1+\alpha)Q}{2\pi\bar{u}\sigma_y\sigma_z}\exp\left(-\frac{y^2}{2{\sigma_y}^2}\right)\exp\left[-\frac{\left(H-\frac{u_t x}{\bar{u}}\right)^2}{2{\sigma_z}^2}\right] \tag{3-19}$$

$$u_t=\frac{{d_p}^2\rho_p g}{18\mu} \tag{3-20}$$

式中：α——颗粒物的地面反射系数，按表 3-5 查取；

u_t——颗粒的重力沉降速度，m/s；

d_p——颗粒的粒径， μm；

ρ_p——颗粒的密度，g/cm^3；

μ——空气动力黏度系数，一般取 1.18×10^{-5}；

g——重力加速度，m/s^2。

表 3-5　地面反射系数α

粒径范围/μm	15～30	31～47	48～75	76～100
平均粒径/μm	22	38	60	85
反射系数α	0.8	0.5	0.3	0

以上仅介绍了部分常用的大气污染扩散模式，其余特殊气象条件下及线源或面源的大气扩散模式，因形成条件的不同需要视具体条件进行修正处理，这里就不再进行详细介绍。

第四节　污染物浓度的估算

在连续点源的高斯模式中，源强可以实际测量，排放口处的风速可以根据地面 10 m 风速计算。那么污染源下风向任一点的浓度计算公式中只有污染源的有效源高和扩散参数两个未知量，下面将分别讨论其计算方法。

一、烟气抬升高度的计算

（一）烟气抬升与烟囱的有效源高

1. 烟气抬升

应用大气扩散模式估算大气污染物的浓度，必须解决烟流有效高度。连续点源的排放大部分是采用烟囱排放的，具有一定速度的热烟气从烟囱出口排放后，常常会继续上升至很高的高度，经过一段距离之后会逐渐变平，这种现象称为烟气抬升。

2. 有效源高

烟气抬升过程使烟气中心的最终高度比烟囱更高，这相当于增加了烟囱的几何高度（实际建筑高度）。因此，烟囱的有效高度应为烟囱的几何高度 H_s 与烟气抬升高度 ΔH 之和，即：

$$H = H_s + \Delta H \tag{3-21}$$

烟囱的有效高度也称为有效源高，它是指烟囱排放的烟气中心线距地面的高度。有效源高是大气扩散计算中的重要参数，污染物最大着地浓度与有效源高的平方成反比。因此，正确地估算烟囱的有效高度，对大气污染控制和烟囱几何高度的设计都具有重要的意义。对于已确定的烟囱，烟囱的几何高度 H_s 是已定的，因此求取烟云有效高度，实质上是计算烟气的抬升高度。

（二）烟气抬升高度的计算

影响烟气抬升高度的主要因素有烟气本身的热力性质、动力性质，以及气象条件和近地层下垫面的状况等。烟气抬升高度首先取决于烟气所具有的初始动量和浮力。初始动量取决于烟气出口速度（u_s）和烟囱口的内径（D_s）；浮力则取决于烟气和周围空气的密度差。若烟气与空气因组分不同而产生的密度差异很小时，烟气抬升的浮力大小就主要取决于烟气温度（T_s）与空气温度（T_a）之差。

烟气与周围空气的混合速率对烟气的抬升影响很大。烟气与周围空气混合越快，烟气的初始动量和热量散失得就越快，从而抬升高度也就越小。决定混合速率的主要因子是平均风速和湍流强度。平均风速越大，湍流越强，混合就越快，烟气抬升高度也就越低。

稳定的温度层结对烟气抬升有抑制作用，不稳定的温度层结能使烟气抬升作用增强。

城市的地形和下垫面的粗糙度对抬升高度影响较大。近地面的湍流较强，不利于抬升。离地面愈高，地面粗糙度引起的湍流愈弱，对抬升愈有利。

由上所述，影响烟气抬升的因素很多，也比较复杂。自 20 世纪 50 年代以来，有许多学者相继总结出了烟气抬升高度计算的各种理论和经验公式，但都有一定的适用条件和局限性，因此，至今还没有一个通用的计算公式能够准确表达出烟气抬升的规律。烟气抬升高度计算公式很多，至少几十种，这里仅介绍几个应用较广的公式。

1．霍兰德（Holland）公式

霍兰德将大量烟气抬升实测数据，经整理提出如下抬升高度经验公式：

$$\Delta H=\frac{u_s D}{\bar{u}}\left(1.5+2.7\frac{T_s-T_a}{T_s}D\right)=\frac{1}{\bar{u}}\left(1.5u_s D+9.79\times10^{-3}Q_h\right) \tag{3-22}$$

式中：ΔH —— 烟气抬升高度，m；

u_s —— 烟囱口处的排烟速度，m/s；

D —— 烟囱排出口的内径，m；

T_s —— 烟气出口温度，K；

T_a —— 大气温度，K；

$\bar{u}$ —— 烟囱口高度上的平均风速，m/s；

Q_h —— 烟气热释放率，kJ/s。

式 3-22 适用于中性条件。由于大气不稳定和稳定的条件对烟气抬升影响不同，所以，用于计算稳定条件下的烟气抬升高度时，烟气实际抬升高度应比计算值增加 10%～20%。用于计算稳定条件下的烟气抬升高度时，烟气实际抬升应比计算值减少 10%～20%。此公式不适宜计算温度较高的热烟气或高于 100 m 的烟囱的抬升高度。

2．布里吉斯（Briggs）公式

布里吉斯采用因次分析方法导出结合实测资料提出下列抬升公式，其估算值与实测值比较接近。下面给出不稳定和中性大气条件下的计算式。X 是离烟囱的水平距离。

当 Q_h＞20 920 kJ/s 时

$X<10H_s$
$$\Delta H=0.362Q_h^{1/3}\cdot X^{2/3}\cdot\bar{u}^{-1} \tag{3-23}$$

$X>10H_s$
$$\Delta H=1.55Q_h^{1/3}\cdot H_s^{2/5}\cdot\bar{u}^{-1} \tag{3-24}$$

当 Q_h＜20 920 kJ/s 时

$X<3X^*$
$$\Delta H=0.362Q_h^{1/3}\cdot X^{1/3}\cdot\bar{u}^{-1} \tag{3-25}$$

$X>3X^*$
$$\Delta H=0.332Q_h^{3/5}\cdot H_s^{2/5}\cdot\bar{u}^{-1} \tag{3-26}$$

其中
$$X^*=0.33Q_h^{2/5}\cdot H_s^{3/5}\cdot\bar{u}^{6/5} \tag{3-27}$$

3．我国国标（GB/T 13223—2003）推荐的烟气抬升高度计算公式

（1）烟气抬升高度的计算

当烟气热释放率 Q_h≥2 100 kJ/s，且 T_s-T_a≥35 K 时，烟气抬升高度计算式：

$$\Delta H = n_0 \times Q_h^{n_1} \times H_s^{n_2} / \overline{u} \tag{3-28}$$

式中：ΔH—— 烟气抬升高度，m；

Q_h—— 烟气热释放率，kJ/s；

H_s —— 烟囱的几何高度，即实际建筑高度，m；

n_0，n_1，n_2 —— 系数及指数，按表 3-6 选取；

$\overline{u}$ —— 烟囱口出口处平均风速，m/s。

当 Q_h<2 100 kJ/s，或 T_s-T_a<35 K 时，烟气抬升高度计算式：

$$\Delta H = 2\times(1.5u_s D + 0.01Q_h)/\overline{u} \tag{3-29}$$

式中：u_s —— 烟囱出口处的烟气排放速度，m/s；

D —— 排气筒出口直径，m。

（2）烟气热释放率的计算

$$Q_h = 0.35P_a Q_v \frac{\Delta T}{T_a} \tag{3-30}$$

$$\Delta T = T_s - T_a \tag{3-31}$$

式中：T_s —— 烟气出口温度，K，可用烟囱入口处烟气温度按－5℃/100 m 递减率换算所得值；

T_a —— 大气温度，取当地或邻近气象站的季或年观测的平均值，K；

P_a——大气压力，百帕，hPa；

Q_v——排烟率，m^3/s。

表 3-6　系数 n_0，n_1，n_2 值

Q_h/（kJ/s）	地表状况（平原）	n_0	n_1	n_2
$Q_h \geq 21\ 000$	农村或城市远郊区	1.427	1/3	2/3
且ΔT>35 K	城区及近郊区	1.303	1/3	2/3
$21\ 000 > Q_h \geq 2\ 100$	农村或城市远郊区	0.332	3/5	2/5
且ΔT>35 K	城区及近郊区	0.292	3/5	2/5

（3）烟囱出口处环境风速校正

$$\overline{u} = u_{10}\left(\frac{H_s}{10}\right)^m \tag{3-32}$$

式中：$\overline{u}$ ——烟囱出口处环境风速，m/s；

$\overline{u}_{10}$ ——邻近气象台（站）距离地面 10 m 高处的年平均风速，m/s；

H_s —— 烟囱的几何高度，m；当 H_s ＞200 m 时，取值为 200 m。

m ——稳定度参数，取值见表 3-7。

表 3-7 不同稳定度下的 m 值

稳定度级别	A	B	C	D	E、F
城市	0.10	0.15	0.20	0.25	0.30
乡村	0.07	0.07	0.10	0.15	0.25

【例 3-3】某城市火电厂的烟囱高 100 m，出口直径 5 m，出口烟气流速 12.7 m/s，温度 100℃，烟囱出口处的风速 4 m/s，大气温度 20℃，大气压力 101 325 Pa，试确定烟气抬升高度和有效源高。

解：烟气排放量 $Q_v = u\times A=12.7\times(5/2)^2\times3.14 = 250\ m^3/s$

热释放率 $Q_h = 0.35PaQ_v(T_s-T_a)/T_s$

$=0.35\times1\ 013.25\times250\times(373-293)/373=1.89\times10^4$ kJ/s

根据已知条件， $T_s-T_a=373-293=80\ K>35\ K$

且 $Q_h=1.89\times10^4$ kJ/s ＞2 100 kJ/s

查表 3-6 得 $n_0=0.29$；$n_1=3/5$；$n_2=2/5$

烟气抬升高度 $\Delta H = n_0\times Q_h^{n_1}\times H_s^{n_2}/\bar{u}$

$=[0.29\times(1.89\times10^4)^{3/5}\times100^{2/5}]/4=207$ m

有效源高 $H=H_s+\Delta H=100+207=307$ m

练习：某城市火电厂的烟囱高 120 m，出口直径 4 m，排烟速度 13.5 m/s，水平烟道烟气温度 61℃，大气温度 25℃，距地面 10 m 的平均风速为 2.76 m/s，大气压力 101 155 Pa。试确定烟气抬升高度和有效源高。

当应用不同研究者所提出的烟气抬升高度计算式计算同一气象条件下、同一烟源的抬升高度，所得到的结果并不相同，甚至相差很大。这主要是因为，每一个计算式都是在其特定条件下，根据数据经整理后所建立的经验关系式。如果待计算的烟源条件与所选用烟气抬升高度计算式的应用条件不相符时，毫无疑问所得到的计算结果将相差甚远。

通过烟气抬升高度的计算，要增加烟气上升高度，以减轻地面烟气浓度，应考虑采取以下几点措施：

① 提高排烟温度，以减少烟道和烟囱的热损失；提高排烟温度 T_s 就会增加烟气的浮力；

② 增加烟气的喷出速度，可以增加烟气上升的惯性力作用，但出口速度过大，会促进烟气与空气的混合，反而减少了浮升力作用；

③ 增加排出的烟气量，即喷出速度和排烟温度不变，如果增加烟气的排出量，对惯性力和浮升力作用均有帮助。因此，实际应用中可将分散的烟囱集合起来排放，以增加排出的烟气量。

二、扩散参数σ_y和σ_z的确定

（一）σ_y和σ_z的变化规律

扩散参数σ_y、σ_z是表示扩散范围及速率大小的特征量，也是正态分布函数的标准差。该参数的确定是很困难的，往往需要进行长期的气象观测和大量的计算工作。连续点源的扩散参数σ_y和σ_z具有如下规律：

① σ 随着离源距离增加而增大；

② 不稳定大气状态时的σ 值大于稳定大气状态，因此大气湍流运动愈强，σ值愈大；

③ 在以上两种条件都相同时，粗糙地面上的σ 较大，而平坦σ 较小。

（二）扩散参数σ_y和σ_z的确定

在实际工作中，总是希望根据常规的气象观测资料就能估算出扩散参数。帕斯奎尔（Pasquill）于 1961 年推荐了一种方法，仅需常规气象观测资料就可估算出σ_y和σ_z。吉福德（Gifford）进一步将它做成应用更方便的图表，所以这种方法又简称 P-G 曲线法（图 3-11 和图 3-12）。由图可见，只要利用当地常规气象观测资料，由 P-T-C 法确定当时当地的大气稳定度等级，然后再利用 P-G 扩散曲线图查出对应于当时当地的大气稳定度及下风向任意距离 x 的扩散参数σ_y和σ_z的值。

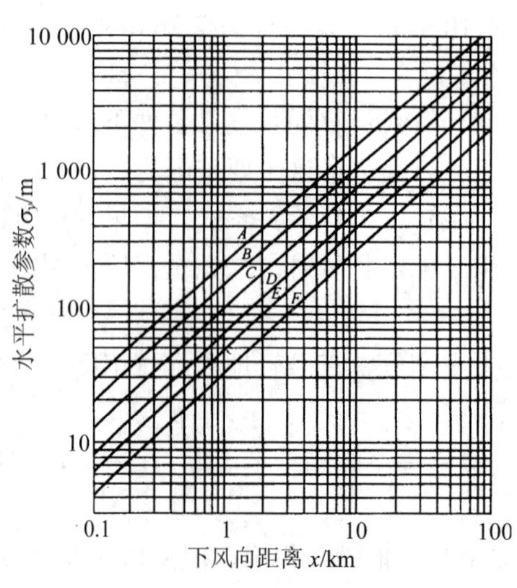

图 3-11 下风向距离和水平扩散参数的关系

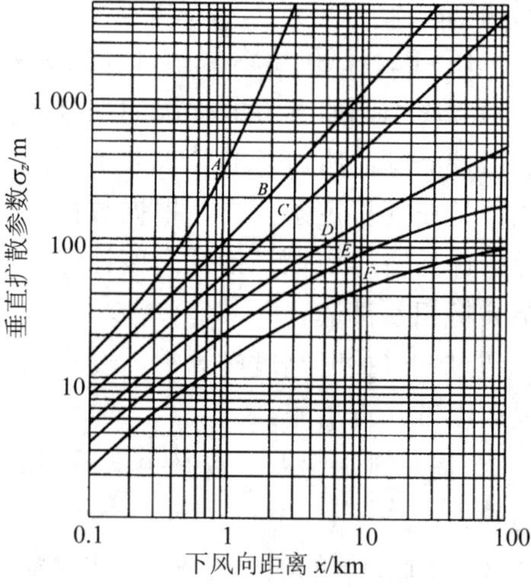

图 3-12 下风向距离和垂直扩散参数的关系

例如：当估算地面最大浓度值 C_{max} 及其离源的距离 x_{max} 时，可先按式 3-15 计算出σ_z，在当时大气稳定度级别下由图 3-12 查取对应的 x 值，此值即为当时大气稳定度下的 x_{max}。然后从图 3-11 查取与 x_{max} 对应的σ_y值，代入式 3-16 即可求出 C_{max} 值。用该方法计算，在 E、F 级稳定度下误差较大，在 D、C 级时误差较小。H 越高，误差越小。

练习：某石油精炼厂烟囱有效源高 80 m 处 SO_2 排放量为 80g/s，有效源高的平均风速为 4.6 m/s，试估算冬季阴天正下风向 500 m 处 SO_2 的地面浓度。

（三）我国的国家标准规定的扩散参数取用原则

由于利用常规气象资料便能确定帕斯奎尔大气稳定度，因此 P-G 扩散曲线简便实用。但是，P-G 扩散曲线是利用观测资料统计结合理论分析得到的，其应用具有一定的经验性和局限性。

对于不同地域，大气扩散存在着一定的差异，通常要对不同地域的扩散参数进行修正，即主要根据当地的地域地形条件对大气稳定度进行修正。具体修正方法如表 3-8 所示。

表 3-8　大气稳定度修正表

地表状况 \ 修正后稳定度级别（P-T-C 法）		大气稳定度					
		A	B	C	D	E	F
平原农村地区或城市远郊区		A	B	C	C～D	D～E	E～F
工业区或城区甲类排放标准排放源	工业区	A	B	B	B～C	C～D	D～E
	非工业区	A	B	B～C	C	D	E
丘陵山区的农村或城市		A	B	B	B～C	C～D	D～E

我国《制定地方大气污染物排放标准的技术方法》（GB 3840—91）采用如下经验公式确定扩散参数σ_y、σ_z：

$$\sigma_y = \gamma_1 x^{\alpha_1} \qquad (3\text{-}33)$$

$$\sigma_z = \gamma_2 x^{\alpha_2} \qquad (3\text{-}34)$$

式中，γ_1、α_1、γ_2 及 α_2 称为扩散系数。这些系数由实验确定，在一个相当长的 x 距离内为常数，可从表 3-9 中查取。

表 3-9 扩散参数的幂函数数据（取样时间 0.5 h）

稳定度级别	$\sigma_y=\gamma_1 x^{\alpha_1}$			$\sigma_z=\gamma_2 x^{\alpha_2}$		
	a_1	γ_1	下风距离/m	α_2	γ_2	下风距离/m
A	0.901 074 0.850 934	0.425 809 0.602 052	0～1 000 ＞1 000	1.121 54 1.513 60 2.108 81	0.079 99 0.008 548 0.000 212	0～300 300～500 ＞500
B	0.914 370 0.865 014	0.281 846 0.396 353	0～1 000 ＞1 000	0.964 435 1.093 56	0.127 190 0.057 025	0～500 ＞500
B～C	0.919 325 0.875 086	0.229 500 0.314 238	0～1 000 ＞1 000	0.941 015 1.007 70	0.114 682 0.075 718	0～500 ＞500
C	0.924 279 0.885 157	0.177 154 0.232 123	0～1 000 ＞1 000	0.917 595	0.106 803	＞0
C～D	0.926 849 0.886 940	0.143 940 0.189 396	0～1 000 ＞1 000	0.838 628 0.756 410 0.815 575	0.126 152 0.235 667 0.136 659	0～2 000 2 000～10 000 ＞10 000
D	0.929 418 0.888 723	0.110 726 0.146 669	0～1 000 ＞1 000	0.826 212 0.632 023 0.555 360	0.104 634 0.400 167 0.810 763	0～1 000 1 000～10 000 ＞10 000
D～E	0.925 118 0.892 794	0.098 563 0.124 308	0～1 000 ＞1 000	0.776 864 0.572 347 0.499 149	0.111 771 0.528 992 1.038 10	0～2 000 2 000～10 000 ＞10 000
E	0.920 818 0.896 864	0.086 400 0.10 947	0～1 000 ＞1 000	0.788 370 0.565 188 0.414 743	0.092 752 0.433 384 1.732 41	0～1 000 1 000～10 000 ＞10 000
F	0.929 418 0.888 723	0.055 363 0.733 348	0～1 000 ＞1 000	0.784 400 0.525 969 0.322 659	0.062 077 0.370 015 2.406 91	0～1 000 1 000～10 000 ＞10 000

【例 3-4】一座工厂建于城市规划区，其所在地坐标为 31°N、104°E。该厂生产中产生的 SO_2 废气都通过高 110 m、出口内径为 2 m 的烟囱排放。废气量为 $4\times10^5\ m^3/h$（烟囱出口状态），烟气出口温度 150℃，SO_2 排放量为 400 kg/h，在 2003 年 7 月 11 日北京时间 13 时，当地气温状况是气温 35℃，云量 2/2，地面风速 3 m/s，试求此时距烟囱 3 km 的轴线浓度和该厂造成的 SO_2 最大地面浓度及产生距离。

解：① 确定大气稳定度。

由表 3-2 查得 $\delta=21°$，由式 3-6 得

$$h_0=\arcsin[\sin31°\cdot\sin21°+\cos31°\cdot\cos21°\cdot\cos(15\times13+104-300)]$$
$$=79°53'$$

根据 h_0 及云量 2/2 查表 3-3 得太阳辐射等级+3，又根据该辐射等级及地面风速

3 m/s 查表 3-4 得大气稳定度为 B，然后查表 3-8 修正后为 B。

② 风速校正。

由表 3-7 得 B 类稳定度下风指数 m=0.15，再由幂指数公式 3-32 得

$$\bar{u}=\bar{u}_{10}(H_s/10)^m=3(110/10)^{0.15}=4.3\ \text{m/s}$$

③扩散参数确定

查表 3-9 得 x=3 km 处：a_1=0.865 014，r_1=0.396 353；a_2=1.093 56，r_2=0.057 025

$$\sigma_y=r_1x^{a1}=403\ \text{m}$$

$$\sigma_z=r_2x^{a2}=363\ \text{m}$$

④有效源高计算

$$Q=400\ \text{kg/h}=111.1\ \text{g/s}$$

式 3-30 中 $Q_h=0.35\times P_a\times Q_v\times\dfrac{\Delta T}{T_s}$

$$=0.35\times1.013\times10^3\times(4\times10^5/3\ 600)\times\frac{150-35}{423}$$

$$=13\ 970\ \text{kJ/s}$$

由表 3-6 取 n_0=0.332，n_1=3/5，n_2=2/5

式 3-28 中 $\Delta H=n_0\times Q_h^{n_1}\times H^{n_2}/\bar{u}$

$$=0.332\times13\ 970^{3/5}\times110^{2/5}/4.3=155.4\ \text{m}$$

有效源高为： $H=H_s+\Delta H$

$$=110+155.4$$

$$=265.4\ \text{m}$$

⑤污染物地面轴线浓度

$$C(x,0,0,H)=\frac{Q}{\pi\bar{u}\sigma_y\sigma_z}\exp\left(-\frac{H^2}{2\sigma_z^2}\right)$$

$$C_{(3\ 000,0,0,265.4)}=\frac{111.1}{\pi\times4.3\times403\times363}\exp\left[-\frac{1}{2}\times\left(\frac{265.4}{363}\right)^2\right]$$

$$=4.3\times10^{-5}\ \text{g/m}^3=4.3\times10^{-2}\ \text{mg/m}^3$$

⑥最大地面浓度及产生距离

由式 3-15 得：

$$\sigma_z\Big|_{x=x_{max}}=\frac{H}{\sqrt{2}}=\frac{265.4}{\sqrt{2}}=188\ \text{m}$$

由图 3-12，取 x_{max}=1 650 m，再查图 3-11 得 σ_y=230 m。

由式 3-16 得地面最大浓度为

$$C_{\max}=\frac{2Q}{\pi\bar{u}eH^2}\times\frac{\sigma_z}{\sigma_y}=\frac{2\times 111.1}{\pi\times 4.3\times e\times 265.4^2}\times\frac{188}{230}$$

$$=7.0\times10^{-5}\ \text{g/m}^3=7.0\times10^{-2}\ \text{mg/m}^3$$

所以，该厂在正下风向距离排放源 1 650 m 处造成的 SO_2 地面浓度最大，最大浓度为 7.0×10^{-2} mg/s。

第五节 烟囱高度的设计

由于烟囱能把污染物从排放源的局部地区扩散到很大的范围内，并利用大气的自净能力使地面污染物浓度控制在人们可以接受的范围内。所以，我国目前仍把利用高烟囱排放作为减轻地面空气污染的一项重要措施。确定烟囱高度，既要确保排放物扩散距离远，又要节省投资，而且落地浓度要小，最终目的是保证地面浓度不超过《大气环境质量标准》规定的浓度限值。

一、烟囱高度的计算方法

烟囱高度的计算方法，目前应用最普遍的是按高斯模式的简化公式，主要以地面最大浓度为依据，由于地面浓度要求不同，烟囱高度的计算方法可以有以下几种。

（一）按污染物的地面最大浓度计算

若国家《环境空气质量标准》规定的某污染物标准浓度为 c_0，当地本底浓度为 c_b，则烟囱排放污染物产生的地面最大允许浓度应满足 $C_{\max}\leqslant c_0-c_b$。如果设计有效高度为 H 的烟囱，当σ_z/σ_y=常数（一般取 0.5～1.0）时，由式 3-16 求解可得烟囱高度：

$$H_s\geqslant\sqrt{\frac{2Q}{\pi e\bar{u}(c_0-c_b)}\cdot\frac{\sigma_z}{\sigma_y}}-\Delta H \qquad (3\text{-}35)$$

从上面计算方法可见，按保证 $C_{\max}$ 设计的烟囱高度较矮，当风速小于平均风速时，地面浓度即超标。因此提出对公式中的 $\bar{u}$ 和稳定度取一定保证率下的值，计算结果即为某一保证率的气象条件下的烟囱高度。

（二）按污染物的地面绝对最大浓度计算

由地面最大浓度公式 3-16 可见，地面最大浓度与有效排放高度的平方成反比，同风速也成反比。但是该公式是在风速不变的情况下导出的，实际上风速是变化的。

当风速增加时，一方面，使 C_{max} 减小（式 3-16）；另一方面，从烟流抬升公式 3-28 可见烟流抬升高度 ΔH 减小，则 C_{max} 反而增大。这双重相反影响的结果，定会在某一风速下出现地面最大浓度的极大值，称为地面绝对最大浓度 C_{absm}。当出现绝对最大浓度时的风速即为危险风速 $\bar{u}_c$。显然，风速取值不同，计算结果也不同。

将烟流抬升高度公式简化为 $\Delta H=B/\bar{u}$，B 为烟气抬升公式中除风速外的其他项，将此式代入式 3-16 中，对 $\bar{u}$ 求导，并令 $\mathrm{d}C_{max}/\mathrm{d}\bar{u}=0$，即可解得危险风速 $\bar{u}_c$，$\bar{u}_c=B/H_s$，再将 $\bar{u}_c$ 代入式 3-16 中，可得到式 3-36：

$$H_s \geqslant \sqrt{\frac{Q}{2\pi e\bar{u}_c(c_0-c_b)}\cdot\frac{\sigma_z}{\sigma_y}} \tag{3-36}$$

练习：锅炉烟气排放量 19 m^3/s，二氧化硫排放量 20 g/s，烟囱口烟气温度 418 K，烟囱口内径 1.4 m，烟囱口的空气温度为 289K，风速为 6 m/s，大气压力为 101 325 Pa，所在地区二氧化硫本底浓度为 0.04 mg/m^3，环境空气质量标准中二氧化硫的允许浓度为 0.06 mg/m^3，按地面最大浓度不超标准要求，计算 D 级大气稳定度条件下(σ_z/σ_y=0.5)所需的烟囱高度。

二、烟囱设计应注意的事项

烟囱设计合理与否直接影响大气污染物的扩散稀释过程和污染物浓度的时空分布，尤其是影响污染物地面浓度分布及污染程度。所以，在烟囱高度设计时，首先应明确增加烟囱抬升高度的常用措施；然后对影响设计结果的主要因素逐一进行分析，权衡利弊，以获得较合理的设计方案。

（一）增加烟囱抬升高度的措施

烟囱抬升高度越大，越有利于污染物的扩散稀释，也有利于节省烟囱基建的费用。从前述的烟气抬升公式分析，影响烟气抬升的因素主要有烟气的热力性质、动力性质、气象条件、烟囱截面积及近地层下垫面等。

1. 提高排气温度，减少烟管及烟囱的热损失

烟气所具有的初始动量和浮力直接影响着烟气抬升的高度。初始动量大小决定于烟气出口速度 u_s 和烟囱口的内径 D；浮力大小取决于烟气和周围空气的密度差和温度。若烟气与空气因组分不同而产生的密度差异很小时，烟气抬升的浮力大小就主要取决于烟气温度 T_s 与空气温度 T_a 之差。当风速为 5 m/s 时，烟气温度在 100～200℃时，T_s 与 T_a 每相差 1℃，抬升高度约增加 1.5 m。因此，提高排放烟气的温度有利于烟气抬升，但为此专门给烟气加热会增加运行费用，所以最好的做法是减少烟管及烟囱的热损失。

2. 增加烟气的出口速度，减少烟气与周围空气的混合速率

烟气与周围空气的混合速率是影响烟气抬升的第二因素，决定二者混合速率的主要因素是平均风速和湍流强度。平均风速越大，湍流越强，烟气和周围空气混合越快，烟气的初始动量和热量散失得也越快，其烟气的抬升高度就越低。增加烟气的出口速度对动力抬升有利，但也加快烟气和空气的混合速率，因此，要选择一个适当的烟气排放速度。

3. 增加排气量

从我国推荐使用的烟气抬升公式中很容易看出，排气量是影响烟气抬升的重要因素之一。增加排气量对动量抬升和浮力抬升都有利。因此，当附近有几个烟囱时应采取多管集合烟囱排烟。

（二）设计过程中应注意的问题

设计烟囱高度首先要考虑所用公式是否适当，能否代表实际的烟流扩散形式，其次是选择合理的计算参数。

① 正确地选择公式。设计烟囱高度时，烟气抬升高度对其影响很大。设计时应尽可能结合当地实际状况，考虑可能出现的最不利的气象条件，以及地面最大浓度的数值、出现的频率与持续时间，选用抬升高度公式的应用条件与设计条件相近的抬升公式。一般情况下，最好选用国标（GB/T 13223—2003）中推荐的烟气抬升高度计算公式。

② 气象参数的考虑。主要的气象参数有风速和扩散参数。关于设计中气象参数的取值方法有两种：一种是取多年的平均值；另一种是取某一保证频率的值，而后一种更为经济合理。通常是先确定出一个地面浓度不会超标的保证率，以此确定用于烟囱高度设计的计算风速，即这个高度可保证在所确定的保证率内地面浓度不会超标。

扩散参数对烟囱高度的设计影响也很大，选择时还需要根据当地的气象条件与实测σ_y、σ_z数据的统计分析，通常σ_z/σ_y的值为 0.5～1.0。

③ 烟气的干、湿沉降的考虑。为避免出现烟气的干、湿沉降现象，以及烟流受建筑物背风面涡流区影响，从而增加烟囱附近地区的污染浓度，要求烟囱高度不得低于周围建筑物高度的 2 倍。对于排放生产性粉尘的烟囱，其高度从地面算起应当大于 15 m，排气口高度应高于主厂房最高点 3 m 以上，为防止烟囱本身对烟流产生的下洗现象，烟囱出口烟气流速不得低于该高度处平均风速的 1.5 倍。

④ 烟囱散热。提高出口烟气温度，增加进烟气的热力抬升能力，在烟囱设计过程中应考虑尽量降低烟道与烟囱的散热损失。

⑤ 烟流出口速度。为了利于烟气抬升，烟囱出口烟气流速（u_s）不宜过低，一般为 20～30 m/s，排烟温度也不宜过低。

第六节 厂址选择

厂址选择涉及政治、经济、技术、环境保护等多方面的问题。本节不能完整综述其所有内容，仅考虑大气环境保护方面的一些问题。

从防止大气污染的角度考虑，合理的厂址应是环境中的污染物本底浓度低，大气对污染物的扩散稀释能力强，以及所排放的污染物应被输送到对人类居住区域等环境敏感区影响小或污染危害轻的地方。这里分别从背景浓度、气象条件，以及地形状况等方面对厂址选择的影响进行分析讨论。

一、背景浓度

背景浓度是指某地区现有的某些污染物的浓度水平。显然，已超过国家《大气环境质量标准》规定的地区不宜再建排放这些污染物的新厂。有时虽然有些地方背景环境浓度没有超标，但加上拟建厂的排放物后浓度将会超标，而且在相当长的时期内无法克服，也不宜建厂。因此，厂址应选择背景浓度小的地区。

二、风向、风速

厂址选择时，应考虑拟建工厂与周围居住区、作物区和同地区其他企业间的相对位置及关系，尤其是风向及其出现的频率与这些区域的关系。通常是依据拟建区的风向频率玫瑰图，即在 8 个方位或 16 个方位上给出风向和风速的相对频率和绝对值，用线的长短表示，然后连接各端点就可以得到（图 3-13）。其规则是：

① 厂址应设置在居住区等主要污染受体最小频率风向的上侧，排放量大或废气毒性大的企业应尽可能设在最小频率风向的最上侧，使居住区受污染的时间达到最少；

② 应尽量减少各企业之间发生重叠污染，不宜将各污染源布置在最大频率风向一致的直线上；

③ 污染源应尽可能设置在对农作物和经济作物损害最小的生长季节的最大频率风向的下游。

此外，由于大气污染的危害程度与污染的停留时间和浓度两个因素有关，而风速与浓度成反比，所以影响大气污染物扩散稀释的另一重要因素是风速。如果仅考虑按风向频率布局，只能保证居民区受污染的时间最短，但不能确保该区域受到的污染程度最轻，因此在确定污染源和被污染区的相对位置时，可定义一个污染系数来综合考虑风向频率和平均风速两个因素。

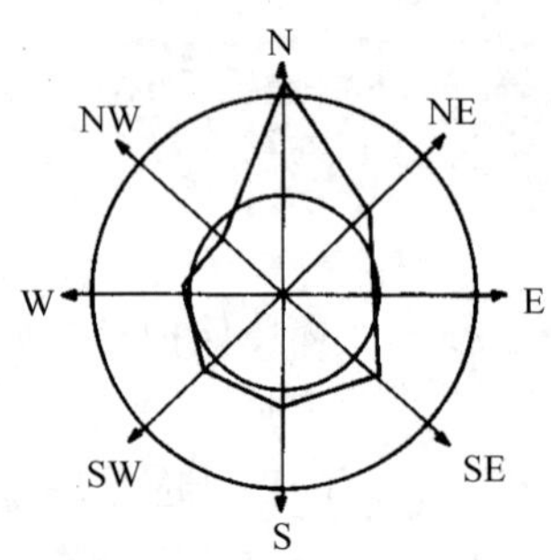

图 3-13 污染系数玫瑰图

$$污染系数=风向频率/该风向的平均风速 \tag{3-37}$$

式 3-37 表明，某方位的风速大而风向频率小，该方位的污染系数就小，则其下风向的大气污染程度就轻。因此，污染源应该设在使污染地区的污染系数达到最小的方位上风向。表 3-10 为测定各方位风向频率和风速后的污染系数计算实例，表中的相对污染系数为某方位污染系数与各方位污染系数之和的比值，并将各方位的污染系数在图上连接后，得到如图 3-13 所示的污染系数玫瑰图。

通过对实例的分析可以判断，如仅考虑风向频率，厂址应设置在东边，但从污染系数的大小来看，厂址就应选择在西北方向。可见，污染系数是选择厂址的重要判断依据。

表 3-10 污染系数计算实例

方　位	N	NE	E	SE	S	SW	W	NW	总计
风向频率/%	14	8	7	12	14	17	15	13	100
平均风速/（m/s）	3	3	3	4	5	6	6	6	
污染系数/%	4.7	2.7	2.3	3.0	2.8	2.8	2.5	2.1	
相对污染系数/%	21	12	10	13	12	12	11	9	100

这种方法未考虑风速对热烟流抬升的影响，对抬升高度很大的发电厂、冶炼厂等不一定适用；对中、矮烟囱还是可行的。

三、温度层结

（1）大气稳定度

一般气象站没有近地层大气温度层结的详细资料，但是可以根据已有的气象资料，按照 P-T-C 法对大气稳定度进行分级，统计出每个稳定度级别的相对频率，尤其要重视对逆稳情况的统计。

（2）温度层结

一般污染物的扩散是在距地面几百米的范围内进行的，所以离地面几百米范围内的温度层结对污染物的扩散稀释过程影响很大，选厂时必须加以注意。最不利于扩散的是近地层逆温。因此应收集逆温层的厚度、强度、出现频率和持续时间等资料。特别要注意逆温伴随有静风或微风的情况，注意其出现的频率和持续时间近地面 30～200 m 以下的逆温对高架源和地面源所产生的影响是不同的。多数中小型工厂的烟气排放源不高，不宜建在近地逆温层频率高或持续时间长的地区。大工厂的高烟囱出口若位于逆温层之中，由于垂直扩散微弱，污染源附近的地面浓度反而低，但远距离地面浓度要比没逆温时高，污染范围较大，在近地层逆温破坏时将产生短时间漫烟型污染，污染物浓度高，但时间较短（30～60 min）；若高烟囱出口高于逆温层顶，将产生爬升型扩散，对防止污染最为有利。

上部逆温主要对高大烟源扩散的影响较大，即使增加烟囱高度也不能明显降低污染物的地面浓度，但它对低矮烟源的扩散无明显的影响。因此，上部逆温是决定高烟囱扩散的重要因素。

厂址选择还要适当考虑其他气象条件。如低云和雾较多的地区容易形成更大的污染，而降水较多的地区由于雨水可以净化空气中的污染物，使得污染物浓度降低，空气往往较洁净。当降雨与固定的盛行风常常同时出现的地区，厂址选择中应考虑被污染的雨水可能会被风吹向下风方向的问题。

四、地形

不同的地形条件，对大气污染物的扩散稀释影响不同。所以，地形也是拟建工厂区大气环境的重要影响因素之一。对于排放大气污染物的工厂，选择厂址时还要考虑拟建厂区的地形条件。

① 山谷较深、走向与盛行风向交角为 45°～135°时，谷内风速经常很小，不利于污染物扩散。若烟囱有效高度不能超过经常出现的静风和微风的高度时，不宜建厂。

② 烟囱有效高度不可能超过下坡风厚度和背风坡湍流区高度的地方，不宜建厂。

③ 谷地四周山坡上有居民区及农田，烟囱有效高度不能超过山的高度时，不宜建厂。

④ 对于高山或四周很高的深谷，由于静、微风频率高且持续时间长，以及逆温层经常不易消散，污染物可能持久在深谷内聚积，浓度很高，不宜建厂。

⑤ 在山坡附近选择厂址时，排放源的有效高度必须能够超过背风坡的湍流区及下坡风的厚度，否则不宜建厂，因为烟流会很快压向背风坡地面，造成高浓度的污

染。如果烟流虽能越过山头，仍会在背风面造成污染时，居民区不宜建在背风坡的污染区。

⑥ 在水陆风（或海陆风）较稳定的大型水域或与山地交界的背山地段不宜建厂。若是必须建厂，应使厂区和生活区的连线与海岸平行，以减少水陆风（或海陆风）造成的污染。如果在水域毗邻的陆地建厂时，应该使生活区与厂区的排列与海岸平行，以减少海陆风环流对生活区造成的污染。

由于地形对大气污染扩散的影响是多种多样的，也非常复杂，选址必须对实地情况作具体分析。如果在地形复杂的地区选址，应当根据地形和专门的气象观测判断可能出现的主要大气污染现象。这样，才能对当地的大气扩散能力、建厂条件等做出准确的评价，为确定必要的对策或防护措施提供依据。

复习与思考题

一、问答题

1. 影响大气扩散能力的气象因素主要有哪些？

2. 大气稳定度指什么？如何判别？

3. 大气污染物扩散稀释的规律是什么？影响其扩散稀释的重要参数有哪些？

4. 影响烟流抬升高度的因素有哪些？试分析烟囱高度对烟气扩散的影响，以及设计烟囱高度时需要考虑的因素。

二、计算题

1. 某石油精炼厂自平均有效源高 60 m 处排放的 SO_2 质量为 80 g/s，有效源高处的平均风速为 6 m/s，试估算冬季阴天正下风方向距烟囱 500 m 处地面上的 SO_2 浓度。

2. 某城市火电厂的烟囱高 100 m，出口内径 5 m。出口烟气流速 12.7 m/s，温度 100℃，流量 250 m^3/s。烟囱出口处的平均风速 4 m/s，大气温度 20℃，试确定烟气抬升高度及有效高度。

3. 某化工厂建在平原郊区,其所在地坐标为北纬 24°，东经 102°；烟囱高度为 110 m、出口内径为 2 m，烟囱废气排放速度为 35.4 m/s，测得烟道中烟气温度 150℃，SO_2 排放速率为 400 kg/h，2014 年 4 月 7 日 18 时，当地气温 35℃，云量 9/3，地面风速为 3 m/s，试求此时距烟囱 2 500 m 的轴线 SO_2 地面浓度，及该厂造成的 SO_2 最大地面浓度及产生的地点。

三、技能训练

1. 选择学校锅炉或附近工厂的 1～3 个烟囱排放源，在不同气象条件下，观察烟流形状，学习判定其大气稳定度。

2. 调查所在学校锅炉房的运行情况、结构及排烟情况，结合第二章内容，模拟为其设计烟囱高度。

第四章　颗粒污染物控制技术

在燃料燃烧或工业生产中会排放大量的含尘气体，这些含尘气体如果不经净化处理直接排放，就会对大气环境造成污染。从废气中将颗粒物分离出来并加以捕集、回收的过程称为除尘；实现除尘过程的设备称为除尘装置。本章将在讨论粉尘物理性质和除尘器性能等知识的基础上，学习颗粒物分离、沉降和捕集机理，以及典型除尘装置的设计、选择和运行维护。

第一节　除尘技术基础

一、粉尘的性质

（一）粉尘的密度

单位体积粉尘的质量称为粉尘的密度，其单位是 kg/m^3 或 g/cm^3。因粉尘产生的情况、测试条件不同，获得的密度值也不同。一般将粉尘的密度分为真密度和堆积密度。

由于粉尘颗粒表面不平和其内部的空隙，所以尘粒表面及其内部吸附着一定的空气，因此在自然堆积状态下，将粉尘、附着气体及颗粒间气体都包括在内的密度称为堆积密度，用ρ_b 表示。将吸附在尘粒表面及其内部的空气排除后，测得的密度称为真密度，用ρ_p 表示。

若将粉尘之间的空隙体积与包含空隙的粉尘总体积之比称为空隙率ε，则ε与粉尘的真密度ρ_p 和堆积密度ρ_b 之间存在如下关系：

$$\rho_b=(1-\varepsilon)\rho_p \tag{4-1}$$

粉尘的真密度用于研究尘粒在空气中的运动，而堆积密度则用于计算存仓或灰斗的容积等。主要工业粉尘的密度见表 4-1。

（二）粉尘的比表面积

单位体积的粉尘具有的总表面积称为粉尘的比表面积，用 S_p 表示，单位是 cm^2/cm^3。

表 4-1　主要工业粉尘密度　　单位：g/cm^3

粉尘名称	真密度	堆积密度	粉尘名称	真密度	堆积密度
滑石粉	0.75	0.59～0.71	飞灰	2.2	1.07
炭黑	1.9	0.025	硫化矿烧结炉尘	4.17	0.53
重油锅炉尘	1.98	0.20	烟道粉尘	4.88	1.11～1.25
石墨	2	0.3	电炉尘	4.5	0.6～1.5
化铁炉尘	2.0	0.80	水泥原料尘	2.76	0.29
煤粉锅炉尘	2.1	0.52	硅酸盐水泥	3.12	1.5
造纸墨液炉尘	3.11	0.13	黄铁熔解炉尘	4～8	0.25～1.2
水泥干燥窑尘	3.0	0.60	铅熔炼炉尘	5.0	0.50
造塑黏土	2.47	0.72～0.8	转炉尘	5.0	0.7

粉尘粒子愈细，比表面积愈大。细小颗粒常常表现出显著的物理和化学活动性，如氧化、溶解、蒸发、吸附、催化等都能因细小颗粒比表面大而被加速，从而导致有些粉尘的爆炸危险性和毒性随粒度的减小而增加。另外，粉尘的润湿性和黏附性也与其比表面积相关。

（三）粉尘的润湿性

粉尘能否与液体相互附着或附着难易的性质称为粉尘的润湿性。当尘粒与液体接触时，如果接触面扩大而相互附着，就是能润湿；如果接触面趋于缩小而不能附着，则是不能润湿。根据粉尘被液体润湿的难易程度可将粉尘分为亲水性粉尘（如锅炉飞灰、石英粉尘等）和疏水性粉尘（如石墨粉尘、炭黑等）。对于 5 μm 以下特别是 1 μm 以下的尘粒，即使是亲水的也很难被水润湿，这是由于细粉的比表面积大，对气体的吸附作用强，表面易形成一层气膜，因此只有在尘粒与水滴之间具有较高的相对运动时（如文丘里喉管中那样），才能冲破气膜，使尘粒被润湿。各种湿式除尘器主要是靠粉尘与水的润湿作用来分离粉尘。但应注意的是，像水泥、熟石灰等粉尘虽是亲水性粉尘，但它们吸水后即形成不再溶于水的硬垢，这种性质称为粉尘的水硬性。水硬性粉尘会造成除尘设备和管道结垢或堵塞，所以不宜采用湿式除尘。

（四）粉尘的安息角

将粉尘连续自然堆放在水平面上，堆积锥体的母线与水平面的夹角称为粉尘的安息角，也称静止角或堆积角。粉尘的安息角是评价粉尘流动性的重要指标，它与粉尘的种类、粒径、形状和含水率等因素有关。多数粉尘安息角的平均值为 35°～36°。对于同一种粉尘，粒径愈小，安息角愈大；表面愈光滑和愈接近球形的粒子，安息角愈小；含水率愈大，安息角愈大。部分工业粉尘的安息角见表 4-2。

粉尘安息角小于 30°的，流动性好，安息角在 30°～45°的，流动性中等，安息角大于45°的粉尘，流动性差。安息角是确定灰斗锥度和含尘通风管道倾斜角的主要依据。通常把灰斗的角度设计为比粉尘的安息角小3°～5°。

表4-2 部分工业粉尘安息角

粉尘颗粒	安息角/（°）	粉尘颗粒	安息角/（°）
石灰石（粗粒）	25	氧化铝	22～34
沥青煤（干燥）	29	铝矾土	35
无烟煤（粉碎）	22	飘尘	40～42
沙子（粗粒）	30	生石灰	43
页岩	39	水泥	33～39
铁矿石	40	焦炭	28～34
云母	36	锯屑（木粉）	45

（五）粉尘的黏附性

粉尘颗粒相互附着或附着于固体表面上的现象称为粉尘的黏附性，用黏附强度表示，单位为帕（Pa）。部分粉尘的黏附性按强度分类见表4-3。

影响粉尘黏附性的因素很多，一般情况下，粉尘的粒径小、形状不规则、表面粗糙、含水率高、润湿性好及荷电量大时，易产生黏附现象。粉尘的黏附性还与周围介质的性质有关，例如尘粒在液体中的黏附性要比在气体中弱得多；在粗糙或黏性物质的固体表面上，黏附力会大大提高。

粉尘的黏附性直接影响除尘器和粉尘输送管道的堵塞和结垢情况。所以遇到黏附性强的粉尘，必须考虑相应的技术措施，避免堵塞和结垢现象发生。

表4-3 部分粉尘的黏附强度

分类	黏附性	黏附强度/Pa	粉尘名称
一类	无黏附性	0～60	干矿渣粉、干石英粉、干黏土
二类	微黏附性	60～100	飞灰、焦炭粉、干镁粉、干滑石粉、高炉灰、炉料粉
三类	中黏附性	300～600	飞灰、泥煤粉、金属粉、氧化锌、干水泥、面粉、锯末
四类	强黏附性	＞600	潮湿空气中的水泥粉、石膏粉、熟料粉、纤维尘

（六）粉尘的荷电性和导电性

粉尘在其产生和运动过程中，由于相互碰撞、摩擦、放射线照射、电晕放电及接触带电体等原因而带有一定的电荷，我们把粉尘的这种性质称为粉尘的荷电性。粉尘荷电后，将改变其某些物理性质，如凝聚性、附着性及在气体中的稳定性等。粉尘的荷电量随着温度增高、表面积增大及含水量减少而增大。电除尘器就是利用粉尘的荷电性进行工作的。其他除尘器（如袋式除尘器、湿式除尘器），也可以充分利用粉尘的荷电性来提高对粉尘的捕集能力。

粉尘的导电性通常用比电阻来表示。比电阻（specific resistance）是指电流通过面积为 1 cm^2、厚度为 1 cm 的粉尘时具有的电阻值，单位是Ω·cm。

粉尘的导电机制有两种：容积导电和表面导电。在高温（200℃以上）情况下，粉尘的导电主要靠粉尘颗粒内的电子或离子进行，这种导电称为容积导电，这时测得的比电阻称为容积比电阻。随着温度升高，尘粒内部会发生电子的热激化作用，使容积比电阻下降。在低温（100℃以下）情况下，粉尘主要靠其表面吸附的水分和化学膜导电，这种导电称为表面导电，这时测得的比电阻称为表面比电阻。随温度升高，吸附水分减少，表面比电阻增加。常见工业粉尘的比电阻见表 4-4。

粉尘的比电阻对电除尘器的工作有很大影响，过低和过高都会使除尘效率下降，最适宜的范围是 $10^4 \sim 2\times10^{10}$ Ω·cm。当粉尘的比电阻不利于电除尘器捕集粉尘时，需要采取措施调节粉尘的比电阻，使其处于合适的范围。

表 4-4 常见工业粉尘的比电阻

粉尘种类	温度/℃	含水量/%	比电阻值/（Ω·cm）
水泥	46		7×10^2
	121		7×10^{10}
	177		2×10^{11}
锅炉粉煤灰	121		1×10^8
	182		5×10^8
	149		8×10^8
烧结机尾尘	100		8×10^{10}
	60		1.3×10^{10}
电炉烟尘	150		3.36×10^{12}
转炉烟尘	50～300		（1.36～2.18）$\times10^{11}$
铜焙烧炉尘	143		2×10^9
	249		1×10^9
铅烧结机尘	143	22	1×10^{12}
	52	22	2×10^{10}
	40	10	1×10^8
铝电解槽烟尘	77	9	1×10^9
氧化镁尘	180	7.5	3×10^{12}
白云石粉尘	150	1～2	4×10^{12}
黏土粉尘	140		2×10^8
高炉粉尘			（2.2～3.4）$\times10^8$
水泥窑粉尘	244	5	1×10^{10}
水泥窑粉尘	171	5	2×10^{10}

（七）粉尘的爆炸性

当空气中的某些粉尘（如煤粉等）达到一定浓度时，在高温、明火、电火花、摩擦、撞击等条件下就会引起爆炸，这类粉尘称为爆炸性粉尘。粉尘的粒径越小，比表面积越大，粉尘和空气的湿度越小，爆炸的危险性就越大。另外，有些粉尘（如镁粉、碳化钙粉等）与水接触后也会引起自燃或爆炸，因此不能用湿式除尘器除尘。还有一些粉尘（如溴与磷、锌粉和镁粉等），当它们互相接触或混合时也会引起爆炸，在除尘时应加以注意。

在实际工作中应根据粉尘的性质选择适当的除尘器，防止爆炸。

（八）粉尘的粒径和粒径分布

1. 粉尘的粒径

粉尘的粒径（particle size）是指粒子的直径或粒子的大小，单位是μm。一般用当量直径或粒子的某一长度单位表示。粒径是粉尘的基本特性之一，粉尘颗粒大小不同，不仅其物理、化学性质有很大差异，同时对除尘器的除尘机制和性能也有很大影响。通常将粒径分为代表单个粒子大小的单一粒径和代表由各种不同大小粒子组成的粒子群的平均粒径。

（1）质量当量直径：与粉尘粒子质量相同密度相等的球体直径。

（2）几何当量直径：

① 等表面积直径 $d_s=(S/3.14)^{1/2}$；

② 等体积直径 $d_v=(6V/3.14)^{1/3}$。

（3）物理当量直径：

① 斯托克斯直径：在同一流体中，与颗粒沉速相同、密度相等的球形颗粒直径；

② 空气动力学当量直径：在空气中与颗粒沉速相同的单位密度球形颗粒直径。

2. 粉尘的粒径分布

粉尘的粒径分布（particle size distribution）是指某种粉尘中不同粒径的颗粒所占的比例，也称粉尘的分散度。粒径分布可以用颗粒的质量分数或个数百分数来表示，前者称为质量分布，后者称为粒数分布。由于质量分布更能反映不同粒径的粉尘对人体和除尘器性能的影响，因此在除尘技术中使用较多。

练习：某粉尘质量为 2.192×10^{-15}kg，真密度为 4.19 kg/m^3，表面积为 1.2×10^{-10}m^2，求质量当量直径、等表面积直径和等体积直径。

二、除尘装置的性能指标

除尘器的优劣常采用技术指标和经济指标来评价。技术指标主要包括含尘气体处理量、除尘效率和压力损失等。经济指标主要包括设备费、运行费、占地面积或占用空间体积、设备的可靠性和使用年限以及操作和维护管理的难易等。在选择使用除尘器时，要对上述指标综合考虑。下面主要讨论除尘器的技术指标。

（一）含尘气体处理量与漏风率

1. 含尘气体处理量

含尘气体处理量是衡量除尘器处理能力的指标，指单位时间内除尘装置所能处理的含尘气体流量，一般用气体的体积流量 Q（m^3/s）来表示。考虑到装置漏气等因素的影响，因此，一般用除尘器的进出口气体流量的平均值来表示除尘器的气体处理量。

$$Q=\frac{Q_1+Q_2}{2} \tag{4-2}$$

式中：Q —— 除尘器处理气体的体积流量，m^3/s；

Q_1 —— 除尘器入口气体的体积流量，m^3/s；

Q_2 —— 除尘器出口气体的体积流量，m^3/s。

2. 除尘装置漏风率

用来表示除尘器严密程度的指标称为除尘器的漏风率，用δ 表示，计算公式如下：

$$\delta=\frac{(Q_1-Q_2)}{Q_1}\times 100\% \tag{4-3}$$

练习：某除尘装置入口烟气量为 40 000 m^3/h，出口烟气量为 28 650 m^3/h，计算该装置的处理烟气量和漏风率。

假如上述装置的入口烟温为 400℃，出口烟温为 200℃，计算该装置的处理烟气量和漏风率。

（二）除尘效率

除尘效率是表示除尘器性能的重要技术指标。

1. 除尘器总效率

除尘器的总效率是指在同一时间内除尘器捕集的粉尘质量占进入除尘器的粉尘质量的百分数，用η 表示。

设除尘器进口的气体流量为 Q_1（m^3/s），粉尘流入量为 S_1（g/s），气体含尘浓度 c_1（g/m^3）；出口气体流量为 Q_2（m^3/s），粉尘流出量为 S_2（g/s），气体含尘浓度 c_2（g/m^3），除尘器捕集的粉尘为 S_3（g/s）。根据除尘效率的定义，除尘效率可用式 4-4 表示：

$$\eta=\frac{S_3}{S_1}\times 100\% \tag{4-4}$$

则
$$\eta = \frac{S_1 - S_2}{S_1} \times 100\% = \left(1 - \frac{S_2}{S_1}\right) \times 100\% \qquad (4\text{-}5)$$

即
$$\eta = \left(1 - \frac{Q_2 c_2}{Q_1 c_1}\right) \times 100\% \qquad (4\text{-}6)$$

若除尘装置不漏风，则 $Q_1=Q_2$，即

$$\eta = \left(1 - \frac{c_2}{c_1}\right) \times 100\% \qquad (4\text{-}7)$$

2. 通过率

当净化效率比较高时或为了说明污染物的排放率，有时采用通过率来表示除尘装置的性能。所谓通过率是指未被捕集的粉尘量占进入除尘装置的粉尘总量的百分数，通常用 P（%）表示。

$$P = \frac{S_2}{S_1} = \frac{c_2 Q_2}{c_1 Q_1} = 1 - \eta \qquad (4\text{-}8)$$

3. 多级除尘器串联运行时的总除尘效率

当入口气体中含尘浓度很高，或者要求出口气体中含尘浓度较低时，用一种除尘装置往往不能满足除尘效率的要求。因此，可将两种或多种不同类型的除尘器串联起来使用。

若多级除尘装置中每一级的运行性能是独立的，每级除尘装置的通过率分别为 P_1，P_2，…，P_n，或效率分别为 η_1，η_2，…，η_n，则此多级除尘装置净化粉尘的总通过率为：

$$P=P_1 \cdot P_2 \cdots P_n$$

或总除尘效率为：

$$\eta=1-(1-\eta_1)(1-\eta_2)\cdots(1-\eta_n) \qquad (4\text{-}9)$$

【例 4-1】2000 年建成投入使用的一台 600 W 燃煤自然通风锅炉，设两级除尘系统，除尘效率分别为 70%和 85%，用于处理含尘浓度为 3g/m^3 的锅炉烟尘，计算该系统的除尘效率和排放浓度。

解：该系统的总效率为

$\eta=1-(1-\eta_1)(1-\eta_2)$

$=1-(1-0.7)(1-0.85)$

$=0.955$

根据式 4-7，经两级除尘后，从第二级除尘器排入大气的气体含尘浓度为：

$c_2=c_1$（$1-\eta$）

=3 000×（1－0.955）

=135（mg/m^3）

练习：有一两级除尘系统，第一级除尘效率为 70%，用于处理含尘浓度为 3 g/m^3 的锅炉粉尘，要求系统的排放浓度小于 50 mg/m^3，问第二级除尘效率至少为多少。

假如上述除尘系统中，第一级除尘效率为 70%，用于处理含尘浓度为 3 g/m^3 的锅炉粉尘，烟气温度 140℃，当地大气压力为 84.6 kPa，要求系统的排放浓度小于 50 mg/m^3，问第二级除尘效率至少为多少。

4．分级效率

仅仅用除尘器总效率来说明除尘装置的除尘效果是不全面的。要正确地评价除尘装置的除尘效果，必须用对某一粒径或一定范围内的粒径粉尘的除尘效率来衡量，这种效率称为除尘装置的分级效率。

（1）分级效率表示方法

分级效率能够反映出除尘装置对不同粒径粉尘，特别是悬浮在大气中对环境和人体有较大危害的细微粉尘的捕集能力。分级效率的表示方法有质量法和浓度法。

质量分级效率用η_i表示，可由式 4-10 计算。

$$\eta_i=\frac{S_3 g_{d3}}{S_1 g_{d1}}\times 100\% \quad (4\text{-}10)$$

式中：S_1，S_3——除尘器进口和被除尘器捕集的粉尘量，kg/h；

g_{d1}，g_{d3}——除尘器进口和被除尘器捕集的粉尘中，粒径为 d 的粉尘质量分数；

η_i——质量法表示的分级效率。

浓度分级效率用η_d表示，可用式 4-11 计算：

$$\eta_d=\frac{Q_1 g_{d1} c_1-Q_2 g_{d2} c_2}{Q_1 g_{d1} c_1}\times 100\% \quad (4\text{-}11)$$

如果除尘装置不漏风，$Q_1=Q_2$，则上式可简化为：

$$\eta_d=\frac{g_{d1} c_1-g_{d2} c_2}{g_{d1} c_1}\times 100\% \quad (4\text{-}12)$$

式中：Q_1，Q_2——除尘器进口和出口风量，m^3/h；

g_{d1}，g_{d2}——除尘器进口和出口粉尘中，粒径为 d 的粉尘质量分数，%；

c_1，c_2——除尘器进口和出口气体的含尘浓度，g/m^3。

（2）由总效率求分级效率

$$\eta_d=(1-S_2 g_{d2}/S_1 g_{d1})\times 100\%=[1-(1-\eta)\, g_{d2}/g_{d1}]\times 100\% \quad (4\text{-}13)$$

或 $$\eta_d=(S_3 g_{d3}/S_1 g_{d1})\times 100\%=\eta g_{d3}/g_{d1}\times 100\% \quad (4\text{-}14)$$

或 $$\eta_d=\eta/[\eta+(1-\eta)\, g_{d2}/g_{d3}]\times 100\% \quad (4\text{-}15)$$

【例 4-2】测得某电厂除尘器进口和出口含尘浓度分别为 28 g/m^3 和 18 mg/m^3，除尘器进口粉尘粒径分布如下：

粒径/μm	2.5	5	10	20	30	50	250
筛下累积/%	12	24	40	68	80	88	100

假设除尘器出口粉尘粒径均小于 10 μm，问除尘器捕集 PM_{10} 的效率。

解：总效率 $\eta=(1-c_2/c_1)\times100\%$

$=[1-18/(28\times10^3)]\times100\%=99.93\%$

分级效率 $\eta_{10}=[1-(1-\eta)g_{d2}/g_{d1}]\times100\%$

$=[1-(1-0.999\,3)\times100/40]\times100\%=99.82\%$

（3）由分级效率计算总效率

对某一除尘装置，如果已知进口含尘气体中粉尘的粒径分布 g_{d1} 和它的分级效率 η_{di}，则可由式 4-16 计算除尘装置的除尘效率：

$$\eta=\sum_{i=1}^{n}g_{di}\eta_{di} \tag{4-16}$$

式中：g_{di} —— 除尘器进口中粒径为 d_i 的粉尘的质量分数，%；

η_{di} —— 粒径为 di 的粉尘的分级效率。

【例 4-3】在现场对某除尘器进行测定，测得除尘器进口和出口气体中含尘浓度分别为 3.2×10^{-3} kg/m^3 和 4.8×10^{-4} kg/m^3，除尘器进口和出口粉尘的粒径分布如表 4-5 所示。试计算除尘器的分级效率和除尘效率。

表 4-5　除尘器进口和出口粉尘的粒径分布

粉尘的粒径 d/μm		0～5	5～10	10～20	20～40	＞40
质量分数/%	除尘器进口	20	10	15	20	35
	除尘器出口	78	14	7.4	0.6	0

解：① 计算除尘器的分级效率：

$$\eta_d=\frac{g_{d1}c_1-g_{d2}c_2}{g_{d1}c_1}\times100\%=(1-\frac{g_{d2}c_2}{g_{d1}c_1})\times100\%$$

0～5 μm 的粉尘　$\eta_{0\sim5}=(1-\dfrac{78\times480}{20\times3\,200})\times100\%=41.5\%$

5～10 μm 的粉尘　$\eta_{5\sim10}=(1-\dfrac{14\times480}{10\times3\,200})\times100\%=79.0\%$

10～20 μm 的粉尘　$\eta_{10\sim20}=(1-\frac{7.4\times480}{15\times3\,200})\times100\%=92.5\%$

20～40 μm 的粉尘　$\eta_{20\sim40}=(1-\frac{0.6\times480}{20\times3\,200})\times100\%=99.55\%$

＞40 μm 的粉尘　$\eta_{>40}=100\%$

② 计算除尘器的除尘效率：

$$\eta=\sum_{i=1}^{n}g_{di}\eta_{di}$$

$=20\times0.415+10\times0.79+15\times0.925+20\times0.995\,5+35\times1$

$=85\%$

（三）除尘装置的压力损失

压力损失是代表装置能耗大小的技术指标，是指装置的进口和出气口气流的全风压之差。净化装置压力损失的大小，除了与装置的结构形式有关之外，还与流体的流速有关。通常压力损失与装置进口气流的动压成正比，即：

$$\Delta P=\xi\frac{\rho v_1^2}{2} \tag{4-17}$$

式中：ΔP—— 含尘气流通过除尘装置的压力损失，Pa；

ξ—— 净化装置的压力损失系数；

ρ—— 气体的密度，kg/m^3；

v_1—— 装置进口气体流速，m/s。

通常，除尘装置的压力损失一般控制在 2 000 Pa 以下。

【例 4-4】某除尘器平均阻力为 1 200 Pa，进口平均风速为 18 m/s，烟气温度为 410℃，大气压力为 101 000 Pa，求该除尘器的阻力系数。（标准状态温度 273 K，标准状态压力 101 325 Pa，标态烟气密度 1.29 kg/m^3）

解：①烟气密度校正

$\rho_s=\rho_0\times（P_s/P_0）\times（T_0/T_s）$

$=1.29\times（101\,000/101\,325）\times[273/（410+273）]$

$=0.518\,3\ kg/m^3$

②阻力系数

$\zeta=2\Delta P/（\rho_s u^2）$

$=2\times1\,200/（0.5183\times18^2）=14.3$

三、除尘装置的分类

目前，除尘器的种类繁多，根据在除尘过程中是否采用液体除尘和清灰，可分为干式除尘器和湿式除尘器两类；根据捕集粉尘的机理不同，可将各种除尘器分为机械式除尘器、洗涤式除尘器、过滤式除尘器和静电除尘器四类。

（一）机械式除尘器

机械式除尘器包括重力尘降室、惯性除尘器和旋风除尘器等。这类除尘器的特点是结构简单，造价低廉，维护方便，但除尘效率不高，往往用做多级除尘系统的前级预除尘。

（二）洗涤式除尘器

洗涤式除尘器包括重力喷淋除尘器、水膜除尘器和文丘里除尘器等。与机械式除尘器相比，洗涤式除尘器的主要特点是除尘效率高，可以用水作为除尘介质；主要缺点是能耗高，必须对产生的污水进行处理，否则会造成二次污染。

（三）过滤式除尘器

过滤式除尘器包括袋式除尘器和颗粒层除尘器，其特点是除尘效率高，主要缺点是过滤速度低、设备体积庞大、压力损失大和运行费用高等。

（四）静电除尘器

静电除尘器分为干式静电除尘器（干法清灰）和湿式静电除尘器（湿法清灰）。其特点是除尘效率高，耗电量少；主要缺点是运行费用高。

第二节　旋风除尘器

旋风除尘器是使含尘气体做旋转运动，借作用于尘粒上的离心力把尘粒从气体中分离出来的装置。旋风除尘器的特点是：结构简单、造价和运行费用较低、体积小、操作维护方便；压力损失中等，动力消耗不大，除尘效率较高；可用各种材料制造，适用于粉尘负荷变化大的含尘气体，性能较好，能用于高温、高压及腐蚀性气体的除尘，可直接回收干粉尘；无运动部件，运行管理简便等。一般用来捕集5～15 μm以上的尘粒，除尘效率可达80%左右。

一、旋风除尘器的工作原理

如图4-1所示，旋风除尘器由进气管、筒体、锥体、集尘室和排气管组成。排气管插入外圆筒形成内圆筒，进气管与筒体相切，筒体下部是锥体，锥体下部是集尘室。当含尘气体以10～25 m/s的速度由进气管沿切线方向进入旋风除尘器后，气流将由直线运动变为圆周运动。旋转气流绝大部分沿外壁由上向下运动，这股向下旋转的气流称为外旋流。含尘气体在旋转过程中产生离心力，将密度大于气体的尘粒甩向器壁。尘粒一旦与器壁接触，便失去惯性力而靠入口速度的动量和向下的重力沿壁面下落，进入排灰管而被去除。

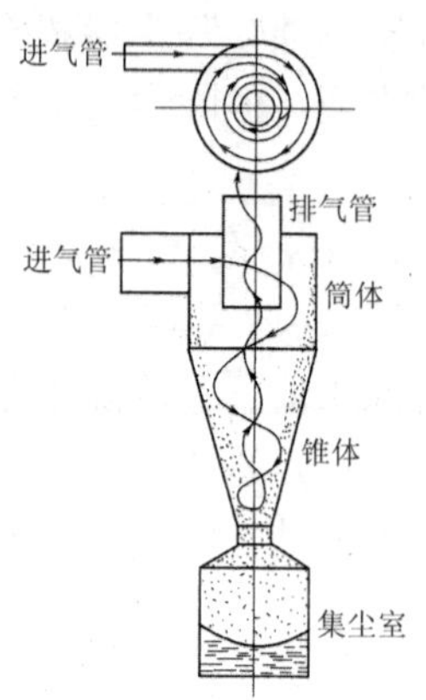

图 4-1 旋风除尘器

同时旋转下降的外旋流因受锥体收缩的影响渐渐向中心汇集，且其切向速度不断提高。到达锥体底部后，转而向上旋转，形成一股自下而上的旋转气流，这股旋转向上的气流称为内旋流。向下的外旋流和向上的内旋流的旋转方向是相同的。最后净化气经排气管排出除尘器外，一部分未被捕集的尘粒也随之排出。

二、旋风除尘器的除尘效率

当含尘气体进入旋风除尘器形成外旋流时，处于气流中的尘粒会同时受到离心力和向心力的作用。离心力的大小与粉尘的粒径有关，粒径越大，粉尘获得的离心力越大。因此，在其他条件一定的情况下，必定有一个临界粒径 d_c，当粉尘的粒径大于临界粒径时，粉尘受到的离心力大于向心力，尘粒被推至外壁面而被分离。相反，当粉尘的粒径小于临界粒径时，粉尘受到的离心力小于所受到的向心力，当尘粒被推入上升的内旋涡中时，在轴向气流的作用下，随着气体排出除尘器。对于粒径等于临界粒径的尘粒，由于所受的离心力和所受的向心力相等，它将在内、外旋涡的交界面上旋转。在各种随机因素的影响下或被分离排除或被内旋涡随气体带出，其概率均为 50%。把能够被旋风除尘器除掉 50%的尘粒粒径称为分割粒径，用 d_c 表示。显然，d_c 越小，除尘器的除尘效率越高。

一般情况下，当尘粒的密度越大，气体进口的切向速度越大，排出管直径越小，除尘器的分割粒径越小，除尘效率也就越高。

关于除尘效率的计算式很多，这里介绍的是工程上常用的计算式。分级除尘效率是按尘粒粒径不同分别表示的除尘效率，它能更好地反映除尘器对某种粒径粉尘分离捕集性能。可按式 4-18 计算：

$$\eta_d = \frac{(d/d_c)^2}{1+(d/d_c)^2} \tag{4-18}$$

也有资料采用下式计算：

$$\eta_d = 1-\exp\left[1-0.693\left(\frac{d}{d_c}\right)^{\frac{1}{n+1}}\right] \tag{4-19}$$

式中：η_d——粒径为 d 的尘粒的除尘效率，%；

d—— 尘粒的粒径，μm；

d_c —— 尘粒的分割粒径，μm；

n——涡旋（流）指数。

分割直径的计算包括如下过程：

① $d_c=[(18\mu u_r r_0)/(\rho_p u_T)]^{1/2}$　（4-20）

② $u^r=Q_v/(2\pi r_0 h_0)$　（4-21）

③ $u_T r_0^{\,n}$=常数，即：$u_T r_0^{\,n}=u(D/2)^n$　（4-22）

④ $2r_0=0.7d_e$　（4-23）

⑤ $n=1-[1-0.67(D)^{0.14}](T/283)^{0.3}$　（4-24）

式中：μ —— 烟气黏度，Pa • s；

ρ_p —— 尘粒密度，kg/m^3；

u_r —— 尘粒在内外交界面处的径向速度；m/s；

u_T —— 尘粒在内外交界面处的切向速度；m/s；

u —— 除尘器入口风速，m/s；

T —— 烟气温度，K；

r_0 —— 内外交界面处的半径，m；

D —— 除尘器筒体直径，m；

h_0 —— 除尘器筒体高度，m；

d_e —— 除尘器排气筒直径，m；

Q_v —— 除尘器处理烟气量，m^3/s。

练习：已知旋风除尘器筒体直径 0.9 m，排气筒直径 0.45 m，筒体高度 2.58 m，除尘器入口风速为 13 m/s，烟气量为 1.37 m^3/s，烟尘真密度 2.1 g/cm^3，烟气温度 423 K，烟气黏度为 2.4×10^{-5} Pa • s。求该除尘器的分割直径。

三、影响旋风除尘器性能的主要因素

影响旋风除尘器性能的主要因素有几何尺寸和操作条件两个方面。

（一）几何尺寸

1. 旋风除尘器直径

旋风除尘器筒体直径（D_0）、旋转半径越小，尘粒受到的离心力越大，除尘效率越高。但过小的筒体直径，由于旋风除尘器器壁与排气管太近，造成较大直径颗粒有可能反弹至中心气流而被带走，使除尘效率降低。因此筒体的直径一般不小于 50～70 mm。工程上常用的旋风除尘器的直径（多管旋风除尘器除外）是在 200 mm 以上。如今，旋风除尘器的直径也日趋大型化，已出现大于 1 000 mm，甚至 2 000 mm 的大型旋风除尘器。

2. 旋风除尘器高度

通常，较高除尘效率的旋风除尘器，都有较大的长度比例。它不但使进入筒体的尘粒停留时间延长，有利于分离，且能使尚未到达排气管的颗粒，有更多机会从旋流核心中分离出来，减少二次夹带，以提高除尘效率。足够长的旋风除尘器，还可避免旋转气流对灰斗顶部的磨损。但是，过长的旋风除尘器，会占据较大的空间，也会导致阻力增加。

在设计中，旋风除尘器圆筒段高度一般常取旋风除尘器的圆筒段高度，H=（1.5～2.0）D_0。

旋风除尘器的圆锥体可以在较短的轴向距离内将外旋流变为内旋流，因而节约了空间和材料。除尘器圆锥体的作用是将已经分离出来的粉尘为例集中于旋风除尘器中心，以便将其排入储灰斗中。当锥体高度一定而锥体角度较大时，由于气流旋流半径很快变小，很容易造成核心气流与器壁撞击，使沿锥壁旋转而下的尘粒被内旋流所带走，影响除尘效率。所以半锥角不宜过大，一般取 13°～15°。

3. 进口形式

旋风除尘器的入口形式可分为轴向进口和切向进口（图 4-2）。切向进口是最普通的一种进口形式，制造简单，用得比较多。这种进口形式的旋风除尘器外形尺寸紧凑；气流通过螺旋面进入除尘器后，以与水平呈近似 10°的倾斜角度向下做螺旋运动。这种进口有利于气流向下做倾斜的螺旋运动，同时也可以避免相邻两螺旋圈的气流互相干扰。渐开线进口可以减少进口气流对筒体内气流的撞击和干扰。由于从蜗壳形进口气流对筒体的气流宽度逐渐变窄，使颗粒向壁面移动的距离减小，而且加大了进口气体和排气管的距离，减少气流的短路机会，因而提高除尘效率。

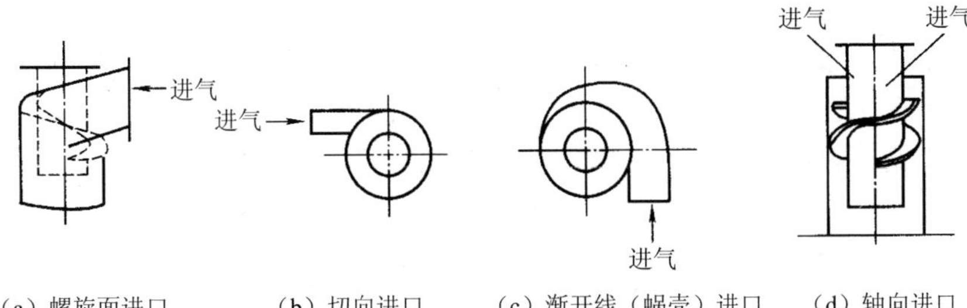

图 4-2 旋风除尘器进口形式

与其他进口形式相比，蜗壳形进气口处理量大，压力损失小，是比较理想的一种进口形式。其中 180°的蜗壳用得最多；轴向进口是最好的进口形式，它可以最大限度地避免进入气体与旋转气流之间的干扰以提高效率。但因气体均匀分布的关键是叶片形状和数量，否则靠近中心处分离效果很差。此种进口多用于多管式旋风除尘器和平置式旋风除尘器。

4．排气管

常见的排气管形式如图 4-3 所示。在相同的排气管直径 d_e 下，下端采用收缩形式，既不影响除尘器的效率，又能降低阻力损失，所以，在设计分离较细粉尘的旋风除尘器时，可考虑设计成这种形式。在旋风除尘器设计时，需控制 D_0/d_e 在一定的范围内，即排气管直径不能取得过小，以免在提高效率的同时带来动能消耗过大的结果。一般常取 d_e=（0.3～0.5）D_0。

排气管的插入深度也直接影响除尘器的性能，其插入深度要适当，过大会增大二次夹带的机会，也会增大压力损失；插入深度过小会使旋流短路或处于不同的不稳定的状态。一般为 $h_c \geqslant 0.8a$。

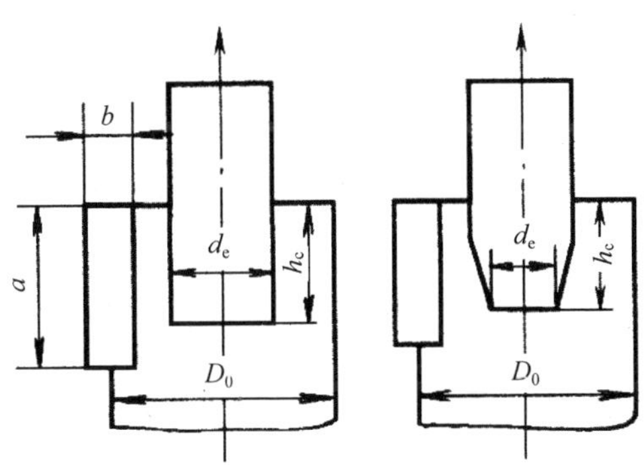

图 4-3 排气管基本形式

5．灰斗

灰斗是旋风除尘器设计中不容忽视的部分。因为在除尘器的锥度处气流处于湍流状态，而粉尘也由此排出，容易出现二次夹带的机会，若灰斗漏气，就会使粉尘二次飞扬加剧，影响除尘效率。常见的灰斗形式如图 4-4 所示。

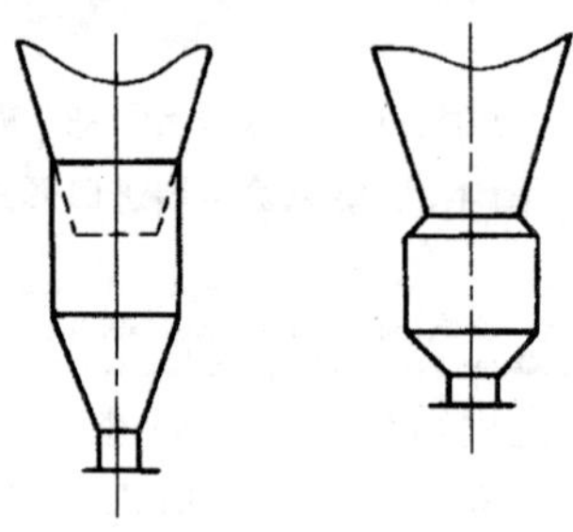

图 4-4　常见灰斗形式

表 4-6 为常用旋风除尘器的各部分之间的比例（D_0 为外筒直径）。

表 4-6　常用旋风除尘器各部分之间的比例

序号	项目	常用旋风除尘器比例	序号	项目	常用旋风除尘器比例
1	直筒长	L_1=（1.5～2）D_0	5	入口宽	B=（0.2～0.25）D_0
2	锥体长	L_2=（2～2.5）D_0	6	灰尘出口直径	D_d=（0.15～0.4）D_0
3	出口直径	D_e=（0.3～0.5）D_0	7	内筒长	L=（0.3～0.75）D_0
4	入口高	H=（0.4～0.5）D_0	8	内筒直径	D_n=（0.3～0.5）D_0

（二）操作条件

1．进口风速

提高旋风除尘器的进口风速，会使粉尘受到的离心力增大，分割粒径变小，除尘效率提高。但进口风速过大时，旋风除尘器内的气流运动过于强烈，会把有些已分离的粉尘重新带出，除尘效率反而下降。同时，旋风除尘器的阻力也会急剧上升。一般进口气速应控制在 10～25 m/s 为宜，最好不超过 35 m/s。

2．气体含尘浓度

旋风除尘器的效率随粉尘浓度增加而提高。这是因为含尘浓度大时，粉尘的凝聚与团聚作用提高，使较小的尘粒凝聚在一起而被捕集。另外，含尘浓度大时，大颗粒对小颗粒的撞击，也会使小颗粒有可能被捕集。值得注意的是，含尘浓度增加后除尘效率虽有提高，但排气管排出的粉尘的绝对量也会大增。

粉尘浓度对旋风除尘器的压力损失有影响。处理含尘气体的压力损失要比处理清洁空气时小，当进口浓度为 1～2 g/m^3 时，压力损失可以降低为清洁气体的 60%。尘浓度增至 2～50 g/m^3 时，压力损失又迅速下降。这是因为气体中即使含有少量颗粒，也会使气体的内摩擦力增加。由于器壁上颗粒的摩擦减小了旋流速度，离心力随之减小，压力损失则下降。

旋风除尘器性能与各影响因素的关系如表 4-7 所示。

表 4-7　旋风除尘器效率跟各影响因素的关系

变化因素		性能趋向		投资趋向
		流体阻力	除尘效率	
烟尘性质	烟尘密度增大	几乎不变	提高	（磨损）增加
	烟尘粒度增大	几乎不变	提高	（磨损）增加
	烟气含尘浓度增加	几乎不变	略提高	（磨损）增加
	烟气温度增高	减少	提高	增加
结构尺寸	圆筒体直径增大	降低	降低	增加
	圆筒体加长	稍降低	提高	增加
	圆锥体加长	降低	提高	增加
	入口面积增大（流量不变）	降低	降低	
	排气管直径增加	降低	降低	
	排气管插入长度增加	增大	提高（降低）	增加
运行状况	入口气流速度增大	增大	提高	
	灰斗气密性降低	稍增大	大大降低	减少
	内壁粗糙度增加（或有障碍物）	增大	降低	

四、常见旋风除尘器的结构和性能

旋风除尘器的结构形式很多，主要有多管组合式、旁路式、扩散式、直流式、平旋式、旋流式等。根据在系统中安装位置的不同分为吸入式（X 型）和压出式（Y 型）；根据进入气流的方向，分为 S 型和 N 型，从除尘器的顶部看，进入气流按顺时针旋转者为 S 型，逆时针旋转者为 N 型。

旋风除尘器的型号名称也很多，主要有 XLT（CLT）型、XLP（CLP）型、XLK（CLK）型、XZT（CZT）型等。除此之外，还有适用于不同场合的旋风除尘器，如 XZZ 型、XZD/G 型、XND/G 型、CR 型双级蜗旋除尘器等十多种。这些型号名称是根据旋风除尘器的结构特点用拼音字母对其命名的，如 XLP/B-4.2 型旋风除尘器，X 表示旋风除尘器；L 表示立式；P 表示旁路式；B 表示该除尘器系列中的 B 类；4.2 是以 dm 表示的筒体直径。

（一）XLT/A 型旋风除尘器

XLT/A 型旋风除尘器如图 4-5 所示，其结构特点是具有螺旋下倾顶盖的直接式进口，螺旋下倾角为 15°，筒体和锥体均较长。单筒体和蜗壳可做成右旋转和左旋转两种形式，每种组合又分为水平出风和上部出风两种形式。XLT/A 型旋风除尘器收录入《全国通用建筑标准设计图集》，图号为 T505-1。其含尘气体入口速度在 10～18 m/s，当单独使用时，入口含尘浓度以不大于 1.5 g/m^3 为宜；当作为多级除尘系统的第一级时，进口含尘浓度宜不大于 30 g/m^3。

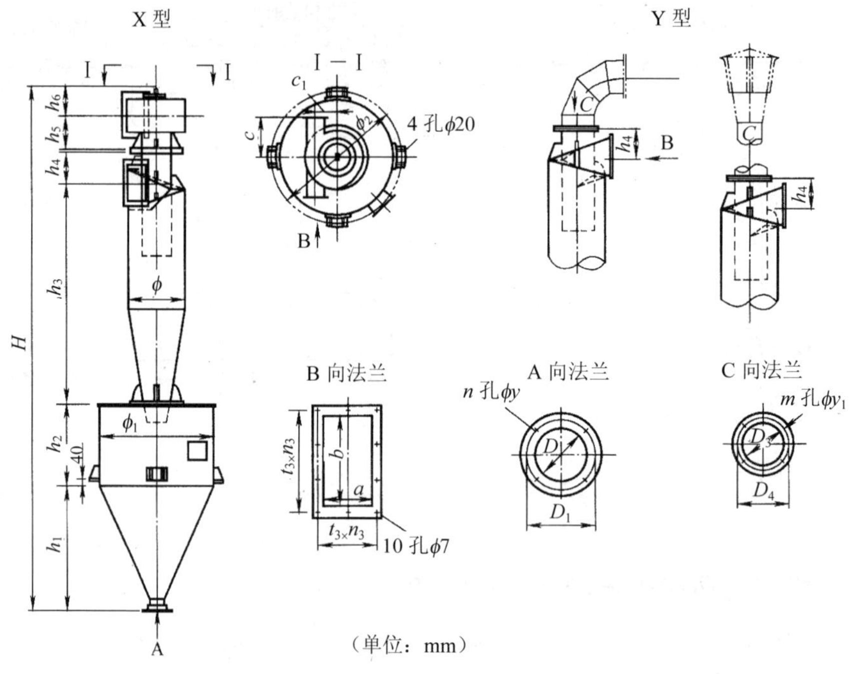

图 4-5 单筒 XLT/A 型旋风除尘器

（二）XLP 型旋风除尘器

XLP 型旋风除尘器是在一般旋风除尘器的基础上增设旁路分室的一种除尘器。其压力损失小，特别对 5 μm 以上的粉尘有较好的除尘效率。XLP 型旋风除尘器入口气速为 12～20 m/s，对 20 μm 以下粉尘的除尘效率可达 80%～90%。如图 4-6 和表 4-8 所示。

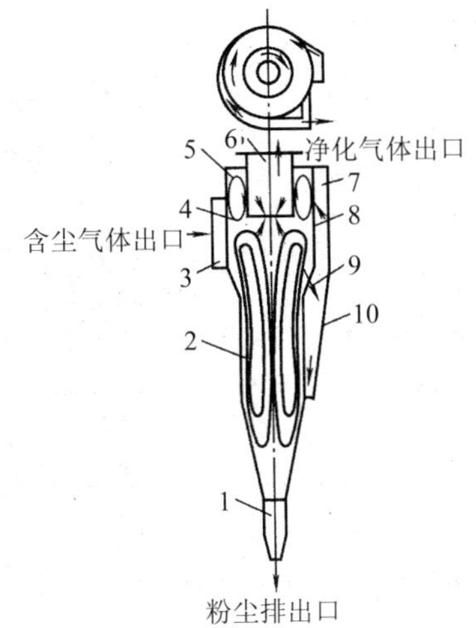

1—灰斗；2—筒体外壁；3—含尘气体进口；4—下粉尘环；5—上粉尘环；
6—排气管；7—旁路分室上部洞口；8—双旋涡分界处；9—旁路分室中部洞口；10—回风口

图 4-6 旁路式旋风除尘器原理

表 4-8 旁路式旋风除尘器主要性能参数

项目	规格	进口气速/（m/s）			质量/kg		规格	进口气速/（m/s）			质量/kg	
		12	15	17	X 型	Y 型		12	16	20	X 型	Y 型
气量/（m^3/h）	XLP/A-3.0	750	935	1 060	52	42	XLP/B-3.0	630	840	1 050	46	36
	XLP/A-4.2	1 460	1 820	2 060	94	77	XLP/B-4.2	1 280	1 700	2 130	84	66
	XLP/A-5.4	2 280	2 850	3 230	151	122	XLP/B-5.4	2 090	2 780	3 480	135	106
	XLP/A-7.0	4 020	5 020	5 700	252	204	XLP/B-7.0	3 650	4 860	6 080	222	174
	XLP/A-8.2	5 500	6 870	7 790	347	279	XLP/B-8.2	5 030	6 710	8 380	310	242
	XLP/A-9.4	7 520	9 400	10 650	451	366	XLP/B-9.4	6 550	8 740	10 920	397	313
	XLP/A-10.6	9 520	11 910	13 500	601	461	XLP/B-10.6	8 370	11 170	13 980	498	394

（三）XLK 型旋风除尘器

扩散式旋风除尘器特点是锥体上小下大，底部具有反射屏。具有除尘效率高，结构简单、压力损失适中的优点。适用于捕集干燥、非纤维性的粉尘。

扩散式旋风除尘器主要特点：一是具有呈倒锥体形状的锥体；二是在锥体的底部装有反射屏。倒锥体的作用是，它具有逐渐增大自锥体壁至锥体中心的距离，减小了含尘气体由锥体中心短路到排气管的可能。反射屏的作用是可使已经被分离的粉尘沿着锥体与反射屏之间的环缝落入灰斗，防止上升的净化气体重新把细微粉尘卷起带走，因而提高了除尘效率（图 4-7）。

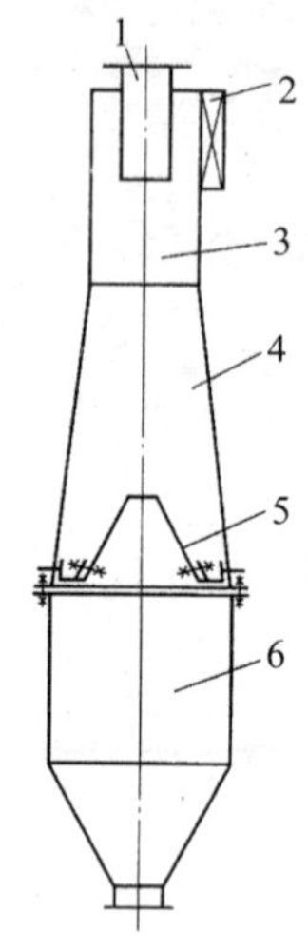

1—排气管；2—进气管；3—筒体；4—锥体；5—反射屏；6—灰斗

图 4-7 XLK 型旋风除尘器

五、旋风除尘器的设计

在设计和选择旋风除尘器时，一般采用计算法和经验法。由于除尘器结构形式繁多，影响因素复杂，因此难以求得准确的通用计算公式，再加上人们对旋风除尘器内气流运动规律还有待进一步的认识，以及分级效率和粉尘粒径分布数据的匮乏，所以在实际工作中常采用经验法来进行设计。

【例 4-5】设计一台处理常温、常压含尘空气的旋风除尘器。已知条件处理气体量 Q=1 300 m^3/h，空气密度 ρ=1.29 kg/m^3，粉尘密度 ρ_c=1 960 kg/m^3，空气黏度 μ=1.8×10^{-5} Pa·s，旋风除尘器进口浓度 c_j=100 g/m^3。

设计步骤：

（1）确定旋风除尘器进口速度

一般推荐取 v_j=18 m/s。

（2）确定旋风除尘器的几何尺寸（图 4-8）

① 进口面积

$$F_j=a\times b=\frac{1300}{3\,600\times 18}=0.02\ \text{m}^2$$

取 $a=2b$，则 a=0.2 m，b=0.1 m

② 筒体尺寸

筒体直径 D_0：取 $b=0.25D_0$，则 $D_0=4b=4\times0.1=0.4$ m

筒体长度 h：取 $h=1.5D_0=1.5\times0.4=0.6$ m

③ 锥体尺寸

锥体长度 $H-h$：取 $H-h=2.0D_0=2\times0.4=0.8$ m

排灰口直径 D_2：取 $D_2=0.25D_0=0.25\times0.40=0.1$ m

④ 出口管直径 d_e 与插入深度 h_c

取 $d_e=0.5D_0=0.5\times0.4=0.2$ m

$h_c=0.4D_0=0.4\times0.4=0.16$ m

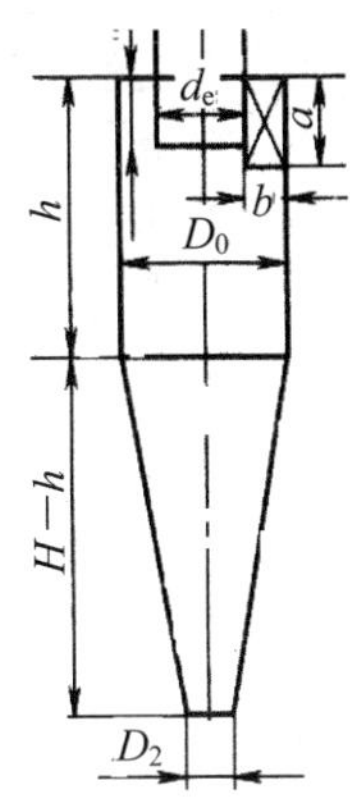

图 4-8　旋风除尘器尺寸

（3）压力损失计算

根据公式 $\Delta P=\zeta\frac{v_j^2}{2}\rho$，其中 $\zeta=K\cdot\frac{ab}{d_e^2}$，旋风除尘器设计为无叶片的标准切向进口，所以取 K=16，则：

$$\zeta=16\times\frac{0.2\times0.1}{0.2^2}=8$$

则 $\Delta P=\zeta\frac{v_j}{2}\rho=8\times\frac{18^2}{2}\times1.29=1\ 671$ Pa

表 4-9　几种旋风除尘器的主要尺寸比例

项　目		XLP/A	XLP/B	XLT/A	XLT
入口宽度（b）		$(A/3)^{1/2}$	$(A/2)^{1/2}$	$(A/2.5)^{1/2}$	$(A/1.75)^{1/2}$
入口高度（h）		$(3A)^{1/2}$	$(2A)^{1/2}$	$(2.5A)^{1/2}$	$(1.75A)^{1/2}$
筒体直径（D）		上 3.85b	3.33 b	3.85 b	4.9 b
		下 0.7 D	—	—	—
排出管直径（d_{pp}）		0.6 D	0.6 D	0.6 D	0.58 D
筒体长度（L）		上 1.35 D	1.7 D	2.26 D	1.6 D
		下 1.00 D			

项　目		XLP/A	XLP/B	XLT/A	XLT
锥体长度（H）		上 0.5 D	2.3 D	2.0 D	1.3 D
		下 1.0 D			
排尘口直径（d_1）		2.96 D	0.43 D	0.3 D	0.145 D
压力损失/Pa	12 m/s	700（600）	500（420）	860（770）	440（490）
	15 m/s	1 100（940）	890（700）	1 350（1 210）	670（770）
	18 m/s	1 400（1 260）	1 450（1 150）	1 950（1 150）	990（1 110）
阻力系数（ζ）		8.0	5.8	6.5	5.3

【例 4-6】已知烟气处理量 Q=5 000 m^3/h，烟气密度ρ=1.2 kg/m^3，允许压力损失为 900 Pa，若选用 XLP/B 型旋风除尘器，试确定其主要尺寸。

解：查表 4-9 可知，阻力系数ζ=5.8

根据公式 4-17，旋风除尘器入口气速 $v_1=\left(\dfrac{2\Delta p}{\rho\varepsilon}\right)^{1/2}=\left(\dfrac{2\times900}{1.2\times5.8}\right)^{1/2}=16.1\ \text{m/s}$

进口截面积 $A=\dfrac{Q}{v_1}=\dfrac{5\,000}{3\,600\times16.1}=0.086\,3\ \text{m}^2$

由表 4-9 查得 XLP/B 型旋风除尘器尺寸比例。

入口宽度 $b=\left(\dfrac{A}{2}\right)^{1/2}=\left(\dfrac{0.086\,3}{2}\right)^{1/2}=0.208\ \text{m}$

入口高度 h=（$2A$）$^{1/2}$=（2×0.086 3）$^{1/2}$=0.42 m

筒体直径 D=3.33b=3.33×0.208=0.624 m

参考 XLP/B 产品系列，取 D=700 mm，则

排出筒直径 d_e=0.6D=0.42 m

筒体长度 L=1.7D=1.06 m

锥体长度 H=2.3D=1.61 m

排灰口直径 d_1=0.43D=0.3 m

六、旋风除尘器的安装、运行和维护

（一）旋风除尘器的安装

（1）除尘器应严格按照设计要求进行安装。对于大型的旋风除尘器应使用吊装车进行安装。

（2）在安装连接件各部法兰时，密封垫料应加在螺栓内侧以保证密封，为减少烟道的阻力，应尽可能缩短管路的长度和减少弯头，切忌在除尘器进口处安置弯头，

保证除尘器进口气流平直均匀。连接管道管径应不小于除尘器芯管直径。

（3）安装前应检查以下几方面。

① 除尘器型号、规格、核对标牌和产品合格证。

② 除尘器本体和配套件是否齐全、完整。

③ 严格检查设备在运输中是否变形损坏，如有损坏应进行修复后安装，损坏严重时应予调换。

④ 对于有特殊涂层的除尘器时，应仔细检查涂料的光滑性、均匀性和完整性。

（4）对于多筒并联安装时，则均应配带出口蜗壳。有无蜗壳对除尘效率无影响，但带蜗壳后的出口气流较均匀平直，其高度也低于弯头连接。

（二）旋风除尘器的运行与维护

（1）在锅炉运行前应先检查收灰装置（灰箱或灰斗）密封是否良好。在锅炉满负荷运行时可依照收集灰尘的量决定排灰间隔时间，一般可每 8 h 排灰一次，排灰时必须将引风机停转后再开启排灰口。排灰后，将排灰口重新盖严，再开动引风机进行正常运行。

（2）除尘器在除尘系统中的连接方式一般采用负压吸入式，可以减少尘粒对引风机的磨损，如设计要求或其他原因也可采用正压压出式。除尘器在负压吸入式运行时要求严密不漏风，尤其是集尘装置，以免影响除尘效率。

（3）旋风除尘器多用于处理高浓度粉尘，且捕集的粉尘比较粗大而坚硬，所以装置磨损严重，容易穿孔。受粉尘磨损最严重的地方是受到含尘气体高速碰撞的筒体内壁。当气流切线进入时，多造成平面磨损；而当气流以轴向进入时，因粉尘在叶轮处受离心力作用而在叶轮表面分离堆积，造成沟状磨损。故应着重注意这些地方。

（4）在长期使用过程中，因粉尘堆积或除尘器的气密性不严等原因而使气体流量不能均匀分布和使细微粉尘由出口旋涡重新夹起而导致除尘效率下降，因此在使用过程中应对旋风除尘器各部位的气密性及气体流量和粉尘流量进行适当的检查。

（5）由于旋风除尘器一般用作预处理装置，其排气管内壁和轴向进入式的叶轮内侧等部位经常附着很多粉尘，使处理气体的通道变窄，从而使压力损失增大。在处理高温烟气时，随着操作条件的变化及停车时处理气体温度的降低，气体中的冷凝组分容易引起粉尘在筒体部分的异常堆积，造成粉尘附着、堵灰和腐蚀等问题。因此应在维修时将排气管、筒体及叶片等上面附着的粉尘及烟道和灰斗上堆积的粉尘尽量除干净。

（6）对寒冷地区，特别是间歇性使用的锅炉，当除尘器安装在室外时，应对除尘器采取保温措施。对蒸汽量小于 1 t/h 的小型锅炉，并配有预热水箱时，应注意排烟温度不宜过低，以免结露造成除尘器积灰堵塞。

（7）对于内壁涂有耐磨涂料的除尘器，切忌敲打除尘器，以免涂料层脱落。

第三节　文丘里洗涤器

文丘里洗涤器属于湿式除尘器。湿式除尘器也叫洗涤式除尘器，是通过含尘气体与液滴或液膜的接触、撞击等作用，使尘粒从气流中分离出来的设备。湿式除尘器既能净化废气中的固体颗粒污染物，也能脱除气态污染物（气体吸收），同时还能起到气体降温的作用。湿式除尘器还具有设备投资少，构造简单，净化效率高的特点。设备本身一般没有可动部件，适用于净化非纤维性和不与水发生化学反应，不发生黏结现象的各类粉尘，尤其适宜净化高温、易燃、易爆及有害气体。缺点是容易受酸碱性气体腐蚀，管道设备必须防腐；要消耗一定量的水，粉尘回收困难，污水和污泥要进行处理；使烟气抬升高度减小，冬季烟筒会产生冷凝水；遇到疏水性粉尘，单纯用清水会降低除尘效率，往往需要加净化剂来改善除尘效率；在寒冷地区要考虑设备的防冻等问题。

一、除尘原理

文丘里洗涤器一般包括文丘里管（简称文氏管）和脱水器两部分。文丘里洗涤器的除尘包括雾化、凝聚和脱水三个过程，前两个过程在文氏管内进行，后一个过程在脱水器内进行。文氏管是由收缩管、喉管和扩散管三部分组成。含尘气体进入收缩管，气速逐渐增加。气流的压力逐渐变成动能，进入喉管时，流速达到最大值。水通过喉管周边均匀分布的若干小孔进入，然后在高速气流冲击下被高度雾化。喉管处的高速低压使气流达到饱和状态。同一尘粒表面附着的气膜被冲破，使尘粒被水润湿。因此，在尘粒与水滴或尘粒之间发生激烈的碰撞和凝聚。进入扩散管后，气流速度降低，静压回升，以尘粒为凝结核的凝聚作用加快。凝结有水分的颗粒继续凝聚碰撞，小颗粒凝结成大颗粒，并很容易被脱水器捕集分离，使气体得以净化。因此，要想提高尘粒与水滴的碰撞效率，喉部的气体速度必须较大，在工程上一般保证气速为 50～80 m/s，而水的喷射速度应控制在 10～15 m/s。除尘效率还与水汽比有关，运行中要保持适当的水汽比，以保证高除尘效率（图 4-9）。

由于文丘里洗涤器对细粉尘有很高的除尘效率，而且对高温气体有良好的降温效果。因此，常用于高温烟气的降温和除尘，如炼铁高炉，炼钢电炉烟气及有色冶炼和化工生产中的各种炉窑烟气的净化方面都常使用。文丘里洗涤器结构简单，体积小，布置灵活，投资费用低，缺点是压力损失大。

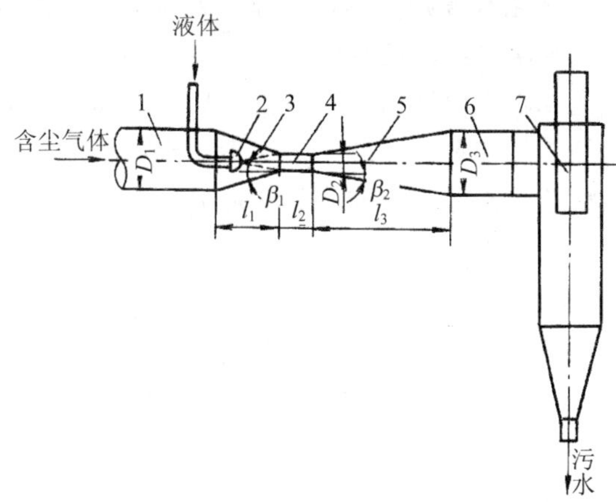

1—进风管；2—喷水装置；3—收缩管；4—喉管；5—扩散管；6—连接风管；7—除雾器

图 4-9　文丘里除尘器结构

二、文丘里洗涤除尘器的效率与影响因素

文丘里洗涤器的除尘效率高，对 0.5～5 μm 的尘粒除尘效率可达 99%。对 5 μm 以下的尘粒，文丘里洗涤器的除尘效率可按照经验公式估算：

$$\eta=(1-4\,525\,\Delta P^{-1.3})\times 100 \tag{4-25}$$

式中：η —— 除尘效率，%；

ΔP —— 文丘里洗涤器的压力损失，Pa。

文丘里除尘器压力损失可按下式计算：

$$\Delta P=1.03\times 10^{-3} v_0^{\,2}(L/G) \tag{4-26}$$

式中：ΔP —— 除尘器压力损失，cm H_2O 柱（1cm H_2O 柱=98.06 Pa）；

v_0 —— 喉颈烟气速度，cm/s；

L/G —— 液气比，m^3/m^3。

练习：以液气比为 1.0 L/m^3 的比率将水喷入文丘里除尘器的喉部，气体流速为 122 m/s，试确定该除尘器的效率。

在文丘里洗涤器工作的过程中，雾化水滴的直径和液体喷入速度等会直接影响洗涤器的工作效率。

在除尘过程中雾化水滴的直径不宜过大或过小。过小则除尘后面的分离设备（一般采用旋风分离器）对这些小颗粒分离效果很低，不能达到高效分离的要求。实验指出，水滴大小最好为尘粒粒径的 150 倍左右，否则效率将下降。对在降温过程中同时除雾的高温气体，雾化水滴则更不宜过细。因为不论是否捕集到尘粒的水滴，在蒸发后都将缩小，若水滴过细，蒸发后甚至会消失，使除尘效率大大降低。

雾化质量与液气比和喉颈气速有关，特别是后者。因为把水粉碎成雾滴的能量主要是高速气体提供的，气速愈大，冲击力愈大，水粉碎得愈细；而气速愈小则水滴愈大。由于分离粗粒粉尘需较低气速，其所耗能量也将降低，反之分离细小粉尘则耗能量必然增加。

液体被喷入时，应保证液体细滴均匀分布在喉管进口处整个断面上。喷液方法有两种，一种是液体经过分布在喉管外部周围的小孔通入；另一种是借装置在收缩管内部具有小孔的管子通入。对于这两种方式，喷水孔的位置必须位于喉管进口处，以使液流由孔中喷出后与高速气体冲击及混合时间较长，并提高液体雾化程度及除尘效率。喷水孔的水流速度一般取 10～15 m/s。喷水孔径根据喷水量、孔数及孔速决定。喷水孔直径一般取 3～5 mm。小文氏管由于水量小，孔径又不小于 3 mm，因此孔速较低；大文氏管水量大，但由于孔速不能过大，因此孔径一般较大，孔径大于 5 mm 将影响雾化质量。但水孔直径过小易为尘粒所堵塞，故一般水流速度为 10～15 m/s，也有取较低值的，如 8 m/s。为了提高雾化程度并与气体方向相逆，一般使液流方向与垂直线有 15°～25°的倾斜角度。

三、文丘里洗涤除尘器的设计

文丘里洗涤除尘器各部分几何尺寸可按照下式数据和公式进行计算，供设计时参考（图 4-9）。

收缩段半锥角 β_1=12°～14°，最大到 15°；

扩散段半锥角 β_2=2°～3.5°，过大易产生脱流旋涡，影响压降及效率；

收缩管直径 $$D_1=18.8\sqrt{\frac{L_t}{V_1}}\ \text{(mm)} \tag{4-27}$$

收缩段长度 $$l_1=\frac{D_1-D_2}{2}\text{ctg}\beta_1\ \text{(mm)} \tag{4-28}$$

扩散管直径 $$D_3=18.8\sqrt{\frac{L_2}{V_2}}\ \text{(mm)} \tag{4-29}$$

扩散段长度 $$l_3=\frac{D_3-D_2}{2}\text{ctg}\beta_2\ \text{(mm)} \tag{4-30}$$

喉管直径 $$D_2=18.8\sqrt{\frac{L_t}{V_0}}\ \text{(mm)} \tag{4-31}$$

式中：L_t——气体进口温度 t 下的气体流量，m^3/h；

L_2——气体出口温度下的气体流量，m^3/h；

V_1、V_2——进出气体速度，m/s；

V_0——喉颈速度，m/s。

喉颈速度 V_0 与所处理气体和粉尘的性质以及所采用的文氏管形式等因素有关。由于文丘里洗涤器的效率主要取决于尘粒的液滴之间的相对速度，而此相对速度又主要与喉颈速度有关，因此正确选择喉颈速度是确保除尘效率的关键。一般而言，对除尘效率要求不高时，取 V_0=40～60 m/s；对要求较高效率除尘时，可取 80～120 m/s。喉管长度 l_2 一般取 $l_2>0.15D_2$。在周边喷雾时，应使 $l_2>100$ mm。对于高效除尘器的文丘里管，当 $D_2>250$ mm 时，l_2 一般取较长，l_2=（0.7～0.75）D_2。

四、文丘里洗涤器设计和使用注意事项

① 文氏管喉管表面要求光洁，其他部分可用铸件或焊件，但表面应无飞边毛刺。

② 文氏管法兰连接处的填料不允许内表面有突出部分。

③ 不宜在文氏管本体内设测压孔、测温孔和检查孔。

④ 对不同程度的腐蚀性气体，使用时应注意采用防腐措施，避免设备腐蚀。

⑤ 采用循环水时应该使水充分澄清，水质要求为悬浮物含量在 0.01%以下，以防止喷嘴堵塞。

⑥ 文氏管在安装法兰连接管的同心程度误差不超过±2.5 mm。圆形文氏管的椭圆度误差不超过±1 mm。

⑦ 溢流文氏管的溢流口水平度应严格调节在水平位置，以使溢流水均匀分布。

⑧ 文氏管用于高温烟气除尘时，应装设压力、温度升高报警信号，并设事故高位水池，以确保供水安全。

【应用实例】文丘里洗涤器用于热电厂锅炉烟气除尘

（1）烟气特性

电厂使用的蒸汽锅炉的型号为 SG-400-2 型中间再热超高压自然循环煤粉炉。锅炉每小时产汽量 400 t。设计煤种飞灰的真密度为 2.1 g/cm^3。锅炉在额定负荷下，进入除尘器烟气的特性为：烟气流量，550 352 m^3/h；含尘浓度，20～29 g/m^3；烟气初温，170℃；烟气绝热饱和温度 51～53℃；烟气静压−2 300～−1 900 Pa。

（2）工艺流程

锅炉烟气经换热降温至 170℃以下，烟气进入文丘里洗涤器。除尘后的气体通过 120 m 高的烟囱，排入大气。

（3）主要技术性能

① 除尘效率与出口含尘浓度。在该除尘器上进行低压雾化喷嘴与高压雾化喷嘴的性能对比实验，证实采用高压喷嘴除尘效率可达 98%左右，相应的飞灰排放浓度比采用低压喷嘴可下降 1 倍左右（表 4-10）。

表 4-10 各种雾化喷嘴性能的比较

雾化喷嘴形式	雾化水压/MPa	文丘里水耗/（kg/m^3）	飞灰浓度/（g/m^3）		除尘效率/%
			C1（入口）	C2（出口）	
低压喷嘴	0.11	0.174	19.7	0.66～0.85	95.5
高压喷嘴	1.6～2.0	0.164～0.181	22.12～26.96	0.2～0.48	98.5

② 文丘里管水耗的影响。随着文丘里管单位水耗的增加，除尘效率相应上升。但它们又与除尘设备状态完好的情况有关系。

当除尘设备运行状态良好时，漏风率小于 3%，单位水耗在 0.17 kg/m^3 左右，设备进入高效区（η=95%～96%）；当设备运行状态较差时，除尘器漏风率高于 10%，单位水耗保持在设计值(0.17 kg/m^3)，除尘效率仅为 92.5%，单位水耗大于 0.194 kg/m^3 时，设备进入高效区（η=95%～96%）。

③ 捕滴器水耗的影响。在维持文丘里管水耗不变时，将捕滴器单位水耗从 0.048 4 kg/m^3 提高到 0.131 kg/m^3，除尘效率可从 95.2%提高到 96.8%。但水耗加大会使除尘器烟气带水现象加剧。

在设备完好的情况下，除尘器的压力损失为 1 500～1 800 Pa；但除尘器严重漏风时的压力损失高达 2 400～2 600 Pa。在整个压力损失中，文丘里管的压力损失占总压力损失的 1/4～1/3，大部分压力损失在捕滴器部分，当采用高压雾化系统时，除尘器压力损失下降约 200 Pa。

（4）运行中容易出现的问题

该除尘器运行中由于捕滴器入口流速较高，它采用轴向引出方式，故除尘器的压力损失较大，风机能耗增加。为了降低除尘器压力损失，可以在除尘器出口装设消旋导流器。

（5）运转维护要点

① 重视对文丘里洗涤器的运行管理，尤其是建立一套定期清洗除尘水的砾石过滤系统和环形喷嘴的制度，保证除尘用水的水质良好，水压稳定适中。每根供水管上的压力表均需定期校验，保证压力指示数据正确可信。

② 应注意使喷嘴供水管系分配合理，避免由于多层喷嘴供水方式中出现的喷嘴水量不均匀造成的水膜不连续，喉管底部缺水导致积灰的现象。

③ 精心安装文丘里管喷嘴装置，每次检修更换喷嘴时，都要进行封喉效果的冷态观测试，保证喷嘴正确到位，封喉良好。对检修后的捕滴器，也要进行环形喷嘴静态喷水的验收保证。

④ 控制捕滴器环形喷嘴供水压力（不大于 0.02 MPa）；定期检查捕滴器入口蜗壳、排灰口等易磨损腐蚀的部位，及时修补堵漏，保证捕滴器良好的工作状态，避免烟气带水。

（6）处理效果

用文丘里除尘器以后，虽然烟囱较低，但飞灰的排放浓度仍可达到环保要求。除尘器排水的 pH 为 3.5～4.5。但在流动过程中，pH 逐渐增加，流至灰场时 pH 为 7～9，符合排放标准。

第四节　袋式除尘器

袋式除尘器是使含尘气体通过以织物为滤材的滤袋，将粉尘分离和捕集的装置。袋式除尘器广泛应用于各种工业生产的除尘过程，属于高效除尘器。袋式除尘器的缺点主要是过滤速度较低，设备体积庞大，滤袋损耗大，压力损失大，运行费用较高等。但是，随着新技术、新工艺、新材料的发展和对大气环境质量的更高要求，袋式除尘器将有更广阔的应用前景。

一、袋式除尘器的除尘原理

袋式除尘器是将棉、毛或人造纤维等织物作为滤料制成滤袋对含尘气体进行过滤的除尘装置。图 4-10 是袋式除尘器除尘原理示意图，当含尘气体通过洁净的滤袋时，由于滤材本身的网孔较大，一般为 20～50 μm，即使是表面起绒的滤袋，网孔也在 5～10 μm。因此，新用滤袋的除尘效率是不高的，大部分微细粉尘会随着气流从滤袋的网孔中通过，而粗大的尘粒却被阻留，并在网孔中产生“架桥”现象。随着含尘气体不断通过滤袋的纤维间，纤维间粉尘“架桥”现象不断加强，一段时间后，滤袋表面积聚一层粉尘，称为粉尘初层。在以后的除尘过程中，粉尘初层便成了滤袋的主要过滤层，而滤布只不过起着支撑骨架的作用，随着粉尘在滤布上的积累，除尘效率和阻力（压力损失）都相应增加。当滤袋两侧的压力差很大时，会导致把已附在滤料层上的细粉尘挤过去，使除尘效率明显下降，同时除尘器阻力过大会使除尘器系统的风量显著下降，以致影响生产系统的排风，因此，除尘器阻力达到一定值后，要及时进行清灰，而清灰时不能破坏粉尘初层，以免降低除尘效率。

二、袋式除尘器除尘效率的影响因素

影响袋式除尘器除尘效率的因素有过滤风速、压力损失、滤料的性质、清灰方式。

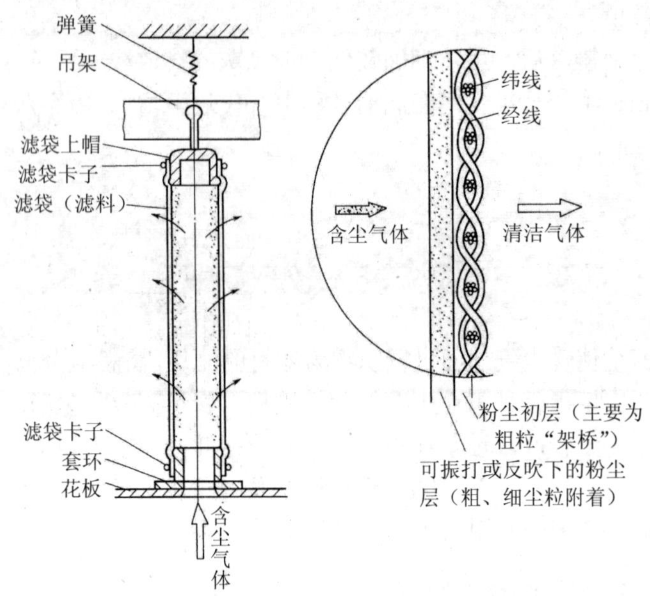

图 4-10 袋式除尘器除尘原理

（一）过滤风速

袋式过滤器的过滤风速是指气体通过滤布时的平均速度。在工程上是指单位时间通过单位面积滤布含尘气体的流量，它代表袋式除尘器处理气体的能力，是一个重要的技术指标。其计算公式为

$$\mu_f=\frac{Q}{60A} \tag{4-32}$$

式中：μ_f —— 过滤风速，m^3/（$m^2 \cdot min$）；

Q —— 气体的体积流量，m^3/h；

A —— 过滤面积，m^2。

过滤速度的选择因气体性质和所要求的除尘效率不同而不同。一般取值为 0.6～1.0 m/min。提高过滤风速可以减少过滤面积，提高滤料的处理能力。但风速过高会把滤袋上的粉尘压实，使阻力加大。由于滤袋两侧的压力差增大，会使细微粉尘透过滤料，而使除尘效率下降。另外，还会引起频繁的清灰，增加清灰能耗，减少滤袋的寿命等。风速低，阻力也低。除尘效率高，但处理量下降。因此，过滤风速的选择要综合考虑各种影响因素。

（二）压力损失

袋式除尘器的压力损失是重要的技术经济指标之一，它不仅决定除尘器的能量

消耗，同时也决定装置的除尘效率和清灰的时间间隔。

袋式除尘器的压力损失ΔP 是由清洁滤料的压力损失ΔP_f 和过滤层的压力损失ΔP_d组成的，即

$$\Delta P=\Delta P_f+\Delta P_d \tag{4-33}$$

由于过滤风速很低，气体流动属于黏性流，清洁滤料的压力损失ΔP_f与过滤风速v_f成正比，即：

$$\Delta P_f=\xi_f \mu v_f \tag{4-34}$$

式中：ξ_f—— 清洁滤料的阻力系数，m^{-1}；

μ —— 气体黏度，Pa·s。

过滤层的压力损失ΔP_d可表示为

$$\Delta P_d=am\mu v_f \tag{4-35}$$

式中：a —— 粉尘层的平均比阻力，m/kg；

m —— 滤料上的粉尘负荷，kg/m^2。

于是通过积有粉尘的滤料的总阻力为

$$\Delta P=\Delta P_f+\Delta P_d=（\xi_f+am）\mu v_f \tag{4-36}$$

由式 4-36 可知，袋式除尘器的压力损失与过滤速度和气体黏度成正比，而与气体密度无关。

【例 4-7】袋式除尘器过滤气体流量 624 000 m^3/h，滤袋过滤面积 10 400 m^2，烟气黏度 1.8×10^{-5} Pa·s，清洁滤料的阻力系数为 $2\times10^7 m^{-1}$，粉尘层的平均比阻力 5×10^{10} m/kg，粉尘负荷 0.1 kg/m^2。试确定压力损失。

解：过滤速度 $v_f=\dfrac{Q}{60A}=\dfrac{624\,000\ m^3/h}{10\,400\ m^2\times60\ min/h}=1.0\ m/min$

$$\Delta P=\Delta P_f+\Delta P_d=（\xi_f+am）\mu v_f$$

$$=（2\times10^7+5\times10^{10}\times0.1）\times1.8\times10^5\times1/60=1\,500\ Pa$$

练习：袋式除尘器清灰后的过滤阻力为 800 Pa，运行 20 min 后阻力上升到清灰上限 1 200 Pa。现调整运行工况，将清灰上限调至 1 400 Pa，问清灰周期变为多长时间？

（三）滤料的性质

过滤材料简称滤料，袋式除尘器的滤料是滤布，它是袋式除尘器的主要部件，其费用一般占设备费的 10%～15%。滤布的性能直接影响着除尘器的效率、阻力等。选用滤料时必须考虑含尘气体的特性，如粉尘和气体的性质、温度、粒径、湿度等。要求滤料具有耐磨、耐腐、阻力低、成本低及使用寿命长等优点。滤料的特性除了与纤维本身的性质有关之外，还与滤料的表面结构有很大关系。例如，表面光滑的滤料和薄滤料，虽然容尘量小，清灰容易，但除尘效率低，适用于含尘浓度低、黏

性大的粉尘，采用的过滤风速也不能太高：厚滤料和表面起绒的滤料，容尘量大，粉尘能深入滤料内部，过滤效率高，可以采用较高的过滤风速，但过滤阻力较大，应注意及时清灰。

袋式除尘器采用的滤料种类较多，按滤料的材质分为天然纤维、无机纤维和合成纤维等：按滤料的结构分为滤布和毛毯两类；按滤布的编织方法分为平纹编织、斜纹编织和缎纹编织。其中斜纹编织滤料的综合性能较好，过滤效率和清灰效果均能满足要求，透气性比平纹滤料好，但强度比平纹滤料差。

目前，中国生产的滤料有三大类，即玻璃纤维滤料、聚合物滤料、覆膜滤料。

玻璃纤维类滤料具有耐高温（280℃）、耐腐蚀、表面光滑、不易结露、不缩水等优点，在工业生产中广泛应用。目前国内生产的玻璃纤维滤料有三种：① 普通玻璃纤维滤布，价格较低，清灰容易，但除尘效率低，粉尘排放量略大，可在排放要求不高、粉尘价值低的场合使用；② 玻璃纤维膨体纱滤布，捕捉粉尘能力好，除尘效率高，价格适中，适宜在反吹风清灰方式的袋式除尘设备中使用；③ 玻璃纤维针刺毯滤布透气性好，系统阻力小，除尘效率更高，但价格较贵。玻璃纤维滤布经表面处理，可形成不同性质的滤布，如抗高温、抗结露、抗静电等，满足不同工艺条件下的使用。

聚合物类滤料主要包括聚酰胺纤维（尼龙）、聚酯纤维（涤纶 729，208）、聚苯硫醚（PPS）纤维、聚丙烯腈纤维（奥纶）、聚乙烯醇纤维（维尼纶）、聚酰亚胺纤维（P84）、芳香族聚酰胺纤维（诺梅克斯）、聚四氟乙烯纤维（特氟纶）等。具有强度高、抗折性能好、透气性好、收尘效果高等优点，适宜在温度低于 120℃的袋式除尘设备中使用。表 4-11 列出了常用的聚合物类滤料及特性。

表 4-11 常用的聚合物类滤料及特性

滤料名称	滤料特性
聚酰胺纤维（尼龙）	优点：耐磨性、耐碱性能好，易清灰
聚酯纤维（涤纶 729，208）	缺点：耐酸性、耐温性能差（85℃以下）
聚丙烯腈纤维（奥纶）	优点：耐酸性能好，阻力小，过滤效率高，清灰容易，可在 130℃以下长期使用，是目前国内使用最普遍的一种滤料 缺点：耐磨性一般，耐碱性能较差
聚乙烯醇纤维（维尼纶）	优点：耐酸碱性能好，过滤效率高，可在 110℃以下长期使用 缺点：耐磨性一般，抗有机溶剂性能差
芳香族聚酰胺纤维（诺梅克斯）	优点：耐磨性、耐碱性、耐温性能好，可在 200℃以下长期使用 缺点：耐酸性能一般，价格较高
聚四氟乙烯纤维（特氟纶）	优点：耐磨性、耐酸碱性、耐腐蚀性、耐温性能好，可在 240℃以下长期使用，机械强度高，可在较高的过滤风速（2.4 m/min）下工作，除尘效率高 缺点：价格昂贵

玻璃纤维覆膜过滤材料是在玻璃纤维基布上覆合多微孔聚四氟乙烯薄膜制成的新型过滤材料，它集中了玻璃纤维的高强低伸，耐高温、耐腐蚀等优点和聚四氟乙烯多微孔薄膜的表面光滑、憎水透气、化学稳定性好等优良特性。它几乎能截留含尘气流中的全部粉尘，而且能在不增加运行阻力的情况下保证气流的最大通量，是理想的烟气过滤材料。

（四）清灰方式

袋式除尘器的清灰方式有简易清灰、机械清灰、逆气流反吹清灰、气环反吹清灰、脉冲喷吹清灰、机械振动与反气流联合清灰及声波清灰等。图 4-11 为几种典型的清灰机理示意图。机械清灰和逆气流反吹清灰属于间歇式清灰方式，即将除尘器分为若干个过滤室，逐室切断气路，依次清灰。这种清灰方式由于没有粉尘外逸现象，因此除尘效率高。气环反吹清灰和脉冲喷吹清灰属于连续清灰方式，清灰时可以不切断气路，连续不断地对滤袋的一部分进行清灰。这种清灰方式压力损失稳定，适用于高浓度含尘气体的处理。

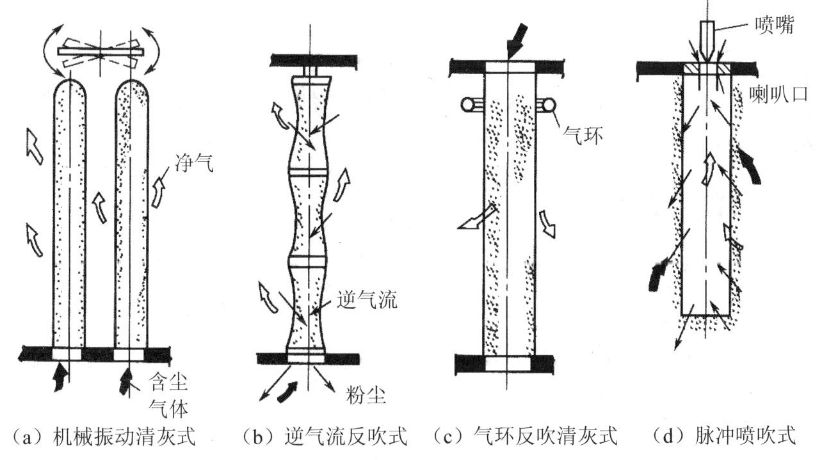

图 4-11 几种典型的清灰机理

三、袋式除尘器的结构、分类和命名

（一）袋式除尘器的分类

根据结构特点将袋式除尘器划分为四种形式：上进风式和下进风式、圆袋式和扁袋式、吸入式和压入式、内滤式和外滤式。

1. 上进风式和下进风式

上进风式是指含尘气流入口位于袋室上部，气流与粉尘沉降方向一致，下进风式是指含尘气流入口位于袋室下部，气流与粉尘沉降方向相反（图 4-12）。

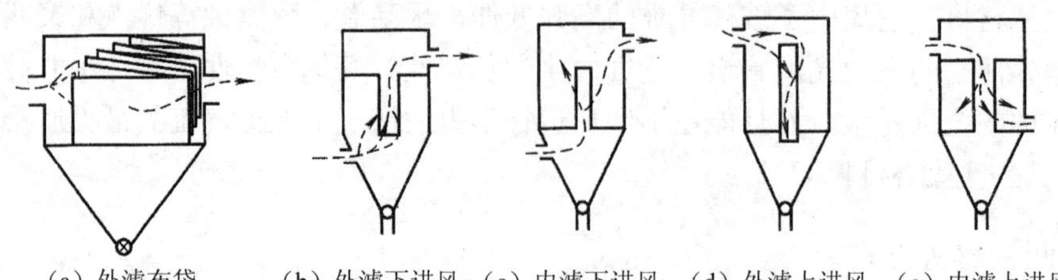

图 4-12 袋式除尘器的结构形式

2. 圆袋式和扁袋式

圆袋式是指滤袋为圆筒形，而扁袋式是指滤袋为平板形（信封形）、梯形、楔形及非圆筒形的其他形状。

3. 吸入式和压入式

吸入式是指风机位于除尘器之后，除尘器为负压工作。压入式是指风机位于除尘器之前，除尘器为正压工作。

4. 内滤式和外滤式

内滤式是指含尘气流由袋内流向袋外，利用滤袋内侧捕集粉尘。外滤式是指含尘气流由袋外流向袋内，利用滤袋外侧捕集粉尘（图 4-12）。

（二）常见袋式除尘器

1. 机械振动清灰袋式除尘器

这种除尘器是利用周期性的机械振动使滤袋产生振动，从而使沉积在滤袋上的灰尘落入灰斗的一种除尘器（图 4-13）。

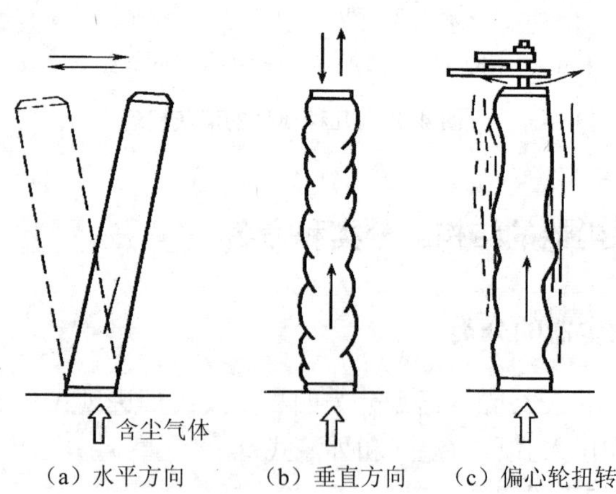

图 4-13 机械振动清灰袋式除尘器及三种振动方式

该方法清灰效果好，但对滤袋下部的损伤较大。利用偏心轮使滤袋做往复扭转运动的清灰方法即属此种。滤袋下部固定在花板凸出接口上，上部吊挂在框架上，清灰时马达带动偏心轮，使滤袋振动，从滤袋脱落下来的粉尘进入集尘斗中。该方法清灰效果好，耗电量小，适用于净化含尘浓度不高的废气。

机械振打袋式除尘器的过滤风速一般取 1.0～2.0 m/min，阻力为 800～1 200 Pa。这种除尘器的缺点是滤袋常受到机械力的作用而损坏较快，滤袋的检修和更换工作量较大。

常见的有 LD 型、ZX 型、JP 型、LZZ-Ⅰ型和 LZZ-Ⅱ型机械振打袋式除尘器。

2．回转反吹清灰袋式除尘器

回转反吹扁袋除尘器结构如图 4-14 所示。除尘器采用圆筒外壳，梯形扁袋沿圆筒呈辐射状布置，反吹风管由轴心向上与悬臂管连接，悬臂管下面正对滤袋导口设有反吹风口，悬臂管由专用马达及减速机带动旋转（设计转速为 1～2 r/min），含尘气体切向进入过滤室上部，粒径大的尘粒和凝聚粉尘在离心力的作用下沿圆筒壁落入灰斗；粒径小的尘粒则弥散在袋间空隙，含尘气流穿过滤袋，尘粒被阻留附着在滤袋外表面，净化气经花板上滤袋导口进入净气室，由排气口排走。附着在滤袋外表面的尘粒，由反吹风进行清灰。

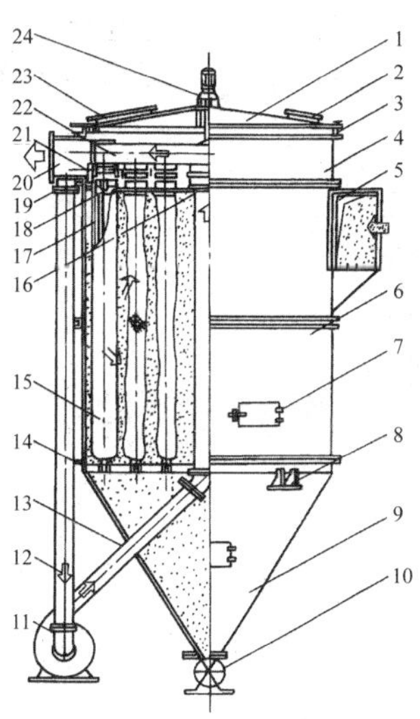

1—除尘器盖；2—观察孔；3—旋转揭盖装置；4—清洁室；5—进气口；6—过滤室；7—人孔门；8—支座；9—灰斗；10—星形排灰阀；11—反吹风机；12—循环气管；13—反吹气管；14—定位支架；15—滤袋；16—花板；17—滤袋框架；18—滤袋导器；19—喷吹口；20—出气口；21—反吹机构；22—悬臂；23—换袋人孔；24—旋臂减速机构

图 4-14　回转反吹扁袋除尘器

回转反吹扁袋除尘器在相同过滤面积下滤袋占用的空间体积小，提高了单位体积的过滤面积。扁形滤袋性能好，寿命长，清灰自动化且效果好，运行安全可靠，维修方便。该除尘器运行主要参数如下：风压约为 5 kPa，反吹风量为过滤风量的5%～10%，每只滤袋的反吹时间约为 0.5 s。对于黏性较大的细尘粒，过滤风速一般取 1～1.5 m/min，而黏性小的粗尘粒，过滤风速可取 2～2.5 m/min。净化效率一般可达到 99%以上。

3．脉冲喷吹袋式除尘器

这类除尘器有多种结构形式，如中心喷吹、环隙喷吹、顺吹、对吹等。它是目前我国生产量最大、使用最广的一种袋式除尘器。

图 4-15 是脉冲喷吹袋式除尘器结构和原理示意图，由脉冲控制仪、控制阀、脉冲阀、喷吹管及压缩空气包组成脉冲喷吹系统。其喷吹原理为：含尘气体由下锥体引入脉冲喷吹袋式除尘器，粉尘阻留在滤袋外表面，通过滤袋的净化气体经文氏管进入上箱体，从出气管排出。当滤袋表面的粉尘负荷增加到一定阻力时，由脉冲控制仪发出指令，按顺序触发各控制阀，开启脉冲阀，使气包内的压缩空气从喷吹管各喷孔中以接近声速的速度喷出一次空气流，通过引射器诱导二次气流一起喷入袋室，使得滤袋瞬间急剧膨胀和收缩，从而使附着在滤袋上的粉尘脱落。清灰过程中每清灰一次，即为一个脉冲。脉冲周期是滤袋完成一个清灰循环的时间，为 60 s 左右。脉冲宽度就是喷吹一次所需要的时间，为 0.1～0.2 s。这种除尘器的优点是清灰过程不中断滤袋工作，时间间隔短，过滤风速高，效率在 99%以上。但脉冲控制系统较为复杂，而且需要压缩空气，要求维护管理水平高。

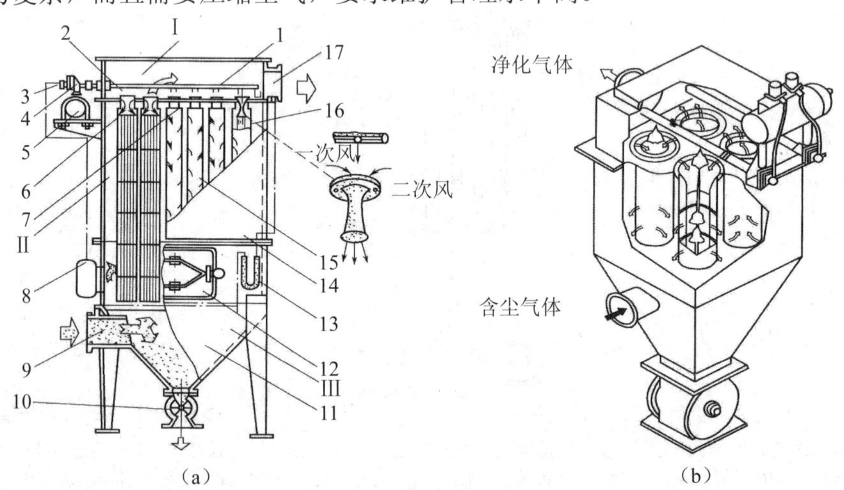

1—喷吹管；2—喷吹孔；3—控制阀；4—脉冲阀；5—压缩空气包；6—文丘里管；7—多孔板；8—脉冲控制仪；9—含尘空气进口；10—排灰装置；11—灰斗；12—检查门；13—U 形压力计；14—外壳；15—滤袋；16—滤袋框架

图 4-15 脉冲喷吹袋式除尘器的结构

四、袋式除尘器的设计

袋式除尘器设计和选型时主要考虑过滤面积、滤袋袋数、过滤风速、压力损失、过滤材料、滤袋的排列、清灰方式及控制仪等方面。

1．过滤面积的计算

根据气体处理量的大小，选择适当的过滤面积。若面积太大，则设备投资大；若面积过小，则过滤阻力大，操作费用高，滤布使用寿命短。

除尘器的过滤面积计算公式为

$$A=\frac{Q}{60\mu_{\mathrm{f}}} \tag{4-37}$$

式中：A —— 除尘器的过滤面积，m^2；

Q —— 除尘器的处理气体量，m^3/h；

μ_f —— 除尘器的过滤风速，m/min。

2．滤袋数目的确定

滤袋数目计算公式为

$$n=\frac{A}{\pi DL} \tag{4-38}$$

式中：A —— 除尘器的过滤面积，m^2；

D —— 单个滤袋的直径，m；

L —— 单个滤袋的长度，m。

滤袋的直径由滤布的规格确定，滤袋的长度 般取 2 - -6 m。

练习：某袋式除尘器处理烟气流量为 1 130 m^3/min，若选择过滤速度为 0.6 m/min，布袋尺寸为长 2.5 m，直径 15 cm，计算所需的布袋总数。

3．过滤风速的选择

过滤风速（m/min）是指单位时间内，单位面积滤布上通过的气体量。过滤风速是除尘器选型的关键因素，不同应用场合选用不同的值。主要考虑因素是含尘气流的浓度、气体温室、粉尘特性、含水量、所选用的滤料等。过滤风速选用范围涤纶滤料一般为 0.6～1.0 m/min，玻璃纤维滤料一般为 0.4～0.5 m/min。

4．压力损失的选择

采用一级除尘时，一般压力损失在 980～1 470 Pa；采用二级除尘时，一般压力损失在 490～780 Pa。

5．过滤材料的选择

在选择过滤材料时，要根据气体的温度、湿度等物理、化学性质；粉尘的粒度、化学组成、酸碱性、吸湿性、荷电性、爆炸性、腐蚀性等特性来选择适当的滤布。

① 一般在含水量较小和无酸性时，根据含尘气体温度来选用过滤材料。当温度

低于 130℃时，常用 500～550 g/m^{2}的涤纶针刺毡；当温度低于 250℃时，宜选用芳纶诺梅克斯针刺毡，或 800 g/m^{2}玻璃纤维针刺毡，或 800 g/m^{2}纬双重玻璃纤维织物，或氟美斯（FMS）高温滤料（含氟气体不能用玻璃纤维材质）。

② 当含水分量较大，粉尘浓度又较大时，宜选用防水、防油滤料（或称抗结露滤料）或覆膜滤料（基布应是经过防水处理的针刺毡）。

③ 当含尘气体含酸、碱性且气体温度低于 190℃时，常选用莱通（Ryton 聚苯硫醚）针刺毡。若气体温度低于 240℃，耐酸碱性要求不太高时，可选用 P84（聚酰亚胺）针刺毡。

④ 当含尘气体为易燃易爆气体时，选用防静电涤纶针刺毡；当含尘气体既有一定的水分又为易燃易爆气体时，选用防水、防油、防静电（三防）涤纶针刺毡。

6．脉冲清灰方式的选择

脉冲清灰袋式除尘器控制采用 PLC 微电脑程控仪，分定压（自动）、定时（自动）、手动三种控制方式。

① 定压控制：按设定压差进行控制，除尘器压差超过设定值，各室依次自动清灰一遍。

② 定时控制：按设定时间，每隔一个清灰周期，各室依次清灰一遍。

③ 手动控制：在现场操作柜上可手动控制各室依次自动清灰一遍，也可对各室单独清灰。

脉冲控制仪分为电动控制仪、气动控制仪和机械控制仪器等。排气阀有电磁阀、气动阀和机械阀。

脉冲控制仪是脉冲布袋除尘器、低压喷吹清灰系统的自动控制器。通过周期性输出的脉冲信号，轮流控制各路电磁阀的开闭，使压缩空气依次循环喷吹滤袋，清除滤袋上的灰尘。常见的有 SXC 系列、SXC-P 型、BKZM 步进式脉冲控制仪、TKZM-Ⅱ系列脉冲控制仪和 DKZM 微电脑脉冲控制仪（图 4-16）。

图 4-16　脉冲控制仪

脉冲电磁阀是向除尘器滤袋内喷吹压缩空气的开关，受脉冲控制仪输出信号的控制，依次对滤袋进行喷吹清灰，用于保证除尘器效率。常见的脉冲电磁阀有 T 型、FS 形、TDF 型、TDFD 型脉冲磁阀，TDFD 型属于低压脉冲磁阀，适用于一切低压袋式除尘器（图 4-17）。

图 4-17 电磁阀

文丘里喷嘴用于对滤袋进行喷射气流清灰（图 4-18）。

图 4-18 文丘里喷嘴

五、袋式除尘器的运行维护

（1）除尘器需要设专人操作和检修。操作和检修人员需全面掌握除尘器的性能和构造，确保除尘系统正常运转。值班人员要记录当班运行情况及有关数据，发现问题及时处理。

（2）处理高温气体时，需要查明气体冷却装置等工作是否正常。处理可燃性气体的袋式除尘器在启动时，首先要把回风风管中和其他处的残留气体全部排出。在过滤易燃易爆气体时，为防止气体爆炸，保护滤布，要查明 CO 和 O_2 的浓度及处理气体温度等因素后，才能启动。

（3）启动前应对压力指示计、压力报警器及气体温度计等进行检查并确认其处于正常状态。

（4）为了防止滤布堵塞，袋式除尘器要在集尘室各部位使温度保持在处理气体的露点以上的条件下运转。当采用间歇清扫方式时，应注意在规定的压差下运转。当设备停车时，粉尘清扫装置和排风机要继续运转 10 min 左右，待粉尘清扫完毕和用空气彻底置换排烟以后，袋式除尘器才能停车。

（5）袋式除尘器所处理的粉尘是极细小的，由于粉尘种类和浓度的不同，会有爆炸的危险。例如，炼钢电炉的袋式除尘器在启动时会因残留于器内的可燃性气体被高温气体点燃而引起爆炸等。因此应尽量减少漏入集尘室和烟道中的空气量。同时检查滤布上粉尘的附着状态，滤布有无穿孔，安装滤布的机件有无脱落，以及粉尘清扫效果等。

（6）应仔细检查滤布的张力，以防在长期运行中，因处理气体温度等因素的影响而使滤袋变形，导致滤布张力不均匀，影响除尘效率。若发现排气口冒烟冒灰，表明已有滤袋破漏。检修时，逐室停风打开上盖，如发现袋口处有积灰，则说明该滤袋已破损，需进行更换或修补。

（7）转动部位要定期注油。压缩空气系统的空气过滤器要定时排污，气包最低点的排水阀要定期排水。有贮气罐的也要定时排水。

（8）控制阀要由专业人员检修，定期对电磁阀和脉冲阀进行检查。

（9）离线排气阀用的气缸或电液推杆出厂前推（拉）力均已调试好，一般不需要调整即可使用。必要时可根据需要，在确保电液推杆电机工作在额定电流范围内调整溢流阀螺钉；电液推杆每半年需要更换一次液压油，油必须过滤，油中应无水，加油口必须密封，冬季采用 8 号机械油，夏季采用 10 号机械油。每半年需对电液推杆进行维护、保养一次，用煤油冲洗管道、油路集成块、滤清器等。

（10）除尘器停止运行前，应开启反吹风机及脉动阀电机，空载运行 10～20 min，以清除滤袋上的粉尘。

第五节　静电除尘器

静电除尘是在高压电场的作用下，通过电晕放电使含尘气流中的尘粒带电，利用电场力使粉尘从气流中分离出来并沉积在电极上的过程。利用静电除尘的设备称为静电除尘器（Electrostatic Precipitator），简称电除尘器（ESP）。在冶金、水泥、火力发电厂及化工等行业中得到广泛的应用。

静电除尘器主要有以下优点：① 除尘性能好（可捕集微细粉尘及雾状液滴）；② 除尘效率高（粉尘粒径大于 1 μm 时，除尘效率可达 99%）；③ 气体处理量大（单台设备每小时可处理 10^5～10^6 m^3 的烟气）；④ 适用范围广（可在 350～400℃的高温下工作）；⑤ 能耗低，运行费用少。

静电除尘器的缺点是：① 设备造价偏高；② 除尘效率受粉尘物理性质影响很大，不适宜直接净化高浓度含尘气体；③ 对制造、安装和运行要求比较严格；④ 占地面积较大。

一、静电除尘的基本原理

静电除尘的基本原理包括电晕放电和尘粒的荷电、荷电尘粒的迁移和捕集、粉尘清除等基本过程。

（一）电晕放电

静电除尘器的工作原理如图 4-19 所示。它是由两个极性相反的电极组成的，其中一个是表面曲率很大的线状电极，即电晕极；另一个是管状或板状电极，即集尘极。电晕极接高压直流电源的负极，集尘极接高压直流电源的正极，两极之间形成高压电场。电极间的空气离子在电场的作用下，向电极移动，形成电流。当电压升高到一定值时，电晕极表面出现青紫色的光，并发出嘶嘶声，大量的电子从电晕线不断逸出，这种现象称为电晕放电。发生电晕放电时，在电极间通过的电流叫电晕电流。电子撞击电极间的气体分子，使之产生电离，生成大量的自由电子和正离子。电子在电场力的作用下，向极性相反的电极运动，运动过程中与气体分子碰撞并使之离子化，其结果是产生更多的电子。我们把电子能引起气体分子离子化的区域称为电晕区。

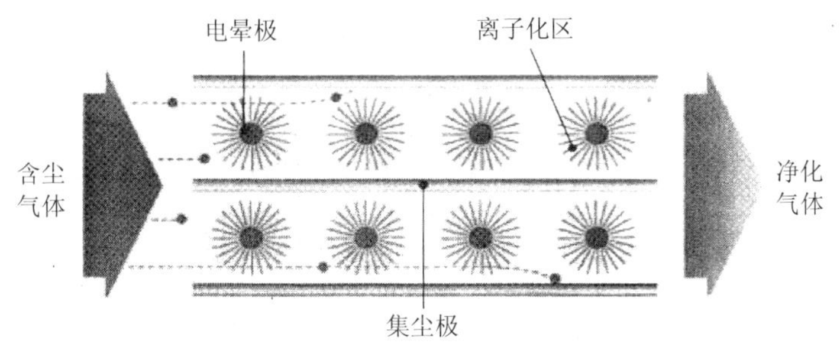

图 4-19　静电除尘器工作原理

在产生电晕放电之后，当极间的电压继续升高到某一点时，电流迅速增大，电晕极产生一个接一个的火花，这种现象称为火花放电。在火花放电之后，如果进一步升高电压，电晕电流会急剧增加，电晕放电更加激烈。当电压升至某一值时，电场击穿，出现持续的放电，爆发出强光并伴有高温，这种现象就是电弧放电。由于电弧放电会损坏设备，使电除尘器停止工作，因此在电除尘器操作中应避免这种现象。

如果在电晕极上加的是负电压，产生的是负电晕；反之，则产生正电晕。因为产生负电晕的电压比产生正电晕的电压低，而且电晕电流大，击穿电压高，所以工业应用的电除尘器均采用负电晕放电的形式。但是，正电晕产生的臭氧量小，从维护人体健康的角度来考虑，用于空气调节的小型电除尘器大多采用正电晕极。

（二）尘粒的荷电

尘粒的荷电有两种不同的过程：一种是电场荷电；另一种是扩散荷电。电场荷电是指电晕电场中的电子在电场力的作用下做定向运动，与尘粒碰撞后使尘粒荷电的方式。扩散荷电是指电子由于热运动与粉尘颗粒表面接触，使粉尘荷电的方式。

尘粒的荷电方式与粒径有关，粒径大于 0.5 μm 的尘粒以电场荷电为主，小于 0.2 μm 的尘粒以扩散荷电为主。电除尘器所处理粉尘的粒径一般大于 0.5 μm，而且进入电除尘器的粉尘颗粒大多凝聚成团，所以粒尘的荷电方式主要是电场荷电。

尘粒的荷电量可用如下公式计算：

$$q = 3\pi[\varepsilon /（\varepsilon+2）]\,\varepsilon_0 d_p^2 E \qquad（4-39）$$

式中：q —— 粉尘粒子荷电量，C；

ε —— 粒子相对介电常数；

ε_0 —— 真空介电常数，$\varepsilon_0=8.85\times10^{-12}$F/m；

d_p —— 粒子直径，m；

E —— 电场强度，V/m。

练习：粒径为 1 μm 的粉尘置于场强为 6×10^5 V/m 电场中，粉尘介电常数为 6，真空介电常数 8.85×10^{-12}F/m，求粉尘粒子荷电量。

（三）荷电尘粒的迁移和捕集

在电晕区内，气体正离子向电晕极运动的路程极短，因此它们只能与极少数的尘粒相遇并使之荷正电，而沉降在电晕极上；在负离子区内，大量荷负电的粉尘颗粒在电场力的驱动下向集尘极运动，到达极板失去电荷后便沉降在集尘极上。

当尘粒所受的静电力和尘粒的运动阻力相等时，尘粒向集尘极做匀速运动，此时的运动速度就称为驱进速度，用ω表示。粒子驱进速度与粒子荷电量、气体黏度、电场强度及粒子的直径有关，表 4-12 给出了一些粉尘的有效驱进速度。

表 4-12 粉尘的有效驱进速度

粉尘种类	驱进速度/（m/s）	粉尘种类	驱进速度/（m/s）
锅炉飞灰	0.08～0.122	镁砂	0.047
水泥	0.094 5	氧化锌	0.04
铁矿烧结灰尘	0.06～0.20	氧化铅	0.04
氧化亚铁	0.07～0.22	石膏	0.195
焦油	0.08～0.23	氧化铝熟料	0.13
石英石	0.03～0.055	氧化铝	0.084

荷电尘粒的驱进速度可以用下述公式计算：

$$\omega = qE/(3\pi\mu d_p) \tag{4-40}$$

式中：ω—— 荷电粒子在电场中的趋进速度，m/s；

μ—— 烟气黏度，Pa·s。

练习：如果烟气黏度为 1.82×10^{-5} Pa·s，计算上一练习中粉尘粒子的趋进速度。

（四）被捕集粉尘的清除

集尘极表面的灰尘沉积到一定厚度后，会导致火花电压降低，电晕电流减小；而电晕极上附有少量的粉尘，也会影响电晕电流的大小和均匀性。为了防止粉尘重新进入气流，保持集尘极和电晕极表面的清洁，应及时清灰。

电晕极的清灰一般采用机械振动的方式。集尘极清灰方法在干式除尘器和湿式除尘器中是不同的。在干式除尘器中，沉积在集尘极上的粉尘是由机械撞击或电极振动产生的振动力清除的。现代的电除尘器大多采用电磁振打或锤式振打清灰，两种主要常用的振打器是电磁型和桡臂锤型。

近年来还使用了振片式声波清灰器，图 4-20 是一种增强型振片式声波清灰器，通过喇叭的声阻抗匹配产生低频高能声波，辐射到电除尘器内的积灰区域，使灰尘在声波作用下产生震荡，脱离其附着表面，处于悬浮流化状态，在重力或气流的作用下进入灰斗或被清除。

湿式电除尘器的清灰一般是用水冲洗集尘极板，使极板表面经常保持一层水膜，粉尘落在水膜上时，被捕集并顺水膜流下，从而达到清灰的目的。湿法清灰的主要优点是已除去的粉尘不会重新进入气相造成二次扬尘，同时也会净化部分有害气体，如 SO_2、HF 等；其主要缺点是极板腐蚀较为严重，含水污泥需要处理。

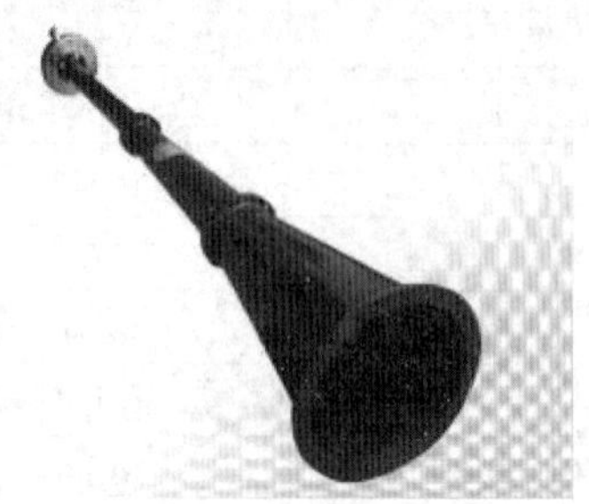

图 4-20 振片式声波清灰器

二、除尘效率的影响因素

（一）除尘效率

假定：① 除尘器中气流为紊流状态；② 在垂直于集尘极表面任一横断面上，粒子浓度和气流分布是均匀的；③ 粉尘粒径是均一的，且进入除尘器后立即完成荷电过程；④ 忽略电风和二次扬尘的影响。多依奇（Dertsch）在上述假定的基础上，提出了理论捕集效率的计算公式。

$$\eta = 1 - \frac{c_2}{c_1} = 1 - \exp\left(-\frac{A\omega}{Q}\right) \tag{4-41}$$

式中：c_1—— 电除尘器进口含尘气体的浓度，g/m^3；

c_2—— 电除尘器出口含尘气体的浓度，g/m^3；

A—— 集尘极总面积，m^2；

Q—— 含尘气体流量，m^3/s；

ω—— 尘粒的驱进速度，m/s。

影响除尘效率的主要因素有粉尘特性、烟气特性、结构因素和操作因素等。

【例 4-8】某电除尘器处理烟气量为 600 000 m^3/h，要求除尘效率至少达到 98%，设粒子的有效趋进速度为 6 m/min，求集尘板总面积。

解：烟气量：$$Q = \frac{600\,000\ m^3/h}{3\,600\ s/h} = 166.67\ m^3/s$$

有效趋进速度：$$\omega = \frac{6\ m/min}{60\ s/min} = 0.1\ m/s$$

极板面积：$$A = \frac{Q}{\omega}\ln\left(\frac{1}{1-\eta}\right) = \frac{166.67}{0.1}\ln\left(\frac{1}{1-0.98}\right)$$

$$= 6\,520\ m^2$$

练习 A：某电除尘器实测效率为 90%，现欲使其效率提高到 99%，问集尘板面积要增加多少？

练习 B：某四电场除尘器正常运行时，进口和出口粉尘浓度分别是 5 g/m^3 和 50 mg/m^3，现高压系统出现故障，有一个电场停止供电，此时电除尘器出口浓度是多少？

练习 C：某电除尘器有三个电场，停机卸灰后开始运行，测得进口和出口粉尘浓度分别是 25 g/m^3 和 875 mg/m^3，风量 4×10^5 m^3/h。运行 4 h 后再次卸灰，测得一灰斗灰量 30 t，二灰斗灰量 6.5 t。试求：（1）三灰斗灰量；（2）二电场及三电场单级效率。

（二）影响因素

1. 粉尘特性

粉尘特性主要包括粉尘的粒径分布、真密度、堆积密度、黏附性和比电阻等，其中最主要的是粉尘的比电阻。从图 4-21 可以看出，在 A 段，粉尘的比电阻小于 10^4 Ω·cm，导电性能好，且随着比电阻的减小，除尘效率大大下降，而电流消耗大大地增加。在 B 段，比电阻为 10^4～2×10^{10} Ω·cm，除尘效率较高，电流消耗比较稳定。在 C、D 段，粉尘的比电阻大于 2×10^{10} Ω·cm 时，随着比电阻的增大，除尘效率急剧下降。因此，粉尘的比电阻过高或过低均不利于电除尘，最适合用于电除尘器捕集的粉尘，其比电阻是 10^4～10^{10} Ω·cm。

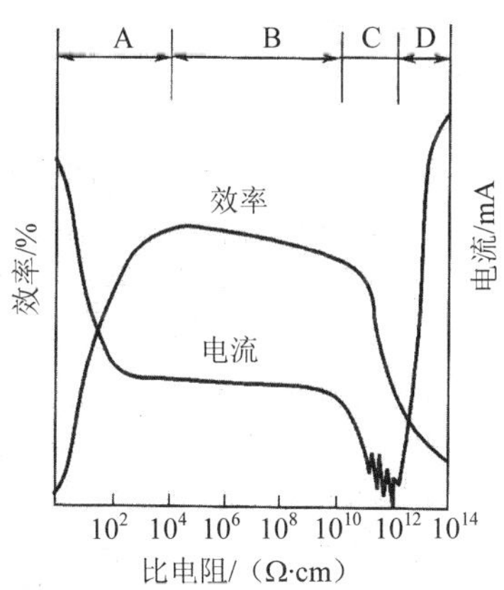

图 4-21　粉尘的比电阻与除尘效率和电晕电流的关系

影响粉尘比电阻的因素很多，但主要是气体的温度和湿度。所以，对于比电阻值偏高的粉尘，往往可以通过改变烟气的温度和湿度来调节，具体的方法是向烟气中喷水，这样可以达到增加烟气湿度和降低烟气温度的双重目的。为了降低烟气的比电阻，也可以向烟气中加入 SO_2、NH_3 及 Na_2CO_3 等化合物，以使尘粒的导电性增加。

2．烟气特性

烟气特性主要包括烟气温度、压力、成分、湿度、含尘浓度、断面气流速度和分布等。

（1）气体的温度和湿度。含尘气体的温度对除尘效率的影响主要表现为对粉尘比电阻的影响。在低温区，由于粉尘表面的吸附物和水蒸气的影响，粉尘的比电阻较小；随着温度的升高，作用减弱，使粉尘的比电阻增加；在高温区，主要是粉尘本身的电阻起作用。因而随着温度的升高，粉尘的比电阻降低。

当温度低于露点时，气体的湿度会严重影响除尘器的除尘效率。主要是因为捕集的粉尘结块黏结在降尘极和电晕极上，难以振落，而使除尘效率下降。当温度高于露点时，随着湿度的增加，不仅可以使击穿电压增高，而且可以使部分尘粒的比电阻降低，从而使除尘效率有所提高。

（2）含尘浓度。由于荷电粉尘形成的空间电荷会对电晕极产生屏蔽作用，从而抑制了电晕放电。随着含尘浓度的提高，电晕电流逐渐减少，这种效应称为电晕阻止效应。当含尘浓度增加到某一数值时，电晕电流基本为零，这种现象称为电晕封闭，此时的电除尘器失去除尘能力。

为了避免产生电晕闭塞，进入电除尘器气体的含尘浓度应小于 20 g/m^3。当气体含尘浓度过高时，除了选用曲率大的芒刺形电晕电极外，还可以在电除尘器前串接除尘效率较低的机械除尘器，进行多级除尘。

（3）除尘器断面气流速度。从电除尘器的工作原理不难得知，除尘器断面气流速度越低，粉尘荷电的机会越多，除尘效率也就越高。从图 4-22 可以看出，当锅炉烟气的流速低于 0.5 m/s 时，除尘效率接近 100%。当锅炉烟气的流速高于 1.6 m/s 时，除尘效率只有 84%。可见，随着气流速度的增大，除尘效率也就大幅度下降。

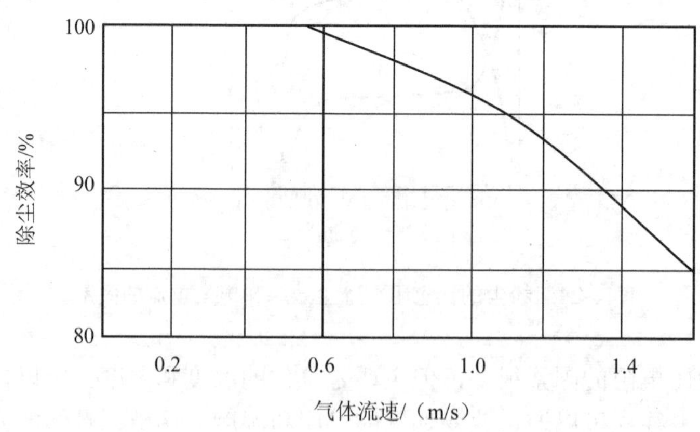

图 4-22　锅炉烟气的流速与除尘效率的关系

从理论上讲，低流速有利于提高除尘效率，但气流速度过低的话，不仅经济上不合理，而且管道容易积灰。实际生产中，断面上的气流速度一般为 0.6～1.5 m/s。

（4）断面气流分布。电除尘器断面气流速度分布均匀与否，对除尘效率有很大的影响。如果断面气速分布不均匀，在流速较低的区域，就会存在局部气流停滞，造成集尘极局部积灰严重，使运行电压变低；在流速较高的区域，又会造成二次扬尘。因此，除尘器断面上的气流速度差异越大，除尘效率越低。

为了解决除尘器内气流分布问题，一般采取在除尘器的入口或在出入口同时设置气流分布装置。为了避免在进、出口风道中积尘，应控制风道内气流速度在 15～20 m/s。

3．结构因素

结构因素主要包括电晕线的几何形状、直径、数量和线间距；收尘极的形式、极板断面形状、极间距、极板面积、电场数、电场长度；供电方式、振打方式（方向、强度、周期）、气流分布装置、外壳严密程度、灰斗形式和出灰口锁风装置等。

4．操作因素

操作因素主要包括伏安特性、漏风率、二次飞扬和电晕线肥大等。

电除尘器运行过程中，电晕电流与电压之间的关系称为伏安特性，它是很多变量的函数，其中最主要的是电晕极和除尘极的几何形状，烟气成分、温度、压力和粉尘性质等。电场的平均电压和平均电晕电流的乘积即电晕功率，它是投入到电除尘器的有效功率，电晕功率越大，除尘效率也就越高。

5．清灰

由于电除尘器在工作过程中，随着集尘极和电晕极上堆积粉尘厚度的不断增加，运行电压会逐渐下降，使除尘效率降低。因此，必须通过清灰装置使粉尘剥落下来，以保持高的除尘效率。

6．火花放电频率

为了获得最高的除尘效率，通常用控制电晕极和集尘极之间火花频率的方法，做到既维持较高的运行电压，又避免火花放电转变为弧光放电。这时的火花频率被称为最佳火花频率，其值因粉尘的性质和浓度、气体的成分、温度和湿度的不同而不同，一般取 30～150 次/min。

三、静电除尘器的结构形式和主要部件

（一）静电除尘器的结构形式

静电除尘器的结构形式很多，根据集尘极的形式可以分为管式和板式两种；根据气流的流动方式，分为立式和卧式两种；根据粉尘在电除尘器内的荷电方式及分离区域布置的不同分为单区和双区电除尘器。

1．管式和板式电除尘器

最简单的管式电除尘器为单管电除尘器。图 4-23 是单管电除尘器的示意图，该除尘器是在圆管的中心放置电晕极，而把圆管的内壁作为集尘极，集尘极的截面形状可以是圆形或六角形。管径一般为 150～300 mm，管长 2～5 m，电晕线用重锤悬吊在集尘极圆管中心。含尘气体由除尘器下部进入，净化后的气体由顶部排出。由于单管电除尘器通过的气量少，在工业上通常采用多管并列组成的多管电除尘器（图 4-24）。为了充分利用空间，可以用六角形管代替圆管。

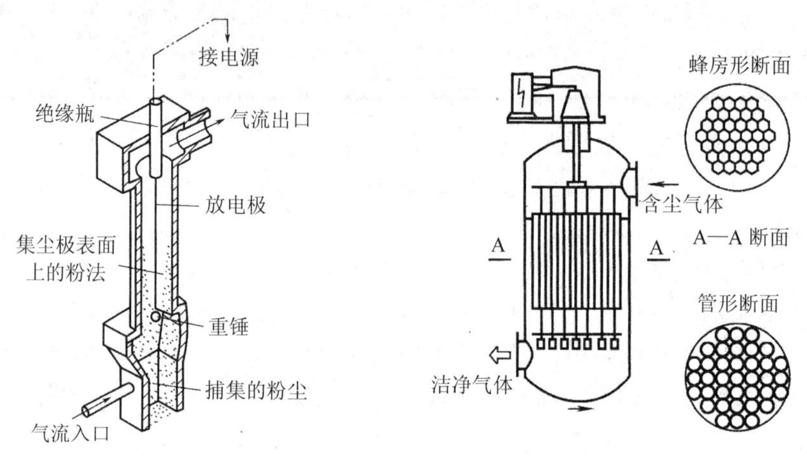

图 4-23 单管电除尘器

图 4-24 多管电除尘器

图 4-25 是板式电除尘器示意图，它是在一系列平行金属板间（作为集尘极）的通道中设置电晕电极。极板间距一般为 200～400 mm，极板高度为 2～15 m，极板总长度可根据对除尘效率高低的要求而定。通道数视气量而定，少则几十，多则几百。板式电除尘器由于它的几何尺寸灵活而在工业除尘中广泛应用。

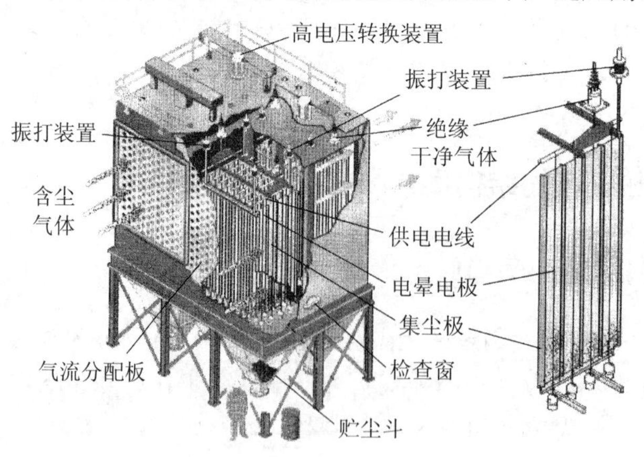

图 4-25 板式电除尘器

2. 立式和卧式电除尘器

立式电除尘器通常做成管式，垂直安装。图 4-26 是 CP2 型立式电除尘器，含尘气体由下部进入，自下而上流过电除尘器。立式电除尘器的优点是占地面积小，在高度较高时，可以将净化后的烟气直接排入大气而不另设烟囱，但检修不如卧式方便。卧式电除尘器多为板式，图 4-27 是卧式电除尘器示意图，气体在其中水平通过，每个通道内沿气流方向每隔 3 m 左右（有效长度）划分成单独电场，常用的是 2～4 个电场。卧式电除尘器安装灵活、维修方便，适用于处理烟气量大的场合。

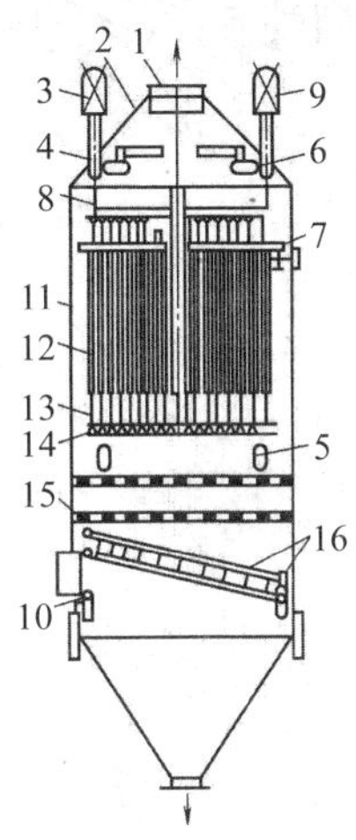

1—节流阀；2—上部锥体；3—绝缘子箱；4—绝缘子接管；5—人孔门；6—电极定期洗涤喷水器；7—电晕极悬吊架；8—提供连续水膜的水管；9—输入电源的绝缘子箱；10—进风口；11—壳体；12—收尘极；13—电晕极；14—电晕极下部框架；15—气流分布板；16—气流导向板

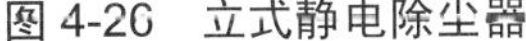

图 4-26 立式静电除尘器

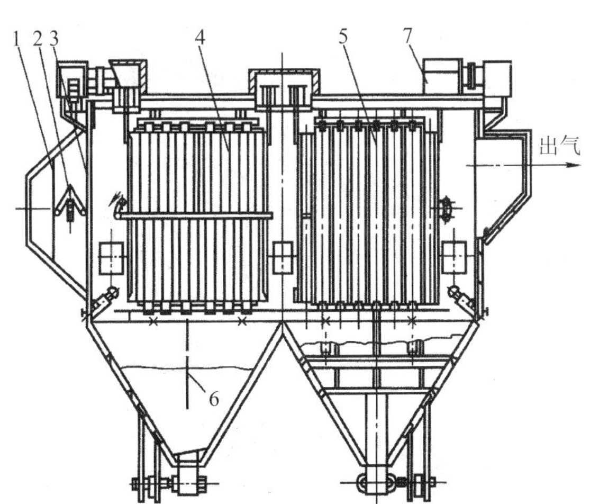

1—气流分布板；2—分布板振打装置；3—气孔分布板；4—电晕极；5—集尘极；6—阻力板；7—保温箱

图 4-27 卧式静电除尘器

3. 单区和双区电除尘器

在单区电除尘器里，尘粒的荷电和捕集在同一电场中进行，即电晕极和集尘极布置在同一电场区内（图 4-28）。单区电除尘器应用广泛，通常用于工业除尘和烟气净化。

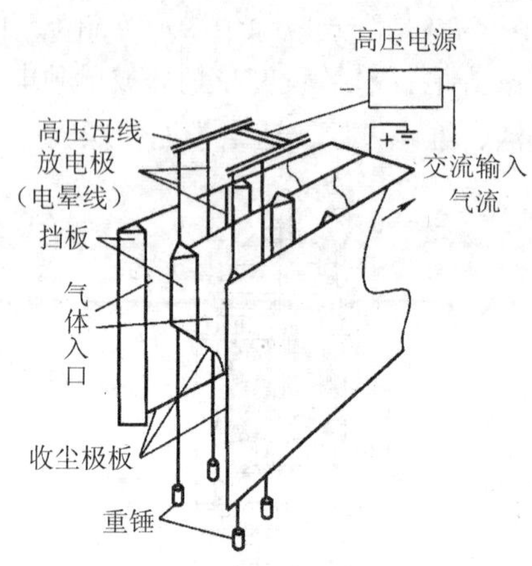

图 4-28 板式单区电除尘器

在双区电除尘器内，尘粒的荷电和捕集分别在两个不同的区域内进行。安装电晕极的电晕区主要完成对尘粒的荷电过程，而在装有高压极板的集尘区主要是捕集荷电粉尘（图 4-29）。双区电除尘器可以防止反电晕的现象，一般用于空调送风的净化系统。

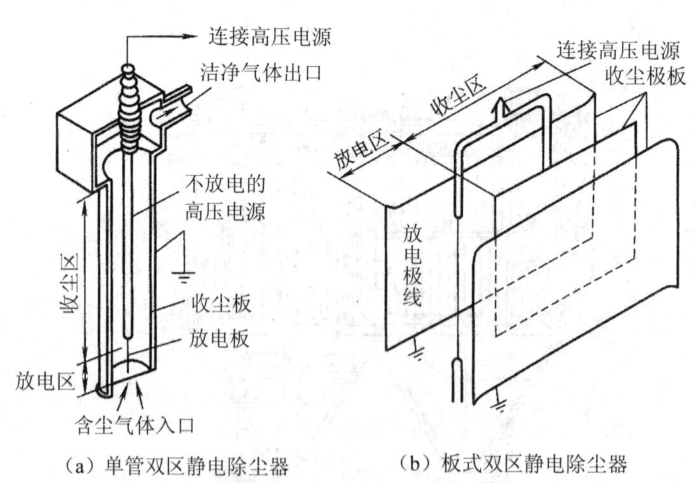

（a）单管双区静电除尘器 （b）板式双区静电除尘器

图 4-29 板式双区电除尘器

4. 干式和湿式电除尘器

干式电除尘器是通过振打的方式使电极上的积尘落入灰斗中，含尘气体的电离、粒子荷电、集尘及振打清灰等过程，均是在干燥状态下完成的。这种清灰方式简单，便于粉尘的综合利用，但易造成二次扬尘，降低除尘效率。目前，工业上应用的电除尘器多为干式电除尘器。

湿式电除尘器是采用溢流或均匀喷雾的方式使集尘极表面经常保持一层水膜，用于清除被捕集的粉尘。这种方式不仅除尘效率高，而且避免了二次扬尘。由于没有振打装置，运行比较稳定。主要缺点是对设备有腐蚀，泥浆后处理复杂。

近年来，为了进一步提高电除尘器的效率，出现了许多新型的电除尘器。例如，超高压宽间距电除尘器、原式电除尘器、三极预荷电器和横向极板电除尘器等。这些新型电除尘器的特点是：能够提高尘粒的有效驱进速度；减轻反电晕的影响；减少二次扬尘；提高除尘效率等。随着科学技术的进步，以及各国日益严格的环境保护的要求，新型电除尘器将会被不断地研制出来并在工业上使用。

（二）静电除尘器的主要部件

静电除尘器的结构由除尘器主体、供电装置和附属设备组成。除尘器的主体包括电晕电极、集尘极、清灰装置、气流分布装置和灰斗等。

1. 电晕电极

电晕电极是产生电晕放电的电极，应具有良好的放电性能（起晕电压低、击穿电压高、电晕电流大等），具有较高的机械强度和耐腐蚀性能。

电晕电极有多种形式（图 4-30），其中最简单的是圆形导线，圆形导线的直径越小，起晕电压越低、放电强度越高，但机械强度也较低，振打时容易损坏。工业电除尘器中一般使用直径为 2～3 mm 的镍铬线作为电晕电极，上部自由悬吊，下端用重锤拉紧。也可以将圆导线做成螺旋弹簧形，适当拉伸并固定在框架上，形成框架式结构。

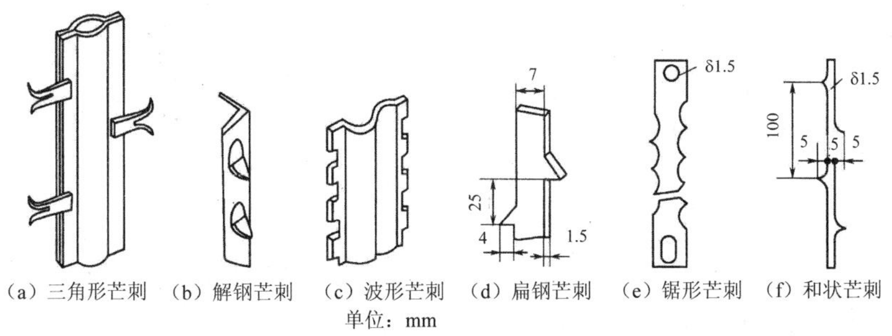

（a）三角形芒刺　（b）解钢芒刺　（c）波形芒刺　（d）扁钢芒刺　（e）锯形芒刺　（f）和状芒刺

单位：mm

图 4-30　电晕电极的形式

星形电晕极是用ϕ4～6 mm 的普通钢材经冷拉而成的（有的扭成麻花状）。它利用四个尖角边放电，放电性能好，机械强度高，采用框架方式固定。适用于含尘浓度较低的场合。

芒刺形和锯齿形电晕电极属于尖端放电，放电强度高。在正常情况下比星形电晕极产生的电晕电流大一倍，起晕电压比其他的形式低。此外，由于芒刺或锯齿尖端放电产生的电子流和离子流特别集中，在尖端伸出方向，增强了电风，这对减弱和防止因烟气含尘浓度高时出现的电晕闭塞现象是有利的。因此芒刺形和锯齿形电晕极适合于含尘浓度高的场合，如在多电场的电除尘器中用在第一电场和第二电场中。

相邻电晕极之间的距离对放电强度影响较大。极距太大会减弱电场强度；极距过小也会因屏蔽作用降低放电强度。实验表明，最优间距为 200～300 mm。

2．集尘极

集尘极的结构形式会直接影响除尘效率。对集尘极的基本要求是振打时二次扬尘少；单位集尘面积金属用量少；极板较高时，不易产生变形；气流通过极板空间时阻力小等。

集尘极板的形式有平板形、Z 形、C 形、波浪形、曲折形等（图 4-31）。平板形极板对防止二次扬尘和使极板保持足够刚度的性能较差。形板式极板（除平板式外其他极板）是将极板加工成槽沟的形状。当气流通过时，紧贴极板表面处会形成一层涡流区，该处的流速较主气流流速要小，因而当粉尘进入该区时易沉积在集尘极表面。同时由于板面不直接受主气流冲刷，粉尘重返气流的可能性以及振打清灰时产生的二次扬尘都较少，有利于提高除尘效率。

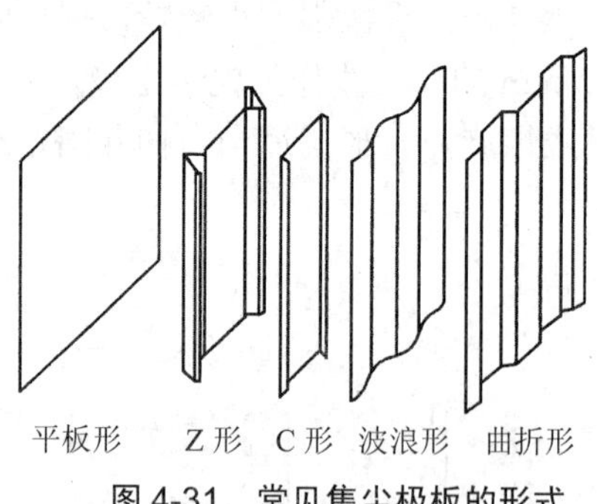

图 4-31　常见集尘极板的形式

极板之间的间距，对电场性能和除尘效率影响较大。在通常采用的 60～72 kV 变压器的情况下，极板间距一般取 200～350 mm。

集尘极和电晕极的制作与安装质量对电除尘器的性能有很大影响。安装前极板、极线必须调直，安装时要严格控制极距，安装偏差要在±5%以内。极板的挠曲和极距的不均匀会导致工作电压降低和除尘效率下降。选择极板的宽度要与电晕线的间距相适应。例如，C 形和 Z 形极板，若每块对应一根电晕线时，则极板宽度可取 180～220 mm。若极板宽为 380～480 mm 时，则对应两根电晕线。

3．气流分布装置

气流分布的均匀程度与除尘器进口的管道形式及气流分布装置有密切关系。在电除尘器安装位置不受限制时，气流应设计成水平进口，即气流由水平方向通过扩散形变经管进入除尘器，然后经 1～2 块平行的气流分布板后进入除尘器的电场。在除尘器出口渐缩管前也常常设一块分布板。被净化后的气体从电场出来后，经此分布板和与出口管相连接的渐缩管，然后离开除尘器。

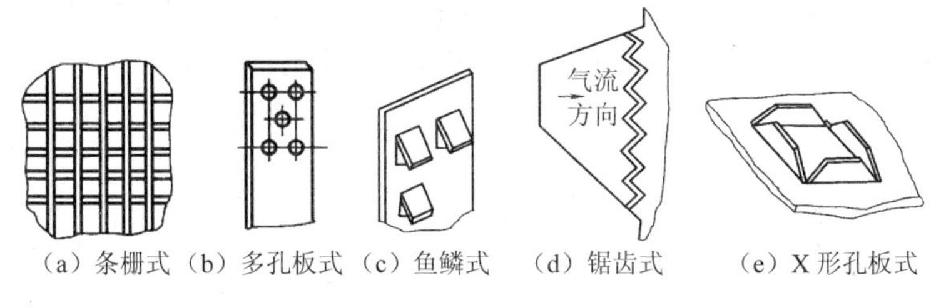

（a）条栅式 （b）多孔板式 （c）鱼鳞式 （d）锯齿式 （e）X 形孔板式

图 4-32　气流分布装置形式

气流分布板一般为多孔薄板，孔形分为圆孔或方孔，也可以采用百叶窗式孔板。电除尘器正式运行前，必须进行测试调整，检查气流分布是否均匀，其具体标准是：任何一点的流速不得超过该断面平均流速的±40%；任何一个测定断面上，85%以上测点的流速与平均流速不得相差±25%。如果不符合要求，必须重新调整。

4．除尘器外壳

除尘器外壳必须保证严密，减少漏风。漏风将使进入除尘器的风量增加，风机负荷加大，电场内风速过高，除尘效率下降。特别是处理高温湿烟气时，如果冷空气漏入会使烟气温度降至露点以下，导致除尘器内构件沾染灰尘和腐蚀。电除尘器的漏风率应控制在 3%以下。

5．供电装置

电除尘器的供电装置分为高压供电装置和低压供电装置。

高压供电装置用于提供尘粒荷电和捕集所需要的电晕电流。对电除尘器供电系统的要求是给除尘器提供一个稳定的高电压并具有足够的功率。供电装置主要包括升压变压器、高压整流器和控制装置。其工作原理是电网输入的交流正弦电压，通过 L-C 恒流变换器，转换为交流正弦电流，经升压、整流后成为恒流高压直流电流源给电除尘器电场供电。输入到整流变压器初级侧的交流电压称为一次电压，输入到整流变压器初级侧的交流电流称为一次电流；整流变压器输出的直流电压称为二次电压，整流变压器输出的直流电流称为二次电流。

低压控制配电柜分别向电除尘器、旋风除尘器、风机及输灰系统的高、低压电气设备供电，便于管理。

在电除尘系统中，要求供电装置自动化程度高，适应能力强，运行可靠，使用寿命在 20 年以上。

四、静电除尘器的设计和选型

（一）静电除尘器的性能参数的确定

静电除尘器的设计主要是根据需要处理的含尘气体流量和净化要求，确定集尘极面积、电场断面面积、电场长度、集尘极和电晕极的数量和尺寸等。静电除尘器有平板形和圆筒形，本节只介绍平板形静电除尘器的相关设计计算。

1．集尘极面积

$$A=\frac{Q}{\omega}\ln\left(\frac{1}{1-\eta}\right) \tag{4-42}$$

式中：A —— 集尘极面积，m^2；

Q —— 处理气体流量，m^3/s；

η —— 集尘效率；

ω —— 微粒有效驱进速度，m/s。

2．电场断面面积

$$A_e=\frac{Q}{u} \tag{4-43}$$

式中：A_e —— 电场断面面积，m^2；

Q —— 处理气体流量，m^3/s；

u —— 除尘器断面气流速度，m/s。

3．集尘室的通道个数

由于每两块集尘极之间为一通道，则集尘室的通道个数 n 为

$$n=\frac{Q}{bhu} \text{ 或 } n=\frac{A_e}{bh} \tag{4-44}$$

式中：b —— 集尘极间距，m；

h —— 集尘极高度，m；

Q —— 气体流量，m^3/s。

4．电场长度

$$L=\frac{A}{2nh} \tag{4-45}$$

式中：L —— 集尘极沿气流方向的长度，m；

h——电场高度，m。

5．工作电压

根据实际需要，工作电压 U 一般为：

$$U=250\,b \tag{4-46}$$

6．工作电流

工作电流 I 可由集尘极的面积 A 与集尘极的电流密度 I_d 的乘积来计算。

$$I=AI_d \tag{4-47}$$

【例 4-9】 设计一静电除尘器用来处理石膏粉尘。若处理风量为 129 600 m^3/h，入口含尘浓度为 3×10^{-2} kg/m^3，要求出口含尘浓度降至 1.5×10^{-5} kg/m^3。试计算该除尘器所需极板面积、电场断面面积、通道数和电场长度。

解：查表 4-12 知石膏粉尘的有效驱进速度为 0.195 m/s。

处理风量为 $Q=\dfrac{129\,600}{3\,600}=36\ m^3/s$

除尘效率为 $\eta=\left(1-\dfrac{c_2}{c_1}\right)\times100\%=\dfrac{1.5\times10^{-5}}{3\times10^{-2}}\times100\%=99.5\%$

极板面积 $A=\dfrac{Q}{\omega}\ln\left(\dfrac{1}{1-\eta}\right)=\dfrac{36}{0.195}\ln\left(\dfrac{1}{1-0.995}\right)=978.46\ m^2$

取电场风速 u=1.0 m/s，则电场断面面积为：$A_e=\dfrac{Q}{u}=\dfrac{36}{1.0}=36\ m^2$

取通道宽 300 mm，高 h=6 m，则通道数为：$n=\dfrac{A_e}{bh}=\dfrac{36}{0.3\times6}=20$

电场长度为：$L=\dfrac{A}{2nh}=\dfrac{978.46}{2\times20\times6}=4.08\ m$

练习：一电除尘器用来处理某发电厂锅炉粉尘。若处理风量为 150 000 m^3/h，入口含尘浓度为 3 000 mg/m^3，要求出口含尘浓度降至 400 mg/m^3。试计算该除尘器所需极板面积、电场断面面积、通道数和电场长度（取有效驱进速度为 0.10 m/s，取电场风速为 1.0 m/s，通道宽为 30 cm，高为 6 m）。

（二）静电除尘器形式的选择

静电除尘器的形式和配置需根据处理含尘气体的性质及处理要求决定，其中最重要的因素是粉尘比电阻。如果粉尘的比电阻适中（10^5～10^{10} Ω·cm），则采用普通干式除尘器。对于比电阻高的粉尘，宜采用宽极距型和高温电除尘器。如仍然采用普通型电除尘器，则应在含尘气体中加入适量的调理剂（如 NH_3、H_2O 等），以降低粉尘的比电阻。对于比电阻低的粉尘，由于在电场中产生跳跃，一般的干式电除尘器难以捕集，可以在电除尘器后加一个旋风除尘器或过滤式除尘器。

湿式电除尘器既能捕集比电阻高的粉尘，也能捕集比电阻低的粉尘，而且具有较高的除尘效率。其缺点是会带来污水处理及通风管道和除尘器的腐蚀问题，一般不采用。但在治理输煤系统的大量粉尘时，采用荷电水雾除尘技术，既可以消除使用静电除尘器带来的煤尘爆炸隐患，又可以解决高浓度粉尘可能出现的高压电晕闭塞、反电晕及高压电绝缘易遭破坏等问题。

五、电除尘器的安装、调试、运行与维护

（一）电除尘器的安装

在安装电除尘器时应注意以下几个问题。

（1）安装前检查设备是否完好、齐全，如果由于运输原因筒体产生变形，硅高压整流器有漏油现象，必须校正复原后方可安装。

（2）安装除尘器的基础必须水平，灰斗支座与基础采用弹性紧固连接。

（3）电场筒体必须与水平面垂直，且各法兰间要加密封衬垫（如石棉绳）再用螺栓拧紧，电晕线需校直后均匀悬挂于筒体的中心，电晕线中心与筒体壁间距离为（350±5）mm。

（4）应有良好的密闭性，壳体的所有焊接应采用连续焊接，并用煤油渗透法检验其气密性。

（5）收尘器在安装、焊接过程中所产生的毛刺、飞边往往会使操作电压不能升高，因此电场内的焊缝均需要用手提式砂轮打光。

（6）必须严格保证集尘电极与电晕电极的极间距，40 m^2 以下的电除尘器，极间距偏差应小于 5 mm，大于 40 m^2 的除尘器，极间距偏差应小于 10 mm。

（7）高压硅整流器应放置在靠近电场本体进线口的位置，负高压输出端及连线周围必须要有 500 mm 以上的空间，安装后需静置 24 h 方可试车。

（8）对于安装于室外的除尘器和硅高压整流器，必须加设防雨防潮设施，硅高压整流器四周设防护栏杆，并挂“高压危险”的牌子。

（9）风机的电机、振打器、电动排灰阀等电器按电器有关规定接线，电除尘器本体、硅高压整流器、控制箱等应接地线，其接地电阻要求不大于 4 Ω，绝缘电阻应不低于 0.5 MΩ。

（10）电源控制箱、振打器控制箱，应放在干燥、通风、便于操作的值班室内。

（二）调试

电除尘器在安装完毕后，应进行调试，调试内容如下。

（1）通冷风，在第一电场前端测定沿电场断面的气流分布均匀性。要求任何一

点的流速不得超过该断面平均流速的 40%；任何一个测定断面，85%以上的测点流速与平均流速得相差 25%。如不符合要求，应进行调整，多孔分布板可堵住若干个孔进行调整，对于翼形多孔板可调整翼片角度。

（2）启动两极振打装置，使其运转 8 h，检查运转是否正常，包括振打轴的转向，电动机是否发热，测定收尘极的振打频率等。

（3）接通保温箱内电加热器，检查温升速度及温度控制范围是否满足要求。

（4）启动排灰装置和锁风装置，使其运转 4 h，检查运转是否正常，电动机是否发热。

（5）每个电场至少测定三排收尘极板面上若干点的振打加速度，若个别点加速度过小则应加固极板与撞击杆的连接。

（6）关闭各检查门，对除尘器通以气体，测定其进、出口气体量，计算漏风率，要求风率应小于 7%，否则应检查焊缝和连接处的气密性。

（7）全部电气连接线配接和电场高压进线安装完毕，检查无误后，把高压控制箱电压调节旋钮转至 0 位，关闭电源，再把高压变压器与控制箱之间的电源线接通。

（8）接通高压硅整流器，在除尘系统不通烟尘情况下通电试车（无负载试车），首先把输出电压、电流旋钮调至最小位置，然后开启电源，逐步升压，电场应能升至额定电压而发生击穿，否则应进行适当调整。

（三）运行操作步骤

1. 启动电除尘器前的准备工作

（1）高压控制柜上的“输出电流选择键”应全部复位；

（2）合上高压控制柜上的空气开关，电源指示灯亮；

（3）按下高压控制柜上的“自检”按钮并保持二次电流表、二次电压表和一次电压；有读数（二次电流表读数一般很小），表明回路正常。

注意：按“自检”按钮时，若二次电流表无指示，不得继续操作，否则会损坏变压器。

2. 电除尘器启动

（1）电除尘器投入使用前 4 h，启动保温箱内的电加热器，对绝缘套管进行加热；

（2）启动水封拉链运输机，使其连续运行；

（3）启动旋风除尘器的星形卸灰阀，使其连续运行；

（4）启动电除尘器各振打装置；

（5）启动工艺系统排风机，使烟气通过电除尘器；

（6）启动高压供电装置，向电场送电。具体操作是先按下高压控制柜上的“高压”按钮，“高压”指示灯亮，再扳动“输出电流选择键”，逐步增加输出电流值，直到电场主体上的电压出现饱和或电场即将产生闪络为止。

3. 除尘器正常操作

（1）在电除尘器运行过程中，至少每 4 h 检查一次各振打装置和排灰传动机构的运行情况。

（2）岗位工人每隔 1 h 记录每个电场高压供电装置低压端的电流、电压值，高压端的电流、电压值；振打程序的选择；各振打机构、排灰机构及输灰机构的运行情况；故障及处理情况。

（3）每隔 2 h 进行一次排灰，多台螺旋运输机依次运行，每台螺旋运输机上的星形卸灰阀依次运行。开机顺序为先启动螺旋运输机，再依次启动星形卸灰阀；关机顺序为先停星形卸灰阀，待螺旋运输机内的灰输送完后再停螺旋运输机。

注意：在高压运行时，操作人员不得打开电除尘器人孔口。为了防止高压供电装置操作过电压，不能在高压运行时拉闸。

（4）电除尘器的关机

① 将高压控制柜上的“输出电流选择键”逐一复位后；

② 按下“关机”按钮，关断空气开关；

③ 停止工艺排风机；

④ 继续开动各振打机构和排灰输灰装置 30 min，使机内积灰及时排出，调节控制箱输出电流、电压指示为零，再关上电源开关。

4. 电除尘器主体的维护

（1）每周对保温箱进行一次清扫，在清扫过程中需同时检查电晕极支撑绝缘子及石英套管是否有破损、漏电等现象，如有破损，应及时更换。

（2）每周应检查一次各振打转动装置及卸灰输灰转动装置的减速机油位，并适当补充润滑油。

（3）各减速机第一次加油运转一周后更换新油，并将内部油污冲净，以后每 6 个月更换一次润滑油，润滑油可采用 40 号机械油，推荐采用 90 号工业齿轮油。

（4）每周清扫一次电晕极振打转动瓷联轴，在清扫过程中需同时检查是否有破坏，漏电等现象，如果有破坏则应及时更换。

（5）每年检查一次电除尘器壳体、检查门等处与地线的连接情况，必须保证其电阻值小于 4Ω。

（6）根据极板的积灰情况，选择适宜的振打程序或另编程序。

（7）每 6 个月检查一次电除尘器保温层，如发现破损，应及时修理。

（8）每年测定一次电除尘器进出口处烟气量、含尘浓度和压力降，从而分析电除尘器性能的变化。

（9）电除尘器工作 3 个月以上，应利用工艺生产停车机会对电除尘器内部构件进行检查、维护，其维护内容如下。

① 检查各层气体分布板孔是否被粉尘堵塞，若部分孔被粉尘堵塞，则应仔细检

查振打装置的工作状况，并进行适当处理；

② 检查两极间距，仔细检查每个电场每个通道的偏差是否在 10 mm 以内，每根电晕线与阳极距离的偏差是否在 5 mm 以内，达不到要求应进行处理；

③ 检查两极板面的积灰情况，如发现个别极板积灰过厚，则应分析该极板的振打情况，并进行适当处理；

④ 检查各检查门、顶盖、法兰连接等处是否严密，如有漏风，要进行处理；

⑤ 检查各振打装置是否松动、磨损等；

⑥ 检查机内的积灰情况。

（10）操作人员进入电场内之前须做如下工作。

① 确认电场已断电；

② 在高压控制柜上挂“正在检修设备，禁止合闸”的警告；

③ 用放电线给电场放电。

5. 电气部分的维护

（1）高压控制柜和高压发生器均不允许开路运行。

（2）及时清扫所有绝缘件上的积灰和控制柜内部积灰，检查接触器开关、继电器线圈、触头的动作是否可靠，保持设备的清洁干燥。

（3）每年测量一次高压发生器和控制柜的接地电阻（$\leqslant 2\Omega$）。

（4）每年更换一次高压发生器的干燥剂。

（5）每年一次进行变压器油耐压试验，其击穿电压不低于交流有效值 40 kV/2.5 mA。

6. 电除尘器常见故障及处理方法

静电除尘器的常见故障及处理办法简述如下。

（1）电源开关合闸后立即跳闸，或者电流大而电压接近零。

原因：① 电晕线掉落并与阳极板接触；② 绝缘子被击穿；③ 排灰阀或排灰系统失灵，灰斗满载，灰尘接触电晕极下部；④ 成片铁锈落在阴、阳极之间，形成短路搭桥；⑤ 高压隔离开关处于接地状态。

处理方法：① 安装好或更换掉落的电晕线；② 更换被击穿的绝缘子，并分析检查击穿的原因，除去隐患；③ 清除积灰，修好排灰阀或排灰系统；④ 去掉锈片；⑤ 拨正开关。

（2）电压、电流表指针左右摆动（包括有规则的、无规则的、激烈的摆动），时而出现跳闸。

原因：① 电晕线折断，残留段在电晕框架上晃动或电极变形；② 通过电场的烟气物理性质急剧变化（如短时停止喂料造成温度、湿度的变化）；③ 阴、阳极局部地方黏附粉尘过多，使实际间距变化引起闪络；④ 绝缘子和绝缘板绝缘不良；⑤ 铁片、铁锈片脱落造成局部短路。

处理方法：① 剪去电晕线的残留段或换上新线，调整或更换变形电极；② 针对生产工艺方面的问题解决；③ 除去阴、阳极上黏附过多的粉尘；④ 清扫绝缘子，检查保温及电加热器是否失灵，并排除故障；⑤ 去掉引起短路的铁锈、铁片。

（3）电流正常或偏大，电压升到比较低的数值就产生火花击穿。

原因：① 收尘极和电晕极之间距离局部变小；② 有杂物落在或挂在极板或电晕线上；③ 保温箱或绝缘子室温度不够，绝缘子受潮绝缘电阻下降。

处理方法：① 检查两极间距；② 清除杂物；③ 擦净绝缘子，提高保温室或绝缘子室温度，使之避免受潮。

（4）电流小，电压升不上去或升高即跳闸。

原因：① 极间距偏离标准值过大；② 灰尘堆积使极间距改变；③ 电晕线松动，振打时摇动；④ 漏风引起烟气量上升使极间距变化；⑤ 气流分布板孔眼堵塞，气流分布不均匀引起极板振动；⑥ 回路中接地不良。

处理方法：① 调整极距；② 去掉积灰，并检查振打传动装置是否正常，或调整振打周期；③ 校对、固定电晕线；④ 检查、消除漏风；⑤ 去掉分布板的积灰，并调整振打周期；⑥ 查出接地不良处并修复。

（5）电压正常，电流很小或接近零或电压增高到正常的电晕始发电压时，仍不产生电晕。

原因：① 极板或极线上积灰过多，振打装置失灵或忘记振打；② 电晕线肥大，放电不良或电晕线表面产生氧化，使电极“包覆”；③ 烟气粉尘浓度太高，出现电晕封闭；④ 高压回路中开路或接地电阻过高，高压回路循环不良。

处理方法：① 清除积灰，修好振打装置，定期振打；② 针对具体情况，采取改进措施，避免电晕线肥大；③ 降低烟气中粉尘浓度，降低风速，或提高工作电压；④ 查出原因并修复。

（6）除尘效率下降，烟囱排放超标。

原因：① 烟气参数不符合设计条件；② 漏风太多，使风量猛增；③ 气流分布板堵塞，气流分布不匀；④ 电压自调系统灵敏度下降或失灵，实际操作电压下降；⑤ 清灰装置动作不良或有误。设备有前述的各种故障中之一时，即可导致除尘效率下降。

处理方法：① 专题研究解决，改善烟气工艺状况；② 检查漏风原因，并修复之；③ 清理积灰并调整振打周期；④ 更换元件，并重新调整自控系统；⑤ 针对设备故障的各项原因并一一处理；⑥ 检修或更换极板，使之正常运行。

（7）排不出灰或排灰不畅。

原因：① 排灰阀故障，如用气动阀，可能气源不足；② 灰斗棚灰，粉尘潮湿或振打器激振力偏小等；③ 输灰装置出现故障；④ 极板锈蚀、老化，影响运行参数。

处理方法：① 检查排灰阀，并排除故障，注意检查驱动装置；② 检查棚灰，打开振打器振动调整或清扫灰斗；③ 检修输灰装置，消除故障。

（8）有一次电压、电流，无二次电压、电流。

原因：① 控制柜内某元件损坏或导线在某处接地；② 硅整流器被击穿；③ 毫安表本身指针卡住。

处理方法：① 查找损坏元件，并更换，检查导线连接状况，排除故障；② 更换硅整流器；③ 检查修复毫安表。

（9）阴极吊挂保温箱内有嘶嘶响声或放电声。

原因：绝缘瓷套筒内部不洁；

处理方法：检查电加热器是否损坏或断路，擦净绝缘子。

第六节　除尘装置的选择

除尘器的种类和形式很多，具有不同的性能和使用范围。正确地选择除尘器并进行科学的维护管理是保证除尘设备正常运转并完成除尘任务的必要条件。如果除尘器选择不当，就会使除尘设备达不到应有的除尘效率，甚至无法正常运转。

一、除尘装置的选择原则

选择除尘器时，必须全面考虑以下因素：除尘效率、压力损失、设备投资、占用空间、操作费用及对维修管理的要求等，其中最主要的是除尘效率。一般来说，选择除尘器时应该注意以下几个方面的问题。

（一）排放标准和除尘器进口含尘浓度

在除尘系统中设置除尘器的目的是为了保证排入大气的气体含尘浓度能够达到排放标准的要求。因此，不同行业和大气污染物产生装置的粉尘排放标准是选择除尘器的首要依据。依照排放标准，根据除尘器进口气体的含尘浓度，确定除尘器的除尘效率。要达到同样的排放标准，进口含尘浓度越高，要求除尘器的除尘效率也必须高。若废气的含尘浓度较高时，在静电除尘器或袋式除尘器前应设置低阻力的初级净化设备。一般来说，对于文丘里、喷淋塔等洗涤式除尘器的理想含尘浓度应在 10 g/m^3 以下；对于袋式除尘器的理想含尘浓度范围是 0.2～10 g/m^3；静电除尘器的理想含尘浓度应在 30 g/m^3 以下。

（二）粉尘的性质

黏性大的粉尘容易黏结在除尘器表面，最好采用湿式除尘器，不宜采用过滤除尘器和静电除尘器；对于纤维性和疏水性粉尘不宜采用湿法除尘；比电阻过大或过小的粉尘不宜采用电除尘。处理磨损性粉尘时，旋风除尘器内壁应衬垫耐磨材料，袋式除尘器应选用耐磨滤料；处理具有爆炸性危险的粉尘，必须采取防爆除尘器。

另外，选择除尘器时，必须了解处理粉尘的粒径分布和除尘器的分级效率。表 4-13 列出了用标准二氧化硅粉尘（ρ=2 700 kg/m^3）进行实验得出不同除尘器的分级效率，可供选用除尘器时参考。一般情况下，当粒径较小时，应选择湿式除尘器、过滤式除尘器或电除尘器；当粒径较大时，可以选择机械式除尘器。

表 4-13　除尘器的分级效率

除尘器名称	全效率/%	不同粒径（μm）时的分级效率/%				
		0～5（20%）	5～10（10%）	10～20（15%）	20～44（20%）	＞44（35%）
带挡板的沉降室	56.8	7.5	22	43	80	90
普通的旋风除尘器	65.3	12	33	57	82	91
长锥体旋风除尘器	84.2	40	79	92	99.5	100
喷淋塔	94.5	72	96	98	100	100
电除尘器	97.0	90	94.5	97	99.5	100
文丘里除尘器	99.5	99	99.5	100	100	100
袋式除尘器	99.7	99.5	100	100	100	100

注：括号中的数值为粒子的粒径分布。

（三）含尘气体性质

对于高温、高湿的气体不宜采用袋式除尘器；当气体中含有 SO_2、NO_x 等有害气体时，可以适当考虑用湿式除尘器，但要注意设备的防腐蚀。对于气体中含有 CO 等易燃易爆的气体时，应将 CO 转化为 CO_2 后再进行除尘。

（四）气体的含尘浓度

若气体的含尘浓度较高时，可用机械除尘器；含尘浓度较低时，可用文丘里除尘器或袋式除尘器；若进口气体的含尘浓度较高，而要求出口气体的含尘浓度低时，可采用多级除尘器串联的组合方式除尘。在电除尘器或袋式除尘器前应设置低阻力的初级净化设备，除去粗大的尘粒，降低后面除尘器入口粉尘浓度，可以防止电除尘器由于粉尘浓度过高产生的电晕闭塞；可以减少洗涤式除尘器的泥浆处理量；可以防止文丘里除尘器喷嘴堵塞和减少喉管磨损等。

（五）设备投资和运行费用

在选择除尘器时既要考虑设备的一次投资（设备费、安装费和工程费），还必须考虑易损配件的价格、动力消耗、日常运行和维修费用等，同时还要考虑除尘器的使用寿命、回收粉尘的利用价值等因素。选择除尘器时要结合本地区和使用单位的具体情况，综合考虑各方面的因素。表 4-14 是各种除尘器的综合性能表，选用除尘器时可作为参考。

表 4-14 各种除尘器的综合性能

除尘器名称	适用的粒径范围/μm	除尘效率/%	压力损失/Pa	设备费用	运行费用	投资费用和运行费用的比例
旋风除尘器	5～30	60～70	800～1 500	中	中	1∶1
旋风水膜除尘器	≥5	95～98	800～1 200	中	中	3∶7
文丘里除尘器	0.5～1	90～98	4 000～10 000	低	高	3∶7
电除尘器	0.5～1	90～98	50～130	高	中	3∶1
袋式除尘器	0.5～1	95～99	1 000～1 500	较高	较高	1∶1

二、各类除尘器的适用范围

（一）机械式除尘器

机械式除尘器造价比较低，维护管理方便，耐高温、耐腐蚀性，适宜含湿量大的烟气。但对粒径在 5 μm 以下的尘粒去除率较低，当气体含尘浓度高时，这类除尘器可作为初级除尘，以减轻二级除尘的负荷。

重力沉降室适宜尘粒粒径较大，要求除尘效率较低，场地足够大的情况；惯性除尘器适宜排气量较小，要求除尘效率较低的地方；旋风除尘器适宜要求除尘效率较低的地方，主要用于 1～20 t/h 的锅炉烟气的处理。

（二）湿式除尘器

湿式除尘器结构比较简单，投资少，除尘效率比较高，能除去小粒径粉尘；并且可以同时除去一部分有害气体，如火电厂烟气脱硫除尘一体化等。其缺点是用水量比较大，泥浆和废水需进行处理，设备及构筑物易腐蚀，寒冷地区要注意防冻。

（三）过滤式除尘器

过滤式除尘器以袋滤器为主，其除尘效率高，能除去微细的尘粒。对处理气量变化的适应性强，最适宜处理有回收价值的细小颗粒物。但袋式除尘器的投资比较高，允许使用的温度低，操作时气体的温度需高于露点温度，否则，不仅会增加除尘器的阻力，甚至由于湿尘黏附在滤袋表面而使除尘器不能正常工作。当尘粒浓度超过尘粒爆炸下限时也不能使用袋式过滤器。

袋式除尘器广泛应用于各种工业生产的除尘过程，大型反吹风布袋除尘器，适用于冶炼厂、铁合金、钢铁厂等除尘系统的除尘；大型低压脉冲布袋除尘器，适用于冶金、建材、矿山等行业的大风量烟气净化；回转反吹风布袋除尘器，适用于建材、粮食、化工、机械等行业的粉尘净化；中小型脉冲布袋除尘器，适用于建材、粮食、制药、烟草、机械、化工等行业的粉尘净化；单机布袋除尘器，适用于各局部扬尘点（如输送系统、库顶、库底等部位）的粉尘净化。

颗粒层除尘器适宜于处理高温含尘气体，也能处理比电阻较高的粉尘，当气体温度和气量变化较大时也能适用。其缺点是体积较大，清灰装置较复杂，阻力较高。

（四）电除尘器

电除尘器具有除尘效率高，压力损失低，运行费用较低的优点。电除尘器的缺点是投资大、设备复杂、占地面积大，对操作、运行、维护管理都有较高的要求。另外，对粉尘的比电阻也有要求。目前，电除尘器主要用于处理气量大、对排放浓度要求较严格，又有一定维护管理水平的大企业，如燃煤发电厂、建材、冶金等行业。

三、主要污染行业废气净化除尘器的选择

（1）钢铁工业的治理对象及除尘设备的选择如表 4-15 所示。

表 4-15 钢铁行业的治理对象及除尘设备的选择

治理对象		宜选用的除尘设备
烧结厂	烧结原料准备系统	冲激式除尘器、泡沫除尘器、脉冲袋式除尘器
	混合料系统	冲激式除尘器
	烧结废气	大型旋风除尘器和电除尘器
	整料系统	大风量袋式除尘器或电除尘器
	球团竖炉烟气	袋式除尘器或电除尘器
炼铁厂	炉前矿槽	袋式除尘器
	高炉出铁厂	袋式除尘器
	碾泥机室	袋式除尘器
炼钢厂	吹氧转炉烟气	文丘里洗涤器或电除尘器
	电炉烟气	袋式除尘器或电除尘器
轧钢厂	轧机排烟	冲激式除尘器或泡沫除尘器
	火焰清理机废气	湿式除尘器
	铅浴炉烟气	冲激式除尘器或袋式除尘器
铁合金厂	矿热电炉废气	袋式除尘器和文丘里洗涤器
	钨铁电炉废气	反吹风袋式除尘器
	钼铁车间废气	喷淋除尘器和反吸风袋式除尘器
	钒铁车间回转窑废气	旋风除尘器和电除尘器
耐火材料厂	竖窑烟气	旋风除尘器和电除尘器或袋式除尘器
	回转窑废气	旋风除尘器和电除尘器或袋式除尘器
	沥青烟气	袋式除尘器

（2）有色冶金工业

有色冶金工业的治理对象及除尘设备的选择如表 4-16 所示。

表 4-16　有色冶金工业的治理对象及除尘设备的选择

治理对象		宜选用的除尘设备
氧化铝厂	氧化铝生产炉窑废气	多管除尘器或电除尘器
	碳素电极生产废气	袋式除尘器
重有色金属炼铁厂	烟气除尘（干法）	旋风除尘器
	烟气除尘（湿法）	水膜旋风除尘器、冲激式除尘器、自激式除尘器等
稀有金属炼钢厂	金属粉尘	旋风除尘器、袋式除尘器
	含铍废气	旋风除尘器、袋式除尘器或电除尘器、高效湿式除尘器
	钼精矿焙烧烟气	袋式除尘器或旋风除尘器-电除尘器组合
有色金属加工厂	轻有色金属加工废气	袋式除尘器或电除尘器
	重有色金属加工废气	旋风除尘器或袋式除尘器

（3）电力工业

电力工业主要是燃煤电厂锅炉烟气的治理，采用的除尘设备有旋风除尘器、电除尘器、袋式除尘器等。

（4）建材工业

建材工业的治理对象及除尘设备的选择如表 4-17 所示。

表 4-17　建材工业的治理对象及除尘设备的选择

治理对象		宜选用的除尘设备
水泥厂	煅烧工艺废气	增湿塔-电除尘器系统或空气冷却塔-玻璃袋式除尘器系统
	烘干工艺废气	旋风除尘器-玻璃袋式除尘器或旋风除尘器-电除尘器组合
	粉磨工艺废气	旋风除尘器-防爆型袋式除尘器或旋风除尘器-防爆型电除尘器组合
	破碎机粉尘	回转反吹风袋式除尘器或电除尘器
	仓库粉尘	单机布袋除尘器或反吹风布袋除尘器
陶瓷工业	坯料制备过程废气	旋风除尘器、回转反吹风扁袋除尘器
	成型工艺过程废气	旋风除尘器、CCJ 冲激式除尘机组，袋式除尘器
	烧结废气	袋式除尘器
	辅助材料加工过程废气	脉冲袋式除尘器

（5）化学工业和石油化学工业

化学工业和石油化学工业的治理对象及除尘设备的选择如表 4-18 所示。

表 4-18 化学工业和石油化工的治理对象及除尘设备的选择

治理对象		宜选用的除尘设备
氮肥工业	尿素粉尘	湿法喷淋回收
磷肥工业	磷矿加工过程废气（干法）	旋风除尘器-袋式除尘器组合
	磷矿加工过程废气（湿法）	旋风分离-水膜除尘或旋风分离-泡沫除尘
	高炉钙镁磷肥废气	旋风除尘器-袋式除尘器组合或旋风除尘器-电除尘器组合
	辅助材料加工过程废气	脉冲袋式除尘器
石油化工	催化裂化粉尘	旋风除尘器-电除尘器组合

（6）机械工业

机械工业的治理对象及除尘设备的选择如表 4-19 所示。

表 4-19 机械工业的治理对象及除尘设备的选择

治理对象	宜选用的除尘设备
铸造设备（混砂机、落砂机、喷抛丸清理机）除尘	回转反吹风袋式除尘器或气箱脉冲袋式除尘器
机床设备（车床、磨床、锯床）除尘	回转反吹风袋式除尘器或单机袋式除尘机组合
物料破碎、筛分及输送设备（破碎机、筛分设备、输送机、包装机）除尘	脉冲袋式除尘器、回转反吹风袋式除尘器或单机袋式除尘机组合

复习与思考题

1. 选择题

(1) 袋式除尘器属于（　　）。

① 过滤式除尘器　② 湿式除尘器

③ 低效除尘器　④ 高效除尘器

(2) 在选用静电除尘器来净化含尘废气时，必须考虑粉尘的（　　）。

① 粉尘的粒径　② 粉尘的密度

③ 粉尘的黏附性　④ 粉尘的荷电性

(3) 用公式$\eta = (1-\frac{c_2}{c_1}) \times 100\%$来计算除尘效率的条件是（　　）。

① 适用于机械式除尘器　② 适用于洗涤式除尘器和过滤式除尘器

③ 适用于静电除尘器　④ 适用于漏风率为 0 的除尘装置

(4) 水泥、熟石灰等粉尘不宜采用湿式除尘器，主要是因为（　　）。

① 水泥和熟石灰属于憎水性粉尘　② 润湿性较差

③ 吸水后易结垢　④ 没有润湿性

2. 有一两级除尘系统，第一级为旋风除尘器，第二级为电除尘器，用于处理起始含尘浓度为 12 g/m^3 游离二氧化硅含量 10%以上的粉尘。已知旋风除尘器的效率为 80%，若达到国家规定的排放标准，选用的电除尘器的效率至少应是多少？

3. 用旋风除尘器处理烟气，根据现场实测得到如下数据：除尘器进口烟气温度 388 K，体积流量为 9 500 m^3/h，含尘浓度 7.4 g/m^3，静压强为 350 Pa（真空度）；除尘器出口气体流量为 9 850 m^3/h，含尘浓度为 420 mg/m^3。已知该除尘器的入口面积为 0.18 m^2，阻力系数为 8.0。

（1）计算该除尘器的漏风率。

（2）计算该除尘器的除尘效率。

（3）计算运行时的压力损失。

（4）为达到国家排放标准，采用袋式除尘器进行二次除尘净化，袋式除尘器的效率至少是多少？

4. 有一两级除尘系统用来处理含石棉粉尘的气体。已知含尘气体流量为 2.5 m^3/s，工艺设备的产尘量为 22.5 g/s，各级除尘效率分别为 83%和 95%。

（1）计算该除尘系统总除尘效率和粉尘排放量，粉尘排放浓度是否达标？

（2）若仅使用第一级除尘，粉尘排放浓度是否达标？

5. 解释分割粒径的概念，并说明分割粒径与除尘器效率的关系。

6. 简述静电除尘的基本原理。

7. 解释电晕闭塞的概念，并说明防止电晕闭塞的方法。

8. 简述袋式除尘的基本原理。

第五章 气态污染物控制技术

气态污染物是以分子状态存在的污染物，主要包括以二氧化硫为主的硫氧化物（SO_2、SO_3）、以一氧化氮和二氧化氮为主的氮氧化物（NO、NO_2）、以一氧化碳和二氧化碳为主的碳氧化物（CO、CO_2）、挥发性有机物（C_1-C_{10}化合物）及卤素化合物（HF、HCl）等。由于气态污染物与颗粒污染物在质量和性质上的巨大差别，气态污染物的控制技术与颗粒污染物控制技术具有本质不同，主要包括吸收法、吸附法和催化法等控制技术。考虑到气态污染物的存在数量、影响范围和污染危害程度，本章主要介绍硫氧化物、氮氧化物的污染控制技术。

第一节 气态污染物控制基础

一、吸收法净化气态污染物

（一）吸收法的基本原理

利用吸收剂将混合气体中一种或多种组分有选择地吸收分离过程称作吸收，吸收过程分为物理吸收和化学吸收。

1. 物理吸收

溶解的气体与溶剂或溶剂中的某种成分不发生任何化学反应的吸收过程，物理吸收过程遵循亨利定律：

$$P_i=k_i\times x_i \tag{5-1}$$

式中：P_i—— 气体的平衡分压，atm 或 kPa；

x_i—— 气体溶解在溶液中的摩尔分数；

k_i—— 亨利常数，atm 或 kPa。

【例 5-1】0℃时，在标准压力下，1 kg 水至多可溶解 0.048 8 L 的纯氧气，试计算在 0℃时，空气在标准压力下，1 kg 水中可溶解氧气的最大体积。（1 标准大气压=101.33 kPa）

解：纯氧在水中的摩尔分数 $x_i = \dfrac{n_{O_2}}{n_{O_2}+n_{H_2O}} \approx \dfrac{0.0488/22.4}{1000/18} \approx 3.92\times10^{-5}$

氧溶解于水的亨利常数 $k_i = \dfrac{p_i}{x_i} = \dfrac{101.33}{3.92\times10^{-5}} = 2.58\times10^{6}$ kPa

空气条件下氧在水中的摩尔分数 $x_i' = \dfrac{p_i'}{k_i} = \dfrac{0.21\times101.33}{2.58\times10^{6}} = 8.25\times10^{-6}$

空气中氧溶解在水中的体积

$$v_i' = x_i' \times n_{H_2O} \times 22.4 = 8.25\times10^{-6} \times \frac{1000}{18} \times 22.4 = 0.01\ \text{L}$$

亨利定律还有几种表示方式，如：

$$y_i=k_i\times x_i \quad （5\text{-}2）$$

式中：y_i——溶质在气相中的摩尔分数；

x_i——溶质在液相中的摩尔分数；

k_i——亨利常数，atm 或 kPa。

2．化学吸收

化学吸收是气体与溶剂或溶剂中的某种成分发生化学反应的吸收过程。

物理吸收依据气体在吸收剂中的溶解度不同加以分离，是可逆过程，升高温度对物理吸收不利；化学吸收依据气体与吸收剂中的某组分发生化学反应加以分离，是不可逆过程，升高温度对化学吸收有利。

（二）常用吸收剂

常用吸收剂包括水、碱性吸收剂、酸性吸收剂。

碱性吸收剂通常用于吸收酸性气体，酸性吸收剂通常用于吸收碱性气体。根据相似互溶原理，有机气体通常使用有机溶剂进行吸收。

（三）吸收剂的选择原则

容量大、选择性高、饱和蒸气压低、成本低。

（四）吸收液流量计算

逆流吸收塔物料衡算：

$$G（y_1-y_2）=L（x_1-x_2） \quad （5\text{-}3）$$

式中：G——单位时间通过吸收塔任一截面的气体的流量，kmol/（m^2·h）；

L——单位时间通过吸收塔任一截面的纯吸收剂的流量，kmol/（m^2·h）；

y_1、y_2——分别为塔底部、顶部截面的气相组成，kmol 吸收质/kmol 气体；

x_1、x_2——分别为塔底部、顶部截面的液相组成，kmol 吸收质/kmol 吸收液。

吸收液在逆流吸收污染气体过程中，所用吸收液的量与气体量的比值称为液气比（L/G）。在吸收计算时，常常以最小液气比（L/G）$_{\min}$ 作为计算吸收液用量的基准。

【例 5-2】清水喷淋吸收废气中的丙酮，已知入口气体中丙酮体积百分比为 0.016 8，气体流量为 1 568 m^3/h（标态），要求丙酮的回收率为 90%，该吸收适用亨利定律公式 Y=1.68X，试确定清水喷淋量。

解：最小液气比 $(L/G)_{\min}=\dfrac{y_1-y_2}{x_1-x_2}=\dfrac{(1-10\%)y_1}{y_1/1.68-0}=1.512$

气体量 $G=\dfrac{1568}{22.4}\times(1-0.016\,8)=68.82\ \text{kmol/h}$

喷淋量 $L_{\min}=1.512\times68.82\times18/1\,000=1.873\ \text{t}$

二、吸附法净化气态污染物

（一）吸附法的基本原理

由于固体表面存在着分子引力或化学键力，能使被吸附的气体分子浓集在固体表面上，这种现象称为吸附，吸附法分为物理吸附和化学吸附。

1. 物理吸附

吸附质和吸附剂靠分子间作用力引起的吸附作用，物理吸附遵循弗罗德里希等温吸附方程。

弗罗德里希（Freundlich）等温吸附方程为

$$m=kP^n \tag{5-4}$$

式中：m——单位吸附剂的吸附量，g/g；

P——吸附质在气相中的平衡分压，Pa；

K，n——经验常数，实验确定。

2. 化学吸附

吸附质分子与固体表面原子或分子形成化学键引起的吸附作用。

物理吸附依据气体与吸附剂表面的分子间作用力不同加以分离，是可逆过程，升高温度对物理吸附不利；化学吸收依据气体与吸附剂中的某组分发生化学反应加以分离，是不可逆过程，升高温度对化学吸收有利。

（二）吸附剂

活性炭；沸石分子筛；硅胶。

（三）吸附剂的选择原则

大的比表面积和空隙率、良好的选择性、易于再生、机械强度大和来源广泛。

（四）固定床吸附器吸附剂用量计算

固/气吸附过程中吸附床保护作用时间遵循希洛夫公式：

$$t_B=KZ-t_0 \tag{5-5}$$

式中：t_B —— 吸附床保护作用时间，min；

Z —— 床层长度，m；

t_0 —— 保护作用时间损失，min；

K —— 系数。

【例 5-3】四氯化碳蒸汽通过厚度为 0.8 m 的活性炭床，当 200 min 时，在距离进气端 0.1 m 处开始出现四氯化碳；当 500 min 时，在距离进气端 0.4 m 处开始出现四氯化碳，问还需多长时间四氯化碳会穿透吸附床。

解：由希洛夫公式 $t_B=KZ-t_0$ 得：

$$200=K\times0.1-t_0$$

$$500=K\times0.4-t_0$$

解得 $K=1\,000$；$t_0=-100$

全柱保护时间：$t_B=KZ-t_0=1\,000\times0.8+100=900$ min

剩余保护时间：　$t'_B=900-400=500$ min

练习：用连续移动床逆流等温吸附废气中的硫化氢。吸附剂为分子筛，废气中硫化氢的质量分数为 2.4%，气相质量流量为 6 000 kg/h。已知操作条件下吸附床的固气比为最低固气比的 1.5 倍，硫化氢的吸附平衡线为 $Y=0.25X$。当净化效率为 95% 时，吸附剂的用量是多少？

三、催化法净化气态污染物

（一）催化转化法的原理

催化转化法净化气态污染物是利用催化剂的催化作用，将废气中的有害物质转化为无害物质或易于去除物质的方法。

（二）催化剂及其性能

（1）催化剂组成：活性物质；载体；助催化剂。

（2）催化剂的性能：催化剂的活性；催化剂的选择性；催化剂的稳定性。

（3）催化剂的选择：较高的催化效率；较高的机械强度；较高的稳定性；抗毒性强；选择性高。

第二节　硫氧化物的控制

含硫化合物在大气中存在的主要形式是二氧化硫、硫化氢、硫酸和硫酸盐，主要来自矿物燃料的燃烧，有机物的分解和燃烧、天然气开采及火山等。排放到大气中的硫化物在大气中停留一段时间后被最终氧化成三氧化硫，然后随着雨、雪或雾沉降到陆地或海洋形成酸沉降。在高浓度条件下，二氧化硫和三氧化硫对生态环境和人体健康都会造成很大的危害。二氧化硫等气态污染物在大气中形成的二次颗粒物不仅会带来 PM_{10} 和 $PM_{2.5}$ 污染及能见度降低的问题，它们还是形成酸雨的主要原因。因此，控制二氧化硫的排放已经成为世界各国的共同行动。

一、硫循环及硫排放

图 5-1 部分显示了由于人类活动的作用，硫在环境中迁移转化的途径。其中，化石燃料燃烧和含硫矿物冶炼是二氧化硫两大重要人为来源。

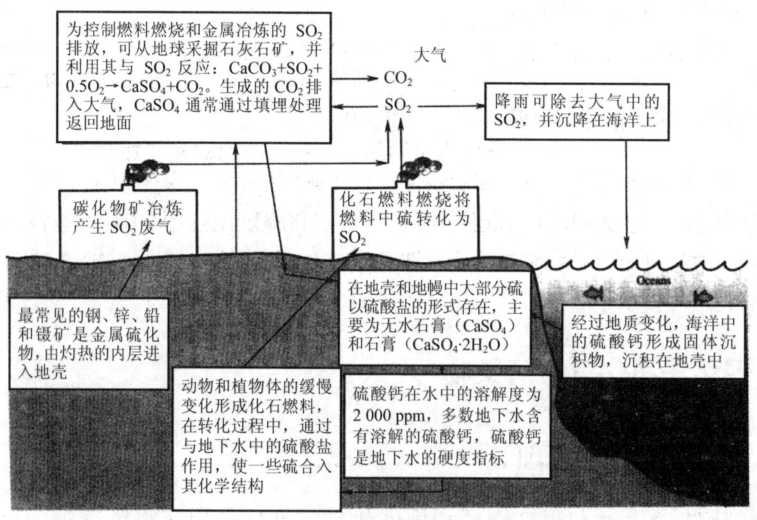

图 5-1　受人类活动影响的硫在环境中的循环

人类使用的所有有机燃料都含有一定量的硫。例如，木材的含硫量较低，约为0.1%或更低，大多数煤炭的含硫量在0.5%～3%，石油的含硫量在木材和煤炭之间。当燃料燃烧时，燃料中的硫大部分转化为二氧化硫（$S+O_2=SO_2$）。含硫矿石加工是二氧化硫的另一重要的人为来源。例如，从黄铜矿中获得铜的基本方法是高温熔化反应。其中，铁被转化成熔化的铁氧化物，硫被转化成气态的二氧化硫（$2CuFeS_2+5O_2=2Cu+2FeO+4SO_2$）。

如果我们把产生的 SO_2 排放到大气中，它最终将以降雨的形式沉降，并大部分进入海洋形成硫酸钙固体沉积物。随着时间的推移和地质演变，硫酸钙固体沉积物最终变成陆地物质的一部分。再经过漫长的地质过程，在化石燃料和矿物的形成过程中，通过与地下水中的硫酸盐的作用，使一些硫键合入其化学结构。化石燃料和含硫矿物在被人类开采和利用过程中，导致二氧化硫的形成，从而完成一次硫的循环。目前控制 SO_2 排入大气的大部分方法都是以生成 $CaSO_4$ 的形式捕集 SO_2（式 5-6），并通过产物填埋处理使硫返回地壳中。

$$2CaCO_3+2SO_2+O_2=2CaSO_4+2CO_2 \tag{5-6}$$

在这一反应中，一种易获得的矿石（石灰石）被采掘，并用它形成另一种矿石（石膏）返回地壳中，同时向大气释放 CO_2。式 5-6 在形式上很简单，但大规模地实现 SO_2 的捕集在工程上仍十分复杂。

表 5-1 给出了 1998 年美国由于人为活动造成的 SO_2 的排放量。可以发现，煤炭燃烧排放的 SO_2 占总排放量的 71%，煤炭和油品燃烧排放共计占 80.5%。因此，控制 SO_2 排放的重点是控制与能源活动有关的排放，尤其是煤炭燃烧的 SO_2 排放。控制煤炭燃烧 SO_2 排放的方法主要有燃烧前脱硫、燃烧中脱硫和末端烟气脱硫几种方法，以下内容将对此分别展开讨论。

表 5-1　美国 1998 年由于人为活动造成的 SO_2 的排放量

	排放量/kg	百分比/%	总计/%
煤炭燃烧			71.4
电厂	11 283	63.25	
工业	1 285	7.20	
商业	176	0.99	
油品燃烧			9.05
电厂	663	3.72	
工业	702	3.93	
商业	250	1.40	

	排放量/kg	百分比/%	总计/%
工业工艺过程			
化工和合金	271	1.52	
金属加工	403	2.26	7.42
石油化工	313	1.76	
其他工艺	336	1.88	
交通			
道路	296	1.66	7.18
非道路	984	5.52	
其他	877	4.92	4.92
总计	17 839	100.0	100.00

二、燃烧前脱硫

燃煤燃烧前脱硫方法有许多种：按照燃煤与含硫矿物之间密度差异加以分离的方法称为重力分选法，如重介质分选和跳汰分选；按照燃煤与含硫矿物之间表面性质不同加以分离的方法称为浮选法。

重力选煤是十分成熟的工艺，也是减少 SO_2 排放的经济实用途径。其基本原理是：煤中硫铁矿（FeS_2）的密度为 4.7～5.2，而煤的相对密度仅为 1.25，因此可以将煤破碎后利用两者相对密度的不同，用洗选的方法除去煤中的硫铁矿和部分其他矿物质。

浮选法是利用矿物的表面润湿性差别对煤进行分选的选煤方法。随着煤颗粒的减小，物料的表面积迅速增大，表面性质对分离过程的影响迅速增大并起到决定性作用。煤是具有天然疏水性的物质，煤粉具有极大的表面积。因此，利用矿物质不同程度表面润湿性就可以对细煤粒进行分选。浮选过程是向预先用浮选剂处理过的、配制成一定浓度的煤浆中通入气泡，润湿性差（疏水）的煤粒与气泡黏附并浮起，润湿性好（亲水）的矸石颗粒不易与气泡黏附，仍留在煤浆中，这样就达到了煤与矸石颗粒分离的目的。

三、燃烧中脱硫

（一）型煤固硫技术

型煤固硫是使用外力将煤粉挤压成具有一定强度且体积均匀的固体型块，并在制作型煤过程中加入石灰石等廉价的钙系固硫剂。在燃烧过程中，煤中的硫与固硫剂中的钙发生化学反应，从而将煤中的硫固化。型煤固硫是控制 SO_2 污染的另一经济有效途径。

（二）流化床燃烧脱硫技术

在流化床燃烧脱硫过程中，固硫剂可与煤粒混合一起加入锅炉，也可单独加入锅炉。当锅炉底部流化空气的流速达到使升力和煤粒的重力相当的临界速度时，煤粒将开始浮动流化。流化床为固体燃料的燃烧创造了良好的条件。首先，流化床内物料颗粒在气流中进行强烈的湍动和混合，强化了气固两相热量和质量的交换；其次，燃料颗粒在料层内上下翻滚，延长了它在炉内的停留时间；同时，床内流化使脱硫剂和 SO_2 能充分混合接触，为炉内脱硫提供了理想的环境（图 5-2）。

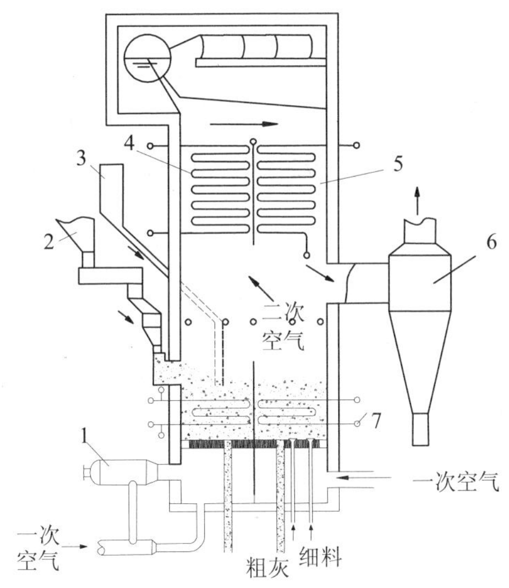

1—启动预热空气燃烧器；2—煤斗；3—脱硫剂进料斗；4—过热器管束；5—对流管束和省煤器；6—旋风除尘器；7—水平管束

图 5-2　流化床锅炉燃烧

广泛采用的脱硫剂主要有石灰石（$CaCO_3$）和白云石（$CaCO_3 \cdot MgCO_3$），它们大量存在于自然界中，而且易于采掘。当石灰石或白云石脱硫剂进入锅炉的灼热环境时，其有效成分 $CaCO_3$ 遇热发生煅烧分解，析出 CO_2，并形成多孔状、富孔隙的 CaO（式 5-7）。随后，CaO 与烟气中的 SO_2 反应生成 $CaSO_4$，从而达到脱硫的目的（式 5-8）。

$$CaCO_3 = CaO + CO_2 \tag{5-7}$$

$$2CaO + 2SO_2 + O_2 = 2CaSO_4 \tag{5-8}$$

四、高浓度二氧化硫尾气脱硫

在冶炼厂、硫酸厂和造纸厂等工业排放的尾气中，SO_2的浓度通常在2%～40%。由于SO_2的浓度很高，对尾气进行回收处理是经济的做法。通常的方法是利用SO_2生产硫酸，其反应包括氧化和吸收两个步骤。

$$\text{氧化过程：} 2SO_2 + O_2 = 2SO_3 \tag{5-9}$$

$$\text{吸收过程：} SO_3 + H_2O = H_2SO_4 \tag{5-10}$$

以美国位于盐湖城的Kennecott铜冶炼厂为例，该厂每年生产铜32万t，如果不对SO_2尾气进行处理，其排放量将十分惊人。由黄铜矿生产铜的高温冶炼反应式为

$$2CuFeS_2 + 5O_2 = 2Cu + 2FeO + 4SO_2$$

可见每生产1 mol的铜将同时产生2 mol的SO_2。这样每年将产生约65万t的SO_2。如SO_2全部进行回收用于生产硫酸，可生产硫酸99.6万t，大约可占美国年硫酸总产量的2%。实际情况是，该厂99.9%以上的SO_2得到捕集，用于生产硫酸，只有不到0.1%的SO_2直接排入大气。

图5-3给出了单级吸收工艺和二级吸收工艺的工艺流程图。由图5-3可见，与一般的吸收相比，制酸工艺的吸收塔并不需要吸收液的分离循环装置。这是由于SO_3溶于水后制得的硫酸溶液是一种可销售的产品，因此不必回收并循环利用吸收液。

当SO_2在尾气中的浓度较低时，利用SO_2生产硫酸可能并不经济。美国的运行实践表明，当尾气中SO_2的浓度高于4%且在附近有硫酸的市场需求时，制酸厂才有收益。另外，处理SO_2浓度大于4%的尾气进行制酸时，工艺过程的热量可以自给，即反应本身的放热可以提供所有的工艺用热。

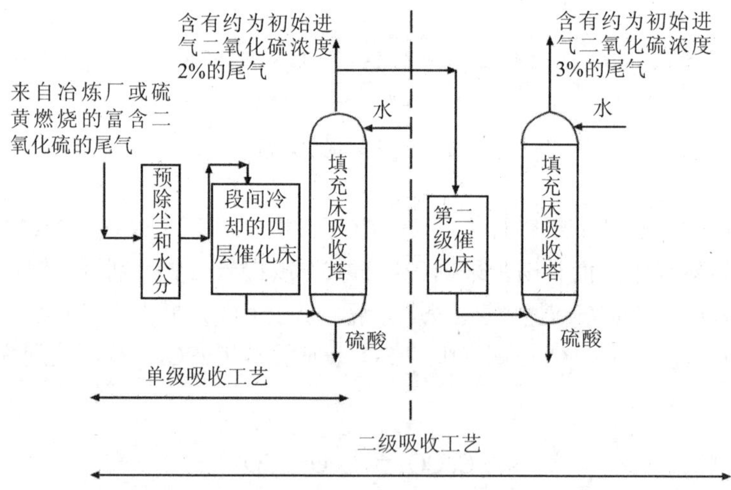

图5-3 高浓度二氧化硫尾气吸收工艺流程

五、低浓度二氧化硫烟气脱硫

对于燃煤发电厂来说，废气中 SO_2 含量约为 0.1%，或 $1\,000\times10^{-6}$，这对于能产生盈利能力的以硫酸形式回收 SO_2 来说浓度太低。从技术、成本和效果等方面综合考虑，在相当长的一段时间内仍将以烟气脱硫（Flue Gas Desulfurization，FGD）为主。烟气脱硫的主要困难在于 SO_2 浓度低，烟气体积大，从而导致烟气脱硫装置庞大，投资费用高，大规模发展受到一定限制。因此，选择和使用经济合理、技术先进的烟气脱硫技术，将是防止 SO_2 污染的重点。

目前世界各国研究开发的烟气脱硫技术达 200 多种，但达到商业应用的不超过 20 种。按脱硫产物是否回收，烟气脱硫可分为抛弃法和回收法，前者是将 SO_2 转化为固体残渣抛弃掉，后者则是将烟气中 SO_2 转化为石膏、化肥等有用物质回收。回收法投资大，经济效益低，甚至无利可图乃至亏损。抛弃法投资和运行费用较低，但存在残渣处理和污染问题。

按脱硫过程是否加水和脱硫产物的干湿形态，烟气脱硫又可分为湿法、半干法和干法三类工艺。湿法脱硫技术成熟，效率高，Ca/S 低，运行可靠，操作简单，但脱硫产物的处理比较麻烦，烟温降低不利于扩散，传统湿法的工艺较复杂，占地面积和投资较大；干法、半干法的脱硫产物为干粉状，处理容易，工艺较简单，投资一般低于传统湿法，但用石灰（石灰石）作脱硫剂的干法、半干法 Ca/S 高，脱硫效率和脱硫剂的利用率低。据国际能源机构煤炭研究组织统计，湿法脱硫占世界安装烟气脱硫机组总容量的 85%，其中石灰石法占 36.7%，双碱法、海水脱硫、氨吸收法、氧化镁法等其他湿法脱硫技术约占 48.3%。以湿法烟气脱硫为主的国家有日本（98%）、美国（92%）、德国（90%）。本节将主要介绍以石灰石—石膏为代表的湿法烟气脱硫技术。

（一）湿式石灰石法

湿式石灰石法是采用石灰石浆液脱除烟气中 SO_2 并产生副产品石膏的脱硫方法。为了更详细地介绍这一脱硫过程，我们先从一些简单问题入手。

二氧化硫在水中具有中等强度的溶解性（常温常压下 40 体积水溶解 1 体积的 SO_2），从理论上来讲可以通过用水吸收的方法将 SO_2 从气相中除去，但是对于火力发电厂处理 SO_2 来说，该过程具有几大缺点：① 它需要大量的水，世界上大多数火力发电厂却不能满足这一用水要求；② 吸收 SO_2 的废水在地表流动过程中会将溶解其中的大部分 SO_2 重新排放进入大气中，这或许比发电厂排放同样量 SO_2 更为棘手；③ 在水溶液中的 SO_2 会和其中的溶解氧发生反应生成 SO_3，消耗水中的溶解氧，使得水生生物不能在其中生活。

如果向水中加入一种能够增大 SO_2 溶解度的化学试剂，如氢氧化钠，那么所需要的水量可以大大减少，同时溶解在稀碱溶液中的 SO_2 也可被固定（$4NaOH + 2SO_2 + O_2 = 2Na_2SO_4 + 2H_2O$），不会引起 SO_2 的二次溢出。但是，这一过程的最大难题是烟气中的二氧化碳。通常烟气中二氧化碳的浓度约为 12%，是 SO_2 浓度的 120 倍。我们通常不关心二氧化碳的去处，但如果它随烟气进入吸收液，将会通过反应式 $2NaOH + CO_2 = Na_2CO_3 + H_2O$ 消耗氢氧化钠。

以这种方式消耗的氢氧化钠将无法参与 SO_2 的吸收反应。问题的关键是如何在吸收一种酸性气体的同时而不吸收另一种共存的浓度更大的酸性气体。

思考：一发电厂产生 500 m^3/s 含 0.1% SO_2 的烟气，假定用水吸收，水的流量要多大？ 假定用 NaOH 吸收，耗碱量多大？（亨利常数为 9 atm）

解决以上问题最常用的方法是采用湿式石灰石法对烟气进行脱硫。对于该方法来说，在操作条件适当的情况下可以有效地控制二氧化碳的吸收、固定烟气中的 SO_2（式 5-6）。而且，石灰石也是一种相对便宜的脱硫剂。

1. 脱硫原理

在湿式石灰石法烟气脱硫过程中，首先是 SO_2 与石灰石反应生成亚硫酸钙，然后将亚硫酸钙氧化生成石膏。因此，湿式石灰石法烟气脱硫过程主要包括吸收和氧化两个步骤。

吸收过程 $$CaCO_3 + SO_2 + \frac{1}{2}H_2O = CaSO_3 \cdot \frac{1}{2}H_2O + CO_2 \quad (5\text{-}11)$$

氧化过程 $$2CaSO_3 \cdot \frac{1}{2}H_2O + O_2 + 3H_2O = 2CaSO_4 \cdot 2H_2O \quad (5\text{-}12)$$

2. 系统构成

湿式石灰石烟气脱硫系统原则上可由下列结构系统构成：① 由石灰石粉仓和磨及测量站构成的石灰石制备系统；② 由洗涤循环、除雾器和氧化工序组成的吸收塔；③ 由换热装置组成的烟气再热系统；④ 脱硫风机；⑤ 石膏脱水系统；⑥ 石膏储存系统；⑦ 废水处理系统。

湿式石灰石法烟气脱硫工艺分为自然氧化和强制氧化两种，其主要区别是是否在吸收塔的储液槽中通过通入空气把亚硫酸钙氧化成石膏（$CaSO_4 \cdot 2H_2O$）。目前，强制氧化工艺已成为优先选择的脱硫工艺，其典型工艺流程如图 5-4 所示。从除尘器出来的烟气一般要经过一个交换器，然后进入吸收塔，在吸收塔里 SO_2 直接和磨细的石灰石悬浮液接触并被吸收去除。新鲜的石灰石浆液不断地加入到吸收塔底部的储液槽中，被洗涤后的烟气通过除雾器和热交换器，然后通过烟囱排放到大气中。反应产物从塔中取出，然后被送去脱水或进一步进行处理。

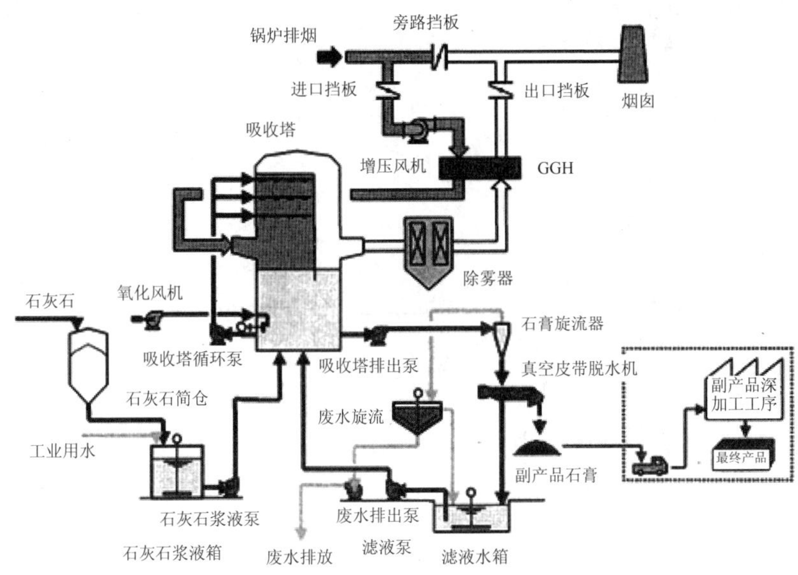

图 5-4　石灰石湿法烟气脱硫装置流程

1）石灰石浆制备系统

石灰石是目前烟气脱硫中最常用的脱硫剂，因为它在许多国家有丰富的储藏量，并且要比其他吸收剂更便宜。石灰则在早期的烟气装置中广泛地用来作吸收剂，这是由于它有较好的与 SO_2 的反应性。但是石灰已被石灰石取代，以避免高昂的石灰石煅烧过程，该煅烧过程消耗大量能量。在任何情况下，使用石灰石的烟气脱硫系统几乎总能达到与石灰一样的脱硫效果。

在选择石灰石作为吸收剂时必须考虑石灰石的纯度和活性，其脱硫反应活性主要取决于石灰石粉的粒度和比表面积。一般要求石灰石粉 90%通过 325 目筛（44 μm）或 250 目筛（63 μm），并且碳酸钙含量大于 90%。

石灰石浆制备系统主要由石灰石粉贮仓、石灰石粉计量和输送装置、带搅拌的浆液罐、浆液泵等组成（图 5-5）。将石灰石粉用罐车运到料仓存储，然后通过给料机、计量器和输粉机将石灰石粉送入浆液配制罐，在罐中与来自工艺过程的循环水一起配制成石灰石粉质量数为 10%～15%的浆液。用泵将该灰浆经由一根带流量测量装置的循环管道打入吸收塔底槽。

2）吸收塔

吸收塔是烟气脱硫系统的核心装置，要求气液接触面大，气体的吸收反应良好，压力损失小，并且适用于大容量烟气处理。在这一装置中主要完成以下工艺步骤：① 在洗涤灰浆中对有害气体的吸收；② 烟气与洗涤灰浆分离；③ 灰浆的中和；④ 将中和产物氧化成石膏；⑤ 石膏结晶析出。

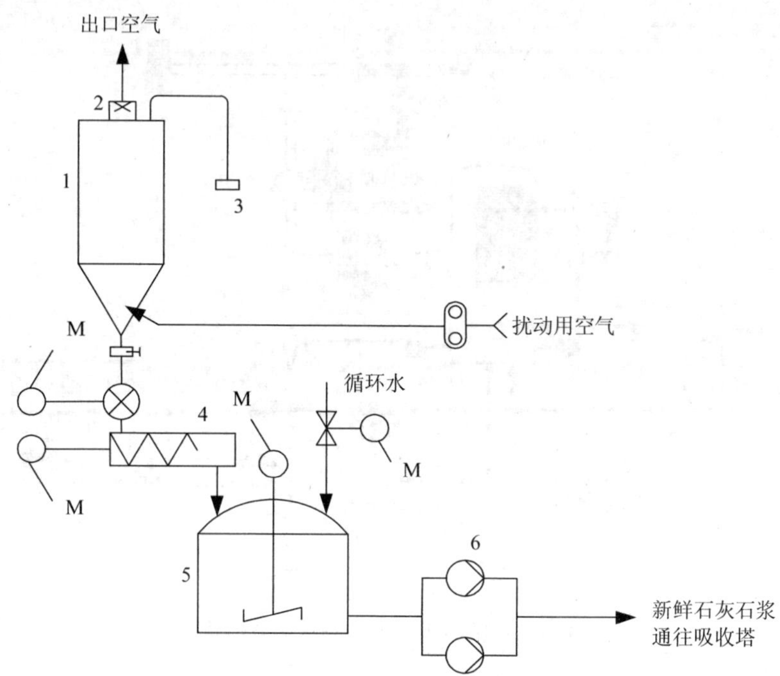

1—粉状石灰石贮仓；2—滤清器；3—压缩空气填充装置；4—计量和输送装置；5—浆液罐；6—灰浆泵

图 5-5　石灰石储存和制浆系统

喷淋塔是湿法工艺的主流塔型，多采用逆流方式布置，烟气从喷淋区下部进入吸收塔，与上部喷嘴均匀喷出的吸收浆液逆流接触，完成吸收过程。如图 5-6 所示，喷淋塔是一个带有单个气液接触盘的垂直喷雾柱状塔，底部是液体容器和氧化区域，顶部有两层 V 字形的雾沫分离器。水和固体颗粒（$CaCO_3$）的混合泥浆用泵从仓底的储槽抽吸到喷雾嘴，在这里形成滴，然后逆着上升烟气下落。在塔中 SO_2 溶解在泥浆中，与石灰石反应产生 CO_2，同时生成固体 $CaSO_3$。在此过程中产生的 CO_2 气体都将进入欲处理的气流中，生成的 $CaSO_3$ 几乎可以被彻底氧化成 $CaSO_4$，其中部分为塔中气流中过剩的氧气所氧化，大部分则在洗涤仓的底部被氧化。

3）烟气再热系统

烟气经过湿式烟气脱硫系统后，温度降至 50～60℃，已低于露点，为了增加烟囱排出烟气的扩散能力，减少可见烟团的出现，许多国家规定了烟囱出口的最低排烟温度。英国规定的排烟温度是 80℃，日本则要求把烟气加热到 90～110℃。不同的火电厂有不同的方法再热处理烟气。最简单的方法是使用燃烧天然气或低硫油的后燃器，与旋转式气-气热交换器和多管式气-气热交换器相比，后燃器消耗大量的热能，此外燃料燃烧又是一个污染源。

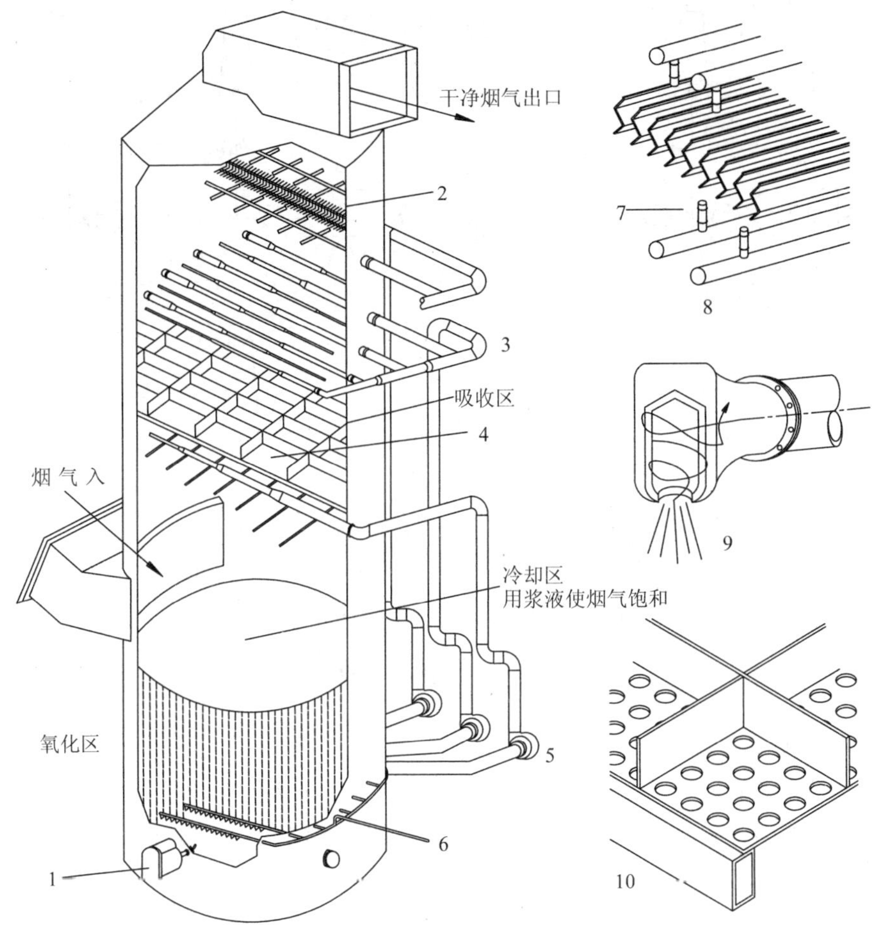

1—搅拌器；2—除雾器；3—错排喷淋管；4—托盘；5—循环泵；6—氧化空气集管；
7—水清洗喷嘴；8—除雾器；9—碳化硅浆液喷嘴；10—合金多孔托盘

图 5-6　喷淋塔结构

4）脱硫风机

安装烟气脱硫装置后，整个脱硫系统的阻力大大增加，单靠锅炉原有引风机不足以克服这些阻力，需增设脱硫风机。脱硫风机有 4 种布置方案，如图 5-7 所示。在 4 种方案中，图 5-7（a）和图 5-7（c）较为常用。图 5-7（a）的优点是无腐蚀，并且用常规的风机就可用来做引风机，风机的造价低，缺点是能耗较大，气压造成气-气换热器漏风率升高。尽管如此，在湿法烟气脱硫中常常选用图 5-7（a）方案。图 5-7（c）方案最为节能，这是由于运行温度较低，即风机中气流体积减少所致。此外，该方案还会降低气-气热交换器的漏风率。但是，图 5-7（c）风机容易发生腐蚀问题。

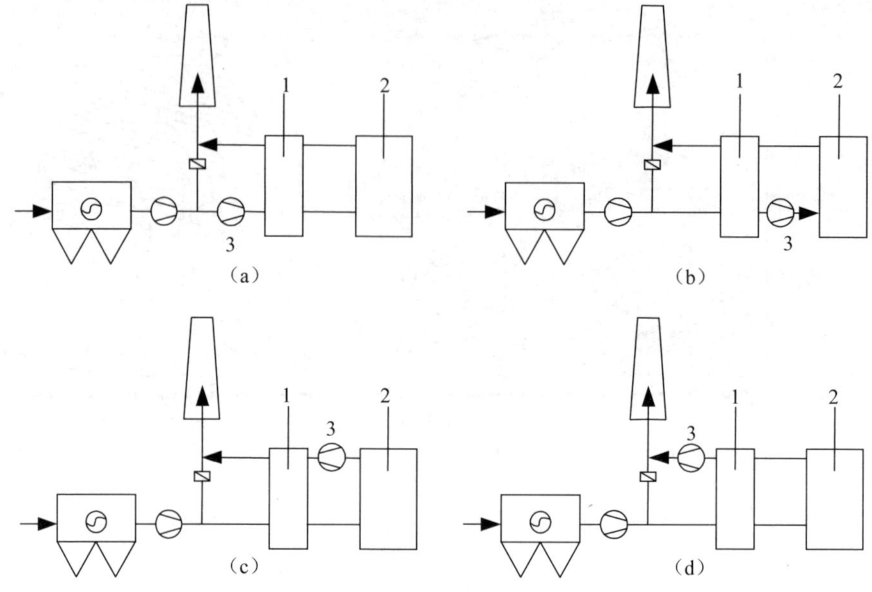

1—换热器；2—FGD 吸收塔；3—风机

图 5-7 脱硫风机位置

5）石膏脱水系统

石膏是强制氧化石灰石湿法烟气脱硫的副产物。在湿法石灰石烟气脱硫中，石膏脱水系统如图 5-8 所示。来自吸收塔储液槽的石膏浆先在水力旋流分离器中稠化到其固体含量为 40%～60%，同时按其粒度分级。然后将稠化的石膏浆用真空皮带过滤脱水到所需要的残留湿度 10%。为了使氯含量减少到不影响石膏使用的质量，同时在过滤皮带上对其进行洗涤。

6）石膏存储系统

湿式石膏的存储方法取决于发电厂烟气脱硫系统石膏的产量、用户的需求量、运输手段及石膏中间储仓的大小。对于容量为 300～400 m^3 的中间储仓，石膏的存放时间不应超过 1 个月。

7）废水处理

产生废水是湿法石灰石脱硫的缺点。一些国家和地区对脱硫废水的处理都有严格的规定。在传统的脱硫废水处理中，一般先在废水中加入石灰沉积氟化物，然后加氢氧化钠在高 pH 下除去重金属。COD 主要由连二硫酸根组成，用离子交换树脂将其除去。

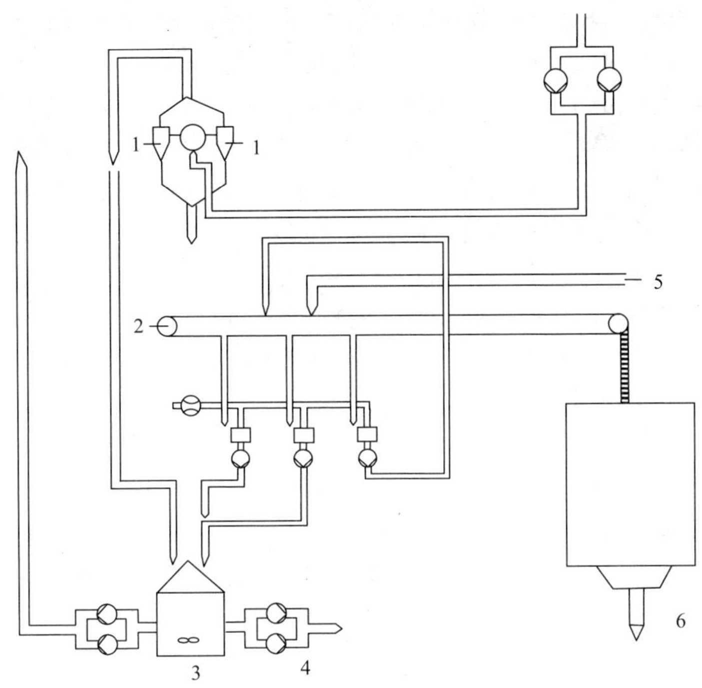

1—水力旋风分离器；2—皮带过滤器；3—中间贮箱；4—废水；5—工艺工程用水；6—石膏贮仓

图 5-8　石膏脱水系统

【例 5-4】采用湿式石灰石法净化某燃煤电厂锅炉烟气，已知喷淋吸收塔入口烟气流量为 2 200 000 m^3/h，吸收塔烟气流速 4 m/s，烟气在塔内吸收区停留时间 4 s，塔下部循环浆液槽设计高度 15 m，脱水段与烟气出口总高度 7 m，试计算吸收塔总高度和塔径。

解：吸收区高度　$H_2=ut=4\ \text{m/s}\times 4\ \text{s}=16\ \text{m}$

吸收塔总高度　$H=H_1+H_2+H_3=15+16+7=38\ \text{m}$

吸收塔径　$$D=\left(\frac{4Q}{\pi u}\right)^{1/2}=\left(\frac{4\times 2\,200\,000}{3.14\times 4\times 3\,600}\right)^{1/2}=12\ \text{m}$$

练习：某电厂 2 台 300 MW 机组燃煤含硫量为 1.5%，最大连续工况下单台机组燃煤量为 115 t/h，要求脱硫效率为 95%，在采用石灰石-石膏工艺时，石灰石纯度为 93%，钙硫比为 1.02，试计算石灰石用量。

3. 影响脱硫效率的主要因素

1）浆液的 pH

浆液的 pH 是影响脱硫效率的重要因素。一方面，浆液的 pH 影响吸收过程，pH

高，传质系数增加，SO_2的吸收速度就快，但是系统设备结垢严重；pH 低，SO_2的吸收速度就下降，pH 下降到 4 以下时，则几乎不能吸收 SO_2。另一方面，pH 影响石灰石的溶解度。pH 较高时，$CaCO_3$的溶解度很小，而 $CaSO_4$的溶解度变化不大。随着 SO_2的吸收，溶液 pH 降低，溶液中溶有较多的 $CaSO_3$，并在石灰石粒子表面形成液膜。液膜内部石灰石的溶解使 pH 上升，可导致脱硫剂表面钝化。一般情况下，湿法石灰石系统操作时最佳 pH 为 5.8～6.2。

2）吸收温度

吸收温度降低时，吸收液面上 SO_2的平衡分压也会降低，有助于气液传质。但温度较低时，H_2SO_3和 $CaCO_3$之间的反应速度较慢。因此，吸收温度不是一个独立的可变因素，它取决于进气的实际温度。

3）液气比

液气比主要对吸收推动力、脱硫效率和吸收设备的持液量产生影响。国外广泛使用的喷淋塔内持液量很小，要保证较高的脱硫效率，就必须有足够的液气比。据美国电力研究院的计算，液气比以 16.5 L/m^3左右为宜。但在实际操作中应根据设备的运行情况决定吸收塔的液气比。大液气比的条件下维持操作的运行费用很大，因此应寻找降低液气比的途径。

4）钙硫比

钙硫比（Ca/S）是指脱硫剂（$CaCO_3$）用量与烟气中二氧化硫（SO_2）的摩尔比。通常情况下提高钙硫比可以提高脱硫效率，但是过高的脱硫剂用量不但增加成本，同时也会加重系统结垢等问题。

5）烟气流速

气速对脱流效率的影响较为复杂。一方面随着气速的增大，气液相对运动速度增大，传质系数提高，脱硫效率可能增加，而且还有利于降低设备投资；另一方面，随着气速增加，气液接触时间缩短，脱硫效率可能下降，并受除雾要求的制约。逆流喷淋塔内气速一般取 2.44～3.66 m/s，典型值为 3 m/s。

4．存在的问题

湿法石灰石烟气脱硫技术的发展过程比较艰难。在运行实践中可能存在的问题有如下几种。

（1）腐蚀。化石燃料燃烧的排烟中含有多种微量的化学成分，如氯化物。在酸性环境中，它们对包括不锈钢在内的金属的腐蚀性相当强。

（2）结垢和堵塞。硫酸钙和性质与其相近的化学物质微溶于水，能沉积在固体表面达到坚硬难以处理的程度。在脱硫系统中如果这些垢出现在阀门、泵、控制装置及其他地方，将会带来很大问题。

（3）除雾器堵塞。喷雾嘴产生的液滴并不是相同大小的，一些液滴太小，能被气流带走，所以在气体离开雾沫分离器之前必须把气体中的这些小液滴除掉。如果没有被除去的话，将堵塞和腐蚀脱硫系统的下游部分。早期的雾沫分离器就是被这种小液滴中含有的固体物质堵塞。

（4）脱硫剂利用不充分。产物硫酸盐和亚硫酸盐沉积在石灰石颗粒的表面，进而阻挡它们的洗涤溶解过程。这导致进入固体废物中未反应的石灰石的比例增大，随之带来反应物和废物处理费用的增加。

随着设计和运行经验的积累，一些主要问题正在逐步得到解决，如果设计和操作正确，湿式石灰石烟气脱硫方法在一定程度上是可靠和有效的。运行中为延长设备的使用寿命，溶液中氯离子的浓度不能太高。为保证氯离子不发生浓缩，有效的方法是在脱硫系统中根据平衡排出适量的废水，并补充清水；固体沉降是因局部的硫酸钙过饱和，在循环泥浆中保证充足的钙就是为了减少过饱和，从而极大地减少垢沉降。有时为了缓解系统的结垢，常在脱硫剂中添加己二酸等阻垢剂；最初的雾沫分离器是由铁丝簇组成，容易堵塞，而目前的V型设计及除雾器的喷射洗涤使其更容易保持清洁；盛有脱硫剂的持液罐做得稍大些，使得脱硫剂有更多的时间来溶解是解决脱硫剂利用不充分的有效办法。现在，只要能认真地控制生产过程中的化学反应，机械设计优良，具备熟练的操作技能，这些问题的绝大多数都能得到解决或减少到可控范围之内。

（二）其他湿法脱硫技术

在湿式石灰石脱硫的发展过程中，遇到的困难几乎让人无法忍受，许多人认为这种脱硫方法已经没有前途。所以，人们提出并试验了许多其他湿式方法。这些方法包括石灰法、双碱法、氨法和海水脱硫法等。但随着湿式石灰石法的一些技术难题被攻克，它已经成为一个经济可行的脱硫方法。一些已建成的其他脱硫系统正在被转化成强制氧化湿式脱硫系统以节约生产费用。

1. 石灰法

在湿式脱硫方法中，石灰是可替代石灰石的选择之一，它的作用和石灰石法类似。CaO被加入到氧化罐中，然后与水化合生成$Ca(OH)_2$。SO_2与$Ca(OH)_2$反应生成亚硫酸钙，然后将亚硫酸钙氧化生成石膏。因此，石灰法烟气脱硫过程也包括吸收和氧化两个步骤。

吸收过程　$$Ca(OH)_2 + SO_2 = CaSO_3 \cdot \frac{1}{2}H_2O + \frac{1}{2}H_2O \quad (5\text{-}13)$$

氧化过程　$$2CaSO_3 \cdot \frac{1}{2}H_2O + O_2 + 3H_2O = 2CaSO_4 \cdot 2H_2O \quad (5\text{-}14)$$

但是，使用CaO需要额外的处理步骤，如石灰石煅烧，为其进入处理过程做好准备。在湿式石灰石法发展的初期，由于存在许多问题，使用CaO是可行的，这个额外的处理步骤也是必需的。但是，随着湿式石灰石方法难题大部分被解决，如果使用 CaO，会产生额外的花费，显得没有必要且不划算。

2．双碱法

双碱式处理系统是针对早期湿式石灰石方法因使用钙化合物出现的固体沉降、水垢和堵塞等问题而设计的。在这个系统中，利用烟气在塔中与可溶性的碱（碳酸钠或碳酸氢钠）溶液相接触，吸收其中的 SO_2（式 5-15），因而避免了在塔内结垢。脱硫废液再与第二碱（通常为石灰或石灰石）反应（式 5-16），使溶液得到再生，再生后的吸收液循环使用。

吸收过程 $Na_2CO_3 + SO_2 = Na_2SO_3 + CO_2$ （5-15）

再生过程 $Na_2SO_3 + CaCO_3 + \frac{1}{2}O_2 + 2H_2O = CaSO_4 \cdot 2H_2O + Na_2CO_3$ （5-16）

由于双碱系统操作简单、可靠，使得其优势超过了早期的湿式石灰石法。但随着湿式石灰石法的发展以及双碱系统组成的复杂性（需要更多的化学试剂、仪器、泵、管路和阀），其竞争力被大大地削弱。

3．氨法

氨是一种良好的碱性吸收剂，其碱性强于钙基吸收剂。用氨吸收烟气中的 SO_2 是气-液或气-气相反应，反应速度快，吸收剂利用率高，吸收设备体积可大大减少。氨法烟气脱硫工艺主要由吸收过程和结晶过程组成。在吸收塔中，烟气中的 SO_2 与氨水吸收剂逆向接触，SO_2 被氨水吸收，生成亚硫酸铵与亚硫酸氢铵，在吸收塔底槽，亚硫酸铵被充入的强制氧化空气氧化成硫酸铵。

主要反应为

吸收过程 $SO_2 + 2NH_3 + H_2O = (NH_4)_2SO_3$ （5-17）

$(NH_4)_2SO_3 + SO_2 + H_2O = 2NH_4HSO_3$ （5-18）

氧化过程 $2(NH_4)_2SO_3 + O_2 = 2(NH_4)_2SO_4$ （5-19）

由底槽排出的硫酸铵吸收液先经灰渣过滤器滤去飞灰，再在结晶反应器中析出硫酸铵结晶物，经脱水、干燥后得到副产品硫酸铵。该方法脱硫效率高、能耗低，对安全运行有较高的可靠性。但受其高运行成本、腐蚀及净化后烟气中的气溶胶等问题而影响该方法的推广应用。

4．海水脱硫法

海水烟气脱硫是近几年发展起来的新型烟气脱硫方法。该工艺具有技术成熟、工艺简单、投资和运行费用低等特点，在一些沿海国家和地区得到日益广泛的应用。根据是否添加其他化学吸收剂，海水脱硫工艺可分为两类：一类是用纯海水作为吸收剂的工艺，以挪威 ABB 公司开发的 Flakt-Hydro 工艺为代表，有较多的工业应用，深圳西部电厂海水脱硫采用的就是这种工艺；另一类是在海水中添加一定量石灰以调节吸收液的碱度，以美国 Bechtel 公司的脱硫工艺为代表，在美国已建成示范工程。本部分仅以用纯海水作为吸收剂的 Flakt-Hydro 工艺为例介绍海水脱硫法的工艺原理。

Flakt-Hydro 工艺利用海水的天然碱度来脱除烟气中的 SO_2。由于雨水将陆上岩层的碱性物质带到海水中，天然海水中含有大量的可溶性盐，其主要成分是氯化物和硫酸盐，还有一定量的可溶性碳酸盐。海水通常呈碱性，这使得海水具有天然的酸碱缓冲能力及吸收 SO_2 的能力。某电厂海水脱硫的工艺流程如图 5-9 所示，主要包括换热系统、吸收塔和海水恢复系统。锅炉排出的烟气经除尘和冷却后从塔底送入吸收塔，与由塔顶均匀喷洒的纯海水逆向充分接触混合，海水将烟气中的 SO_2 吸收生成亚硫酸根离子。净化后的烟气通过换热器升温后，经烟囱排入大气。海水恢复系统的主体结构为曝气池。来自吸收塔的酸性海水与凝气器排出的碱性海水在曝气池中充分混合，同时通过曝气系统向池中鼓入适量的压缩空气，使海水中的亚硫酸盐转化为无害的硫酸盐，同时释放出 CO_2，使海水的 pH 升到 6.5 以上，达到排放标准后排入大海。

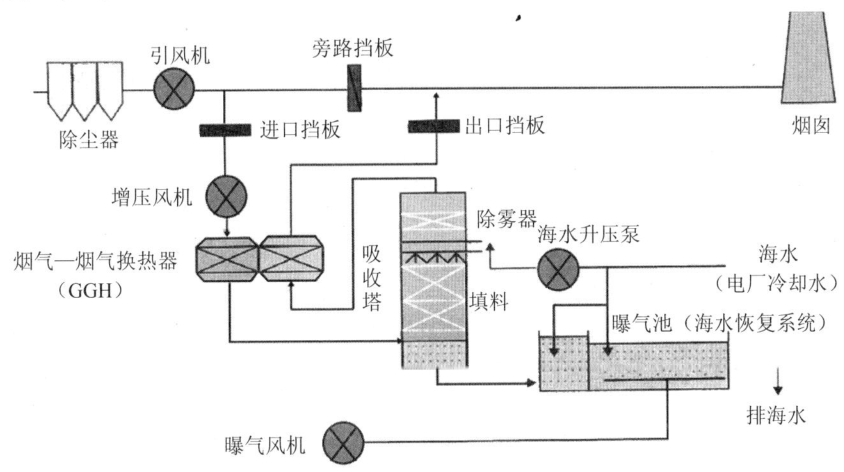

图 5-9　某电厂海水脱硫的工艺流程

海水脱硫的原理就是利用海水的碱度吸收、固定烟气中的低浓度二氧化硫，包括吸收和海水恢复两个过程：

吸收过程　　$SO_2+H_2O = SO_3^{2-}+2H^+$　　（5-20）

海水恢复过程　　$H^++HCO_3^- = CO_2+H_2O$　　（5-21）

$SO_3^{2-}+1/2O_2 = SO_4^{2-}$　　（5-22）

与石灰石湿法相比，海水脱硫由于无脱硫剂成本、工艺设备较简单及无后续的脱硫产物处理处置，其投资和运行费用相对较低。但由于海水的碱度有限，通常适用于燃用低硫煤（小于 1%）电厂的脱硫。海水脱硫的另一个问题是排海的水质和水温是否对海洋环境造成二次污染。目前，排水对海洋环境和海洋生物的长期影响仍在监测和研究之中。

（三）干法烟气脱硫技术

对于湿式烟气脱硫方法来说，固体的处理、潮湿淤泥的处理多具一定难度，这迫使设计者进一步发展了干式一次处理方法。这种方法很少带来腐蚀、水垢的难题，所产生的固体废物也很容易被处理和处置。炉内喷钙脱硫及前面介绍的型煤固硫和流化床燃烧脱硫都属于干法烟气脱硫方法。

炉内喷钙脱硫的反应机理仍然是钙基脱硫原理。干的石灰石粉作为吸收剂直接喷射到锅炉炉膛的气流中去，炉膛内的热量将吸收剂煅烧成具有活性的 CaO 粒子，这些粒子的表面与烟气中的 SO_2 反应生成亚硫酸钙，亚硫酸钙接下来被氧化成硫酸钙。最后反应产物和飞灰一起被除尘设备所捕获。与湿式烟气脱硫系统相比，喷钙法的脱硫率和石灰石的利用率较低，较少用于新建电厂的烟气脱硫。

（四）半干法烟气脱硫技术

半干法烟气脱硫系统融合了湿法和干法两种系统的特色，其市场占有率仅次于湿法，列居第二位。目前广泛使用的半干法烟气脱硫系统是喷雾干燥烟气脱硫系统。

喷雾干燥烟气脱硫是利用喷雾干燥的原理，在吸收剂喷入吸收塔后，一方面吸收剂与烟气中的 SO_2 发生化学反应，生成固体产物；另一方面烟气将热量传递给吸收剂，使之不断干燥，在塔内脱硫反应后形成的产物为干粉，一部分在塔内分离，另一部分随脱硫后烟气进入电除尘器收集。

喷雾干燥烟气脱硫的工艺流程包括：① 吸收剂制备；② 吸收剂浆液雾化；③ 雾粒与烟气的接触混合；④ 液滴蒸发与 SO_2 吸收；⑤ 灰渣排出；⑥ 灰渣再循环等过程。喷雾干燥烟气脱硫工艺大多采用 CaO 含量尽可能高的石灰作脱硫剂。当雾化的石灰浆液在吸收塔中与烟气接触后，浆液中的水分开始蒸发，烟气降温并增湿，在石灰消化槽中产生的 $Ca(OH)_2$ 与 SO_2 反应生成干粉产物。

半干法工艺较简单，干态产物易于处理，无废水产生，投资一般低于传统湿法，但脱硫效率和脱硫剂利用率低，一般适用于低中硫煤的烟气脱硫。

（五）烟气脱硫综合比较

前面介绍的低浓度二氧化硫烟气脱硫方法各具特点，其脱硫工艺性能的综合比较涉及以下主要因素。

1. 脱硫效率

脱硫效率由很多因素决定的，除了工艺本身的脱硫性能外，还取决于烟气的状况，如 SO_2 浓度、烟气量、烟温、烟气含水量等。通常湿法工艺的效率高，可以达到 95%以上，而干法和湿干法工艺的效率通常为 60%～85%。

2．钙硫比（Ca/S）

湿法工艺的反应条件较为理想，因此适用的Ca/S接近1，一般为1.0～1.2。干法和湿干法的脱硫反应为气固反应，反应速率较在液相慢，通常达到达标要求的脱硫效率，其钙硫比要比湿法大得多，如湿干法一般为1.5～1.6，干法一般为2.0～2.5。

3．脱硫剂利用率

脱硫剂利用率是指与SO_2反应消耗掉的脱硫剂与加入系统的脱硫剂总量之比。脱硫剂的利用率与钙硫比有密切的关系，达到一定脱硫率时所需要的钙硫比越低，脱硫剂的利用率越高，所需脱硫剂量及所产生的脱硫产物量也越少。在烟气脱硫工艺中，湿法的脱硫利用率最高，一般可以达到90%以上，湿干法为50%左右，在干法最低，通常在30%以下。

4．脱硫剂的来源

大部分烟气脱硫工艺都采用钙基化合物作为脱硫剂，其原因是钙基物如石灰石储量丰富，价格低廉且生产的脱硫产物稳定，不会对环境造成二次污染。有些工艺也采用钠基化合物、氨水、海水作为吸收剂。

5．脱硫副产品的处理处置

脱硫副产品是硫或硫的化合物，如硫黄、硫酸、硫酸钙、亚硫酸钙、硫酸镁和硫酸钠等。石灰石/石灰法的脱硫副产品是石膏，干法和湿干法的脱硫副产品是$CaSO_4$和$CaSO_3$的混合脱硫灰渣。选用的脱硫工艺应可能考虑到脱硫副产品可综合利用。如果进行堆放或填埋，应保证脱硫副产品化学性质稳定，不会对环境产生二次污染。

6．对锅炉原有系统的影响

石灰石/石灰法或氨法等湿法脱硫工艺一般安装在电厂的除尘器后面，因此对锅炉燃烧和除尘系统基本没有影响。但是经过脱硫后烟气温度降低，一般为45℃，大都在露点以下，若不经过再加热而直接排入烟囱，容易形成酸雾，严重腐蚀烟囱，也不利于烟气的扩散。

在喷钙干法脱硫系统中，石灰石喷入锅炉炉膛后，将增加灰量，并将改变灰成分，使锅炉的运行状况发生变化，影响锅炉受热面的结渣、积灰、腐蚀和磨损特性。

干法和湿干法脱硫工艺通常安装在锅炉原有的除尘器之前。脱硫系统对除尘器的运行有较大影响。其原因为：① 烟气的稳定降低，含湿量增加；② 除尘器入口烟尘浓度增加；③ 进入除尘器的颗粒成分，粒径分布和比阻特性发生变化。研究表明，其对电除尘器的除尘效率影响不大，但由于尘的浓度成倍增加，排放浓度仍有可能超标。因此，原有电除尘器的改造可能是有必要的。

7．对机组运行方式适应性的影响

由于电网运行的需要，电厂的机组有可能作为调峰机组，负荷变动较大。与调峰机组配套的脱硫装置必须适用这种机组经常启停的特点。因此，脱硫装置的各种设备必须能耐受经常性的热冲击，有良好的负荷跟踪特性，且脱硫系统停运后维护工作量小。

8. 占地面积

烟气脱硫工艺占地面积的大小对现有电厂的改造十分重要，有时甚至限制了某些脱硫工艺的应用可能。在各种脱硫工艺中，回收法湿法工艺的占地面积最大，湿干法次之，干法工艺最小。以容量为300 MW的电厂机组为例，石灰石/石灰法占地3 000～5 000 m^2，湿干法为 2 000～3 500 m^2，干法为 1 500～2 000 m^2，氨法为1 000～1 500 m^2。

9. 流程的复杂性

工艺流程的复杂与否，在很大程度上决定了系统投入运行后的操作难易，可靠性、可维护性以及维修费用的高低。烟气脱硫系统是整个电厂的一个辅助系统，必须具有操作方便、可靠性高的特点。

典型的石灰石/石灰法脱硫工艺流程的机械设备总数约为 150 台（套），工艺流程最为复杂。喷雾干燥法的流程为中等复杂，工艺采用石灰进行消化，然后制成石灰浆液，而浆液的处理比较复杂。干法流程较简单，几乎没有液体罐槽，仅有少量的风机。

10. 工艺成熟程度

烟气脱硫工艺的成熟程度是技术选用的重要依据之一。只有成熟的、已经商业化运行的系统才能保障运行的可靠性。

湿法工艺的生产商比较多，主要集中在美国、德国和日本。制造厂对大型锅炉湿法烟气脱硫装置的设计、制造、安装和调试都已积累了丰富的经验。目前湿法洗涤塔的单塔最大容量已能用于 1 000 MW 锅炉烟气脱硫。由于湿法工艺的历史长，数量多，系统的可用率已有极大的提高，一般能达到 98%以上。喷雾干燥法脱硫工艺是仅次于湿法洗涤工艺的主要脱硫工艺，其可用率也较高，大多数电厂超过 97%。喷钙法虽然由于脱硫率低、吸收剂耗量大等原因运用不多，但仍有不少欧洲的电厂适用，如德国、奥地利和瑞典，系统的可用率可达到 95%。

目前中国正在制定政策积极推动烟气脱硫技术的开发应用。由于地域辽阔，各地经济条件、燃煤煤质、脱硫剂来源、环保要求等不尽相同，技术的选用应考虑以下主要原则：

① 技术成熟、运行可靠，至少在国外已商业化，并有较多的应用业绩；

② 脱硫后烟气中的 SO_2 达到脱硫要求，系统具有较好的可升级性能；

③ 脱硫设施的投资和运行费用适中，一般应低于电厂主体工程总投资的 15%，烟气脱硫后发电成本增加不超过 3 分/kW • h；

④ 脱硫剂供应有保障。占地面积小、脱硫产物可回收利用或卫生处理处置。

第三节　氮氧化物的控制

氮氧化物是造成大气污染的主要污染源之一。通常所说的氮氧化物（NO_x）主要包括氧化亚氮（N_2O）、一氧化氮（NO）、二氧化氮（NO_2）、三氧化二氮（N_2O_3）、四氧化二氮（N_2O_4）和五氧化二氮（N_2O_5）等几种含氮化合物，其中人们最关注的主要是 NO 和 NO_2 两种氮氧化物。此外，人们也开始关注 N_2O，虽然它不是一般的大气污染物，但是它与全球变暖及臭氧层破坏有直接的关系。

一、氮在环境中的循环及排放

大气中 NO_x 的来源主要有两部分：一部分是自然界的固氮菌、雷电等自然过程产生，每年全球约产生 NO_x 总量为 5×10^8t；另一部分是由于人为活动产生，每年全球约产生 NO_x 总量为 5×10^7t。在人为活动所产生的 NO_x 中，各种炉窑、机动车和柴油机等燃料高温燃烧产生的 NO_x 约占人类活动产生 NO_x 总量的 90%，其次是化工生产中的硝酸生产、硝化过程、炸药生产和金属表面硝酸处理等过程。

1．氮循环

图 5-10 描述了由于人为活动的影响，氮在环境中的主要循环过程。我们把排入大气中的 NO_x 假设为大部分以降雨的形式沉降到海洋中，海洋中的微生物将其转化为 NH_3 和 N_2，而氮气和氨可以被动植物吸收，经过地质演变和时间的推移，这些动植物遗体缓慢转化为含氮化石燃料，化石燃料经过高温过程燃烧转变为 NO_x，同时大气中的氮也在高温例如闪电时转变为 NO_x，这样构成了一次氮的循环。

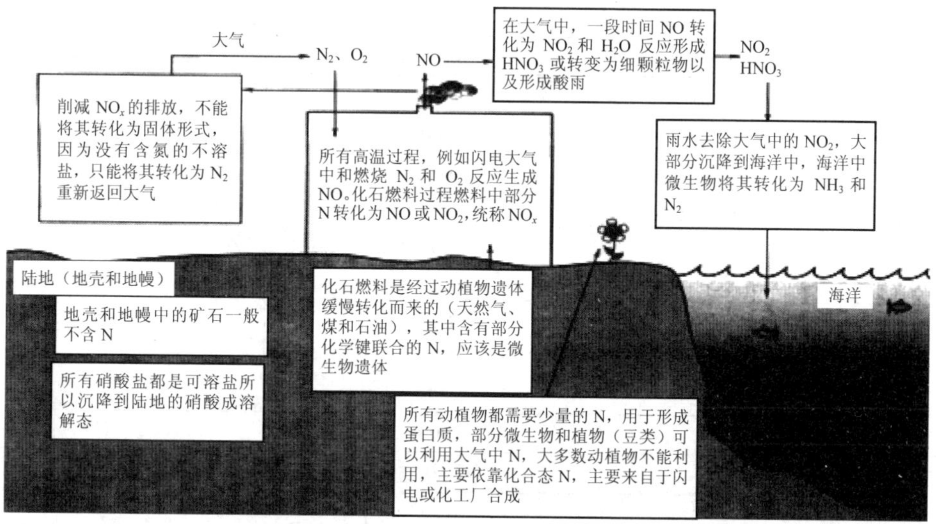

图 5-10　环境中氮的主要流程，主要是受人为活动的影响

表 5-2 给出了美国 1999 年的氮氧化物的排放情况。从表中可以看出，人类活动排放的氮氧化物约 55.5%来自交通运输，约 39.5%来自固定燃烧源，约 3.7%来自工业过程，约 1.3%来自其他源。据我国统计，1998 年与能源消费相关的部门共排放氮氧化物约为 11.18×10^6 t，其中电力部门排放约为 4.23×10^6 t，占 37.9%；工业部门排放约为 4.59×10^6 t，占 41%；交通运输排放约为 1.45×10^6 t，占 13%。若按燃料类型统计，72.3%的氮氧化物来自煤的燃烧，18.7%来自各种油的燃烧，7.3%来自焦炭的燃烧。

表 5-2　1999 年美国各类污染源排放的 NO_x 量（以 NO_2 计）

<table>
<tr><th colspan="3">污染类别</th><th>排放量/（10^4 t/a）</th><th>所占比例/%</th></tr>
<tr><td rowspan="15">固定源燃烧过程</td><td rowspan="4">燃煤</td><td>电力</td><td>447.7</td><td rowspan="4">21.7</td></tr>
<tr><td>工业</td><td>49.2</td></tr>
<tr><td>商业</td><td>3.36</td></tr>
<tr><td>小计</td><td>500.3</td></tr>
<tr><td rowspan="5">燃油</td><td>电力</td><td>18.3</td><td rowspan="5">6.1</td></tr>
<tr><td>工业</td><td>19.4</td></tr>
<tr><td>商业</td><td>7.26</td></tr>
<tr><td>其他</td><td>96.1</td></tr>
<tr><td>小计</td><td>141.1</td></tr>
<tr><td rowspan="4">燃气</td><td>电力</td><td>34.9</td><td rowspan="4">7.3</td></tr>
<tr><td>工业</td><td>109.0</td></tr>
<tr><td>商业</td><td>24.1</td></tr>
<tr><td>小计</td><td>168</td></tr>
<tr><td colspan="2">其他燃烧过程</td><td>100.0</td><td>4.3</td></tr>
<tr><td colspan="2">合计</td><td>909.4</td><td>39.5</td></tr>
<tr><td rowspan="6">工业过程</td><td colspan="2">化工行业</td><td>11.9</td><td rowspan="6">3.7</td></tr>
<tr><td colspan="2">冶金行业</td><td>8.0</td></tr>
<tr><td colspan="2">石化行业</td><td>13.0</td></tr>
<tr><td colspan="2">其他工业过程</td><td>42.6</td></tr>
<tr><td colspan="2">其他</td><td>10.0</td></tr>
<tr><td colspan="2">合计</td><td>85.5</td></tr>
<tr><td rowspan="3">交通运输</td><td colspan="2">道路用车</td><td>779.3</td><td rowspan="3">55.5</td></tr>
<tr><td colspan="2">非道路用车</td><td>500.3</td></tr>
<tr><td colspan="2">合计</td><td>1 279.6</td></tr>
<tr><td colspan="3">其他</td><td>29.0</td><td>1.3</td></tr>
<tr><td colspan="3">总计</td><td>2 303.5</td><td>100.0</td></tr>
</table>

2. 氮氧化物和硫氧化物产生与控制过程的异同点

1）相似之处

在大气污染控制中一般将氮氧化物和硫氧化物放在一起讨论，因为它们之间有许多相似之处：

① 氮氧化物和硫氧化物与大气中的水和氧气反应分别生成硝酸和硫酸，这两种酸是酸雨的主要贡献者。酸雨沉降过程中可以去除大气中的氮氧化物和硫氧化物，因此两者都不会在大气中造成积累；

② 在城市大气中，氮氧化物和硫氧化物可以转化形成 PM_{10} 和 $PM_{2.5}$；

③ 氮氧化物和硫氧化物都是《环境空气质量标准》规定的需控制的污染物；人为活动排放大量的氮氧化物和硫氧化物，高浓度的氮氧化物和硫氧化物对呼吸系统有强烈的刺激性；

④氮氧化物和硫氧化物都是经过燃烧源大量排放到大气中，尤其是煤的燃烧。

2）不同之处

上述氮氧化物和硫氧化物的相似之处显而易见，但两者之间的不同之处也很显著，主要体现在以下几方面：

① 机动车是氮氧化物的主要排放源，但却不是硫氧化物的主要来源。若机动车使用的是不含硫的燃料，则不会排放硫氧化物；对于氮来说，即使燃料不含氮也是氮氧化物的主要排放源；

② 硫氧化物来源于含硫燃料的燃烧和硫铁矿的冶炼，通过去除燃料中的硫可消除硫氧化物的产生；尽管有一部分氮氧化物的排放来源于燃料中氮的燃烧，但大部分氮氧化物的排放来源于高温燃烧过程中空气中的氮与氧的反应；

③ 通过控制燃烧时间、温度和含氧量，可大大降低燃烧过程氮氧化物的形成，但这种方法却不能减少硫氧化物的排放；

④ 在污染控制中，硫氧化物最终可以转化为无毒，低水溶性的 $CaSO_4 \cdot 2H_2O$ 固体，且易于填埋。但对于氮氧化物而言，却没有相应的便宜、无毒、低水溶性的硝酸盐产生，所以在污染控制过程中，收集到的氮氧化物不适宜于直接填埋；

⑤ 去除燃烧排放产生的 SO_2 的相对简单的方法是将其与碱性溶液反应，水溶于 SO_2 迅速转化成亚硫酸，再与碱性物质反应生成亚硫酸盐，然后被氧化为硫酸盐。但通过这种方法去除氮氧化物却非常困难，因为主要的氮氧化物 NO 难溶于水，NO 必须通过一个相对较慢的反应转化成 NO_2（$2NO + O_2 = 2NO_2$）之后才能溶解于水形成酸；

⑥ 氮氧化物之所以受关注还在于其参与光化学反应产生 O_3（NO + HC + O_2 + 阳光 $\longrightarrow NO_2 + O_3$），而 O_3 是夏季光化学烟雾的主要物质之一。

二、低氮氧化物燃烧技术

控制 NO_x 排放的技术措施可以分成两大类：一类是源头控制，主要控制燃烧过程 NO_x 的生成反应，即所谓的低氮氧化物燃烧技术；另一类是尾部控制，其特征是把生成的 NO_x 进行化学处理，将 NO_x 还原为 N_2，从而降低 NO_x 的排放量。

在低 NO_x 燃烧技术中，关键设备是新型燃烧器。它是基于降低燃烧区氧气的浓度，降低高温区的火焰温度或缩短可燃气在高温区的停留时间等措施，从而降低 NO_x 的生成量。燃烧器的主要类型有强化混合型低 NO_x 燃烧器、分割火焰型低 NO_x 燃烧器、部分烟气循环低 NO_x 燃烧器和二段燃烧低 NO_x 燃烧器。

1. 强化混合型低 NO_x 燃烧器

这是一种具有良好混合性能、快速燃烧，低 NO_x 生成的燃烧器。图 5-11 是强化混合型低 NO_x 燃烧器的简单结构图。由于燃料和空气两种气流几乎成直角相交，不仅加速了混合，而且薄薄的圆锥形火焰。由于这种火焰具有放热量大、燃烧速度快、可燃气在高温区停滞时间短等特点，因而 NO_x 生成量少。此外，这种燃烧器的火焰具有良好的稳定性，即使空气过剩系数和燃烧负荷有较大的变化，它所产生的热力型 NO_x 的量和火焰长度几乎不发生变化。但该燃烧器对降低燃料中的氮化物转化成燃料 NO_x 的作用不明显。

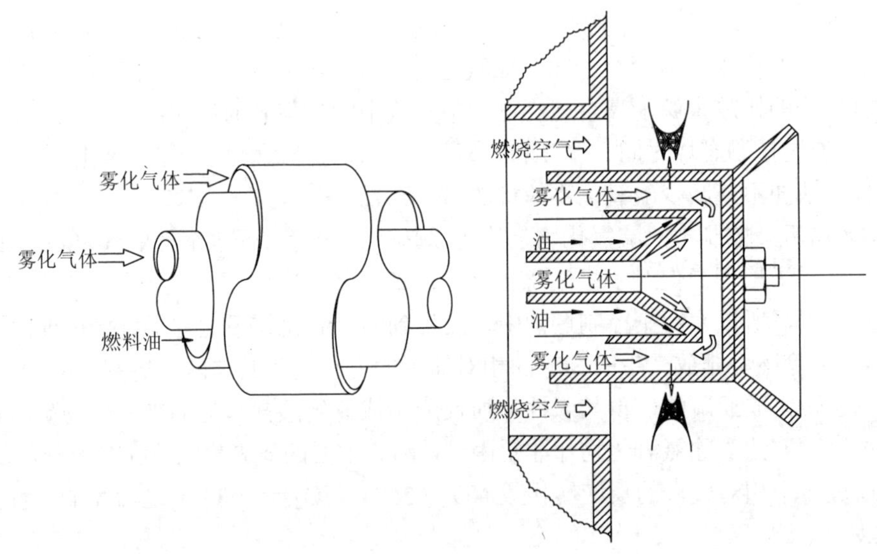

图 5-11 强化混合型低 NO_x 燃烧器

2. 分割火焰型低 NO_x 燃烧器

分割火焰型低 NO_x 燃烧器是在燃烧嘴头部开设一个沟槽（图 5-12），此沟槽可将火焰分割成细而薄的小火焰。由于小火焰放热性能好，并且可以缩短煤气在高温区的滞留时间，因此可减少热力型 NO_x 的生成。此种燃烧器多用于大型锅炉上。

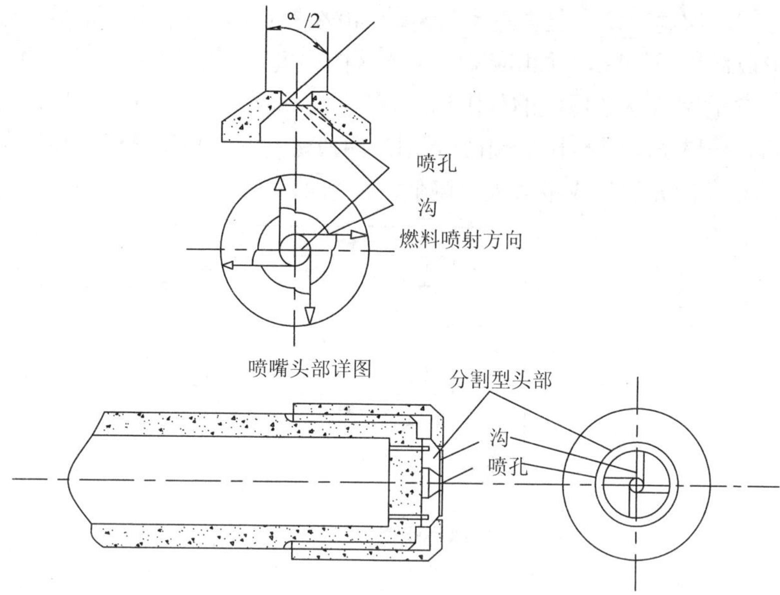

图 5-12　分割火焰型低 NO_x 燃烧器

3. 部分烟气循环低 NO_x 燃烧器

部分烟气循环低 NO_x 燃烧器是利用空气和气体的喷射作用，强制一部分燃烧产物（烟气）回流到燃烧嘴出口附近与烟气、空气掺混到一起，从而降低了循环氧气的浓度，防止局部高温区的形成（图 5-13）。据测定，当烟气再循环达到 20%左右时，抑制 NO_x 的效率最佳，NO_x 的排放量的体积分数在 8.0×10^{-7} 以下，该燃烧器既可用于重油，也可燃烧任何一种气体燃料，广泛用于锅炉、石油、钢铁等工业所用加热炉中。

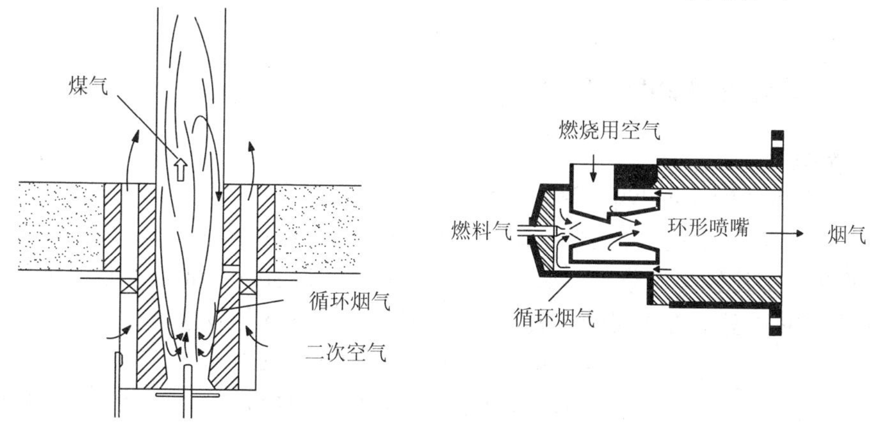

图 5-13　部分烟气循环低 NO_x 燃烧器

4．二段燃烧低 NO_x 燃烧器

二段燃烧低 NO_x 燃烧器的工作原理是将燃烧所用的空气分两次通入，亦即燃烧分两次进行，一次通入的空气占总空气量的 40%～50%，由于空气不足，燃烧呈还原气氛，形成低氧燃烧区，并相应减低了该区的温度，因而抑制了 NO_x 的生成，其余 50%～60%的空气从还原区的外围送入，燃烧火焰在二次空气供入后，在低温继续燃烧得到完全燃烧（图 5-14）。由于采用了两段燃烧，避免了高温、高氧条件下的燃烧状况，因而 NO_x 的生成量可大大降低。

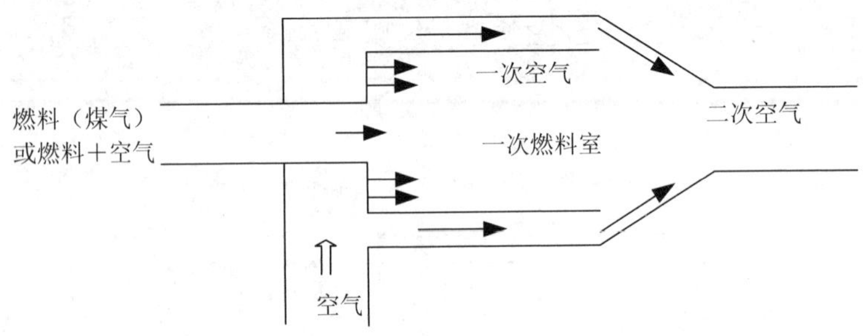

图 5-14　二段燃烧低 NO_x 燃烧器示意

三、燃烧后氮氧化物控制技术

在一些燃烧过程中仅用燃烧控制技术并不能得到预想的 NO_x 排放目标。为此，在排入大气之前还须将 NO_x 从冷却的烟气中除去。通过处理烟气来控制 NO_x 的排放是一项艰难的任务，有两个原因：一是需要处理的烟气流量非常大；二是 NO_x 的总量相对较大，如果采用吸收或吸附过程去除烟气中的 NO_x，必须考虑废物最终处置的难度和费用。目前较为成熟且有优势的烟气 NO_x 控制技术是选择性催化还原（SCR）和选择性非催化还原（SNCR）两种方法。其他吸收方法如吸收法和吸附法也有一定应用。

（一）选择性催化还原（SCR）

1．原理

SCR（Selective Catalytic Reduction）过程是利用氨（NH_3）作为还原剂注入含 NO_x 的烟道气中，通常是空气预热器的上游，NO_x 在以贵金属、金属氧化物等为催化剂的作用下被还原为氮分子和水，反应适宜的温度为 300～400℃，催化剂的组成和活性对 SCR 的处理效率影响很大。NO_x 的选择性催化还原反应可表示为

$$4NH_3+4NO+O_2 \longrightarrow 4N_2+6H_2O \qquad (5\text{-}23)$$

$$8NH_3+6NO_2 \longrightarrow 7N_2+12H_2O \qquad (5\text{-}24)$$

同时也会发生氨的氧化反应

$$4NH_3+3O_2 \longrightarrow 2N_2+6H_2O \tag{5-25}$$

$$4NH_3+5O_2 \longrightarrow 4NO+6H_2O \tag{5-26}$$

在较低温度下，选择性催化还原反应占主导地位，随温度升高有利于 NO_x 的还原。但进一步提高反应温度，氧化反应变得更为重要，结果使得 NO_x 的产生量增加。

2. 工艺流程与布置方式

典型的 SCR 工艺流程如图 5-15 所示，在该工艺流程中，通常在省煤器下游和空气预热器之间位置布置 SCR 反应器。SCR 系统主要包括氨发生系统（储槽、蒸发器、送风机和阀门等）、投加系统和催化系统，氨气与空气混合成氨体积含量为 5% 的气体注入 SCR 反应室。同时，一个连续排放检测系统和相关的反馈控制系统也是必需的。

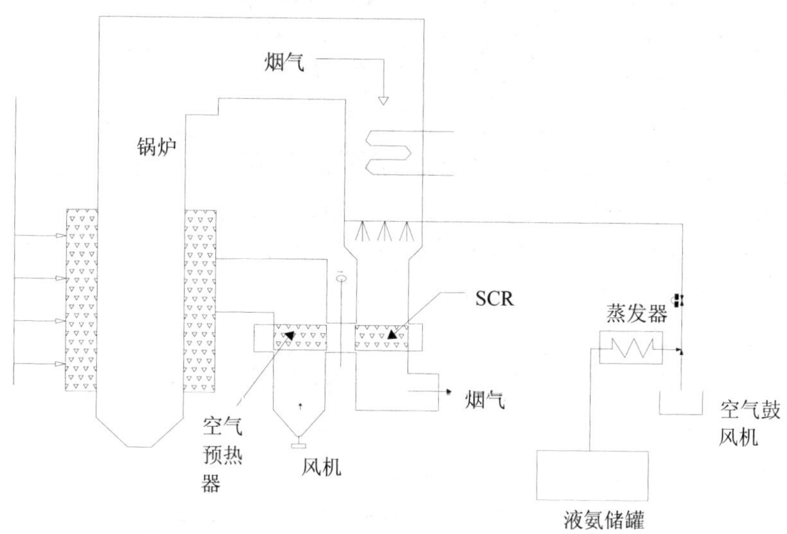

图 5-15　选择性催化还原工艺流程示意

目前，工业应用中催化剂的布置位置普遍采用高温高尘布置。在这种布置方式中，SCR 布置在省煤器下游、空气预热器和除尘装置的上游。在这一位置布置一般采用金属氧化物催化剂，如 V_2O_5、Fe_2O_3、MgO 等，多用 TiO_2、Al_2O_3 等为载体，WO_3 为助催化剂。WO_3 还有加强硬度、抑制 SO_2 转化以及固定烟气中砷的作用。

3. 性能设计参数

1）脱硝效率

$$脱硝效率\ \eta = \frac{C_1 - C_2}{C_1} \times 100\% \tag{5-27}$$

式中：C_1 —— 脱硝前烟气中 NO_x 的质量浓度（干基，6%O_2），mg/m^3；

C_2 —— 脱硝后烟气中 NO_x 的质量浓度（干基，6%O_2），mg/m^3。

烟气脱硝系统设计中，脱硝效率一般不应小于 80%，装置的可用率应保持在 95% 以上。

2）反应温度

反应温度对 NO_x 脱除效率影响较大，一方面是温度升高使脱 NO_x 反应速率增加；另一方面温度的升高 NH_3 氧化反应开始发生，使 NO_x 脱除效率下降。为避免在催化转换器表面生成硫酸铵和硫酸氢铵，SCR 的最低工作温度必须比生成硫酸铵和硫酸氢铵的温度高出 120～140℃。因此，脱硝反应温度一般控制在 300～400℃。

3）氨氮摩尔比

NO_x 脱除率随氨氮摩尔比增加而增加，当氨氮摩尔比小于 1 时，其影响更加明显。若 NH_3 投入量超过需要量时，NH_3 氧化等副反应的速率将增大，同时也造成 NH_3 的逃逸。在 SCR 工艺中氨氮摩尔比一般控制在 1.2 以下，SCR 反应器出口烟气中氨的体积浓度小于 3×10^{-6}（NH_3 逃逸率≤3 μL/L）。

4）SO_2/SO_3 转化率

如果 SCR 脱硝反应发生在含有 SO_2 的烟气中，应避免 SO_2 氧化成 SO_3。因为 SO_3 可以和 NH_3 反应生成硫酸铵和硫酸氢铵，对催化反应不利。为防止这一现象发生，SCR 反应温度至少要高于 300℃，SO_2/SO_3 转化率＜1%。

防止催化剂失效和尾气中 NH_3 残留是 SCR 系统的两大关键操作问题。催化剂由于受到烟气中 K、Na、As、Ca 等的污染，活性将随操作时间增加而下降。若在 SCR 反应器前设置一电除尘器，尽管投资和运行费用会更高，但在一定程度上可以保证一个低尘、低毒的 SCR 系统以延长催化剂的寿命。另外由于烟气中存在三氧化硫，未催化反应的 NH_3 通过反应器后形成硫酸铵，其反应式如下：

$$2NH_3(g)+SO_3(g)+H_2O(g)\longrightarrow(NH_4)_2SO_4(s) \tag{5-28}$$

这些硫酸铵是非常细的颗粒，很容易黏附在催化剂和下游设备（如空气预热器）上。随着催化剂的使用时间增加，活性逐渐降低，残留在尾气中的氨气也慢慢增加。根据日本和欧洲装置的运行经验，剩余在烟气中的 NH_3 体积浓度不应超过 3×10^{-6}。

（二）选择性非催化还原（SNCR）

SNCR（Selective Non-Catalytic Reduction）过程是利用氨基或脲基类化合物作为还原剂将 NO_x 转化为 N_2。因为反应通常发生在较高的温度下（800～1 100℃），能够产生一个很高的活化能，因而不必使用催化剂。还原剂的注入位置通常是位于炉内或紧接在炉子后面（图 5-16）。主要反应如下：

$$4NH_3+4NO+O_2 \longrightarrow 4N_2+6H_2O$$

$$8NH_3+6NO_2 \longrightarrow 7N_2+12H_2O$$

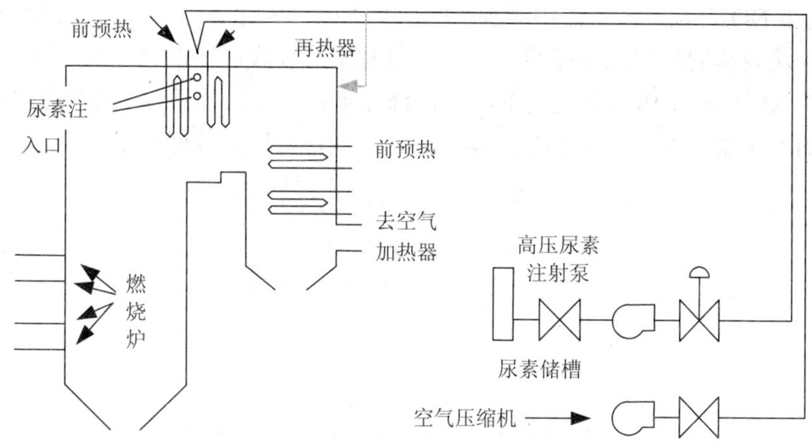

图 5-16　选择性非催化还原工艺流程示意

同时也发生式 5-25 和式 5-26 的反应并消耗部分氨。因此，氨必须注入最适宜的温度区内，保证式 5-23 和式 5-24 主要反应发生。若温度超过 1 100℃，则式 5-25 和式 5-26 将成为主要反应，并导致被还原的 NO_x 减少。另外，若温度降到期望的范围以下，则过量的氨会流出，形成硫酸铵。

在以脲基为还原剂的 SNCR 系统中，尿素的水溶液被注入炉顶的一个或多个部位。其总反应可用下面的方程式来表示：

$$2(NH_2)_2CO+4NO+O_2 \longrightarrow 4N_2+2CO_2+4H_2O \quad (5\text{-}29)$$

$$4(NH_2)_2CO+6NO_2 \longrightarrow 7N_2+4CO_2+8H_2O \quad (5\text{-}30)$$

式 5-28 中显示 1 mol 的尿素可以被 2 mol 的 NO 氧化，但实际经验表明二者化学计量必须大于 1.0，过量的尿素被假定分解为氮气、氨和二氧化碳。化学计量能较大影响还原效率外，其他因素也能降低 NO_x 的还原效果。首先是狭窄的反应温度范围，由于锅炉的负荷不同，最适宜温度的位置在锅炉中也有变化。因此需要多个注入部位和不同的注入量，才能获得最优的结果。其次，由于在炉顶的停留时间很短，不可能使物料与烟气完全混合。因此，会有分层现象产生并使总还原效率下降。

SNCR 法不需要催化剂，工艺流程简单，初始投资费用相当于 SCR 投资的一半，脱硝效率一般为 30%～50%。在所有的脱硝技术中，SCR 法是目前唯一可以使 NO_x 排放低于 50mg/Nm^3 的工程化技术。

（三）吸收法净化烟气中的 NO_x

氮氧化物能够被水、氢氧化物和碳酸盐溶液、硫酸、有机溶液等吸收。当用碱液[如 NaOH 或 Mg（OH）$_2$]吸收 NO_x 时，欲完全去除 NO_x，必须首先将一半以上的 NO 氧化为 NO_2，或者向气流中添加 NO_2。当 NO/NO_2 比等于 1 时，吸收效果最佳。电厂用碱液脱硫的过程已经证明，NO_x 可以被碱液吸收。在烟气进入洗涤器之前，烟气中的 NO 约有 10%被氧化为 NO_2，洗涤器大约可以去除总氮氧化物的 20%，即等摩尔的 NO 和 NO_2。碱溶液吸收 NO_x 的反应过程可以简单地表示为

$$2NO_2+2MOH \longrightarrow MNO_3+MNO_2+H_2O$$

$$NO+NO_2+2MOH \longrightarrow 2MNO_2+H_2O$$

$$2NO_2+Na_2CO_3 \longrightarrow NaNO_3+NaNO_2+CO_2$$

$$NO+NO_2+Na_2CO_3 \longrightarrow 2NaNO_2+CO_2$$

式中，M 代表 K^+、Na^+、Ca^{2+}、Mg^{2+}、NH_4^+等。

用强硫酸吸收氮氧化物已广为人知，其生成物为对紫光谱敏感地亚硝基硫酸 $NOHSO_4$，后者在浓酸中是非常稳定的。反应式为：

$$NO+NO_2+2H_2SO_4 \longrightarrow 2NOHSO_4+H_2O$$

烟气中的所有水分都会被酸吸收，吸收后的水将会使上述反应向左移动。为减少水的不良影响，系统可在较高温度下（大于 115℃）操作，以使溶液中水的蒸气压等于烟气中水的分压。

此外，熔融碱类或碱性盐也可作吸收剂净化含 NO_x 的尾气。

（四）吸附法净化烟气中的 NO_x

吸附法既能比较彻底地消除 NO_x 的污染，又能将 NO_x 回收利用。常用的吸附剂为活性炭、分子筛、硅胶、含氨泥煤等。

过去已经广泛研究了利用活性炭吸附氮氧化物的可能性。与其他材料相比，活性炭具有吸附速率快和吸附容量大等优点。但是，活性炭的再生是个大问题。此外，由于大多数烟气中有氧存在，对于活性炭材料防止着火或爆炸也是一个问题。

氧化锰和碱化的氧化亚铁表现出了技术上的潜力，但吸附剂的磨损是主要的技术障碍，离实际应用尚有较大距离。

最近，正在开发氮氧化物和二氧化硫联合控制技术。例如，美国匹兹堡能源技术中心采用浸渍了碳酸钠的γ-Al_2O_3 圆球作为吸附剂，同时去除烟气中的氮氧化物和二氧化硫，处理过程包括吸附、再生等步骤，主要反应过程可表示为

$$Na_2CO_3+Al_2O_3 \longrightarrow 2NaAlO_2+CO_2$$

$$2NaAlO_2+H_2O \longrightarrow 2NaOH+Al_2O_3$$

$$2NaOH+SO_2+\frac{1}{2}O_2 \longrightarrow Na_2SO_4+H_2O$$

$$2NaOH+2NO+\frac{3}{2}O_2 \longrightarrow 2NaNO_3+H_2O$$

采用天然气、一氧化碳可以对吸附剂进行再生，再生反应如下：

$$4Na_2SO_4+CH_4 \longrightarrow 4Na_2SO_3+CO_2+2H_2O$$

$$4Na_2SO_3+3CH_4 \longrightarrow 4Na_2S+3CO_2+6H_2O$$

$$Al_2O_3+Na_2SO_3 \longrightarrow 2NaAlO_2+SO_2$$

$$Al_2O_3+Na_2S+H_2O \longrightarrow 2NaAlO_2+H_2S$$

该技术对烟气中二氧化硫的去除率达 90%，对氮氧化物的去除率达 70%～90%，但需要大量吸附剂，设备庞大，投资大，运行动力消耗也大。

正在开发的电子束和脉冲等离子体脱硫脱硝技术也能达到较高的净化效率，但仍然存在一些技术障碍。

复习与思考题

1. 简述低浓度二氧化硫烟气脱硫的工艺难点，考虑到二氧化硫气体的性质，可否采用水或氢氧化钠溶液吸收烟气中的二氧化硫。

2. 简述湿式石灰石法的脱硫原理、系统构成及主要优缺点。

3. 试比较几种低浓度二氧化硫烟气脱硫方法的特点，在脱硫工艺选择过程中应注意哪些问题？

4. 简述氮氧化物和硫氧化物产生及控制的异同点。

5. 简述低氮氧化物燃烧技术的原理及主要的低氮氧化物燃烧器。

6. 简述选择性催化还原法（SCR）和选择性非催化还原法（SNCR）控制氮氧化物的基本原理。

第六章　机动车尾气净化技术

自 1886 年德国人卡尔·奔驰制造出世界上第一辆汽车以来，汽车就与发达两个字联系在一起，成为现代文明社会的基本标志之一，在城市交通运行中越来越成为一个重要的条件，给人类的生产和生活带来诸多方便；当今世界各国城市化进程的规模是空前的，据估算，到 2025 年世界将有 2/3 的人口居住在城市，这意味着将有更多的人和货物需要运输。机动车给人类带来了实实在在的便捷，然而人类在享受机动车的同时也为此付出了昂贵的代价，包括高昂的道路修建和维护费用，道路拥挤给经济发展带来的危害，剧增的能源消耗和温室气体排放及严重的城市空气污染和噪声污染。

本章在简要介绍城市交通趋势及影响的基础上，详细讨论机动车尾气污染的形成机理及可行的污染控制技术手段，并简单介绍了新能源汽车技术的相关知识。

第一节　城市交通趋势及影响

一、机动车保有量的增长

全球的机动车保有量增长的速度是惊人的，在发展中国家尤为明显。相关数据显示，在 1995 年全球汽车总量已经超过 6.5 亿辆，截至 2011 年 8 月，全球处于使用状态的各种汽车总保有量已突破 10 亿辆。中国在用机动车保有量增长速度也是惊人的，据不完全统计，2004 年年底中国机动车保有量为 1.07 亿辆，而截至 2011 年 11 月底，全国的机动车保有量已达 2.25 亿辆，与前者相比，增长了 110.28%，年均增长率达 13.19%。

二、交通源对城市空气污染的影响

光化学烟雾事件最早出现在美国的洛杉矶市。20 世纪 50 年代，和以往正常年份相比每年洛杉矶市多死亡数百人，成千上万人患上了红眼、流泪、喉痛、胸闷和呼吸困难等疾病；城市周围树木枯死，市郊的农作物减产。洛杉矶“光化学烟雾”事件发生后，汽车导致的环境污染问题逐步引起重视。

为了保护生态平衡和人类健康，国际社会从 20 世纪 50 年代开始注重研究控制大气污染问题。1952 年 6 月，美国加州理工学院教授 J. Huagen Smith 在《工业与化学进程》杂志上发表了光化学烟雾成因的研究报道，首次指出汽车排气可能是城市空气污染的罪魁。此后近 50 年来美国、欧盟（EC）等政府和汽车生产商投入大量人力、物力及财力解决汽车排气污染问题，不断颁布日益严格的汽车排放法规，促使汽车排气净化技术日趋成熟。

1. 汽车尾气污染物及对其环境的影响

汽车尾气的成分复杂，所含污染物种类高达上百种，其中主要污染物有一氧化碳（CO）、碳氢化合物（HC）、氮氧化物（NO_x）及微粒排放物等有害成分。据统计，平均燃烧 1 t 燃油生成的有害物质达 40～70 kg。

CO 是汽车尾气中有害物中浓度最高的一种成分，城市空气中 90%以上的 CO 来自汽车排气。CO 是燃油燃烧不充分的产物，加速、减速和怠速时的排放量较大。

HC 尽管在汽车尾气中含量不多，但从尾气成分的检测分析知排出的碳氢化合物中含有少部分醛类（甲醛、丙烯醛）和多环芳烃（苯并[*a*]芘等）。其中甲醛与丙烯醛对鼻、眼和呼吸道黏膜有刺激作用，可引起结膜炎、鼻炎、支气管炎等症状。苯并[*a*]芘被认为是一种强致癌物质；并且城市空气中一半以上的 HC 由汽车排放。

NO_x 主要是 NO 和 NO_2，NO 与血液中血红蛋白的亲和力比 CO 还强，通过呼吸道及肺进入血液，使人体失去输氧能力，产生与 CO 相似的严重后果。NO_x 和 HC 在一定条件下可发生光化学反应，生成二次污染物光化学烟雾，严重影响人体健康。

微粒排放物（PM）由数百种以上的有机成分和无机成分组成，包括不可溶性组分、可溶性组分、硫酸盐及炭粒等，具有致癌性等危害。$PM_{2.5}$ 和 PM_{10} 就是其中典型的两类污染物，它们会对呼吸系统和心血管系统造成伤害，也会影响能见度。灰霾天气是指大量极细微的干尘粒等均匀地浮游在空中，使能见度小于 10 km，空气普遍有混浊现象的天气状况。对城市灰霾天气期间能见度下降与颗粒物污染的关系分析表明：能见度的改善或恶化与细颗粒物质量浓度密切相关，$PM_{2.5}$ 的源解析表明汽车尾气是主要人为源之一。

汽车的尾气除了上述的直接污染外，同时还会产生一些间接污染：排出的 CO_2 将产生全球性的温室效应，导致出现全球变暖、气候异常及自然灾害；排出的氮氧化物和硫化物也是烟雾、酸雾及酸雨中的主要有害成分，对森林植被、农作物及建筑物都会产生腐蚀作用。

汽车排放源主要来自三个方面：尾气排放、燃油蒸发排放和油箱通风，其中后两方面的排放物相对于第一方面来说要少得多，因此汽车的排放主要来自发动机燃烧产生的尾气。对某辆未采用排放控制措施的汽车，其污染物来源和相对排放量见表 6-1。

目前世界上 99%的汽车使用燃油发动机，汽车通过燃烧汽油或柴油获得前进动力，在全世界的能源结构中，20%以上用于交通运输，而汽车保有量大且以较快速度增长，因此燃料的耗用量巨大且呈快速增长状态；城市交通拥堵导致车辆行驶平均速度低且大部分时间处于加速、减速或怠速状态，恶劣的机动车运行状况导致更多尾气排放。

表 6-1 汽油车污染来源及其相对比例

排放源	相对排放量（占该污染物总排放量的百分比/%）		
	CO	NO_x	HC
尾气管	98～99	98～99	55～65
曲轴箱	1～2	1～2	25
蒸发排放	0	0	10～20

汽车发动机排放的尾气中的一部分毒性物质，是由于燃料不完全燃烧或燃气温度较低时发生较多；尤其是在次序启动、喷油器喷雾不良、超负荷工作运行，燃油不能很好地与氧化合燃烧，必定生成大量的 CO、HC 和煤烟；另一部分有毒物质是由于燃烧室内的高温、高压而形成的氮氧化物 NO_x（NO 和 NO_2 的总称）。

总之，汽车尾气中除 CO_2、水蒸气为无害成分外，其余成分如 CO、HC、NO_x、PM 及二氧化硫等均为有害物质，这些有害物质的排放增加了大气污染，破坏环境的生态平衡；而在一定条件下生成的二次污染物，对人体健康危害程度更大。表 6-2 为美国全国机动车所产生的空气污染物的排放贡献率。

表 6-2 美国机动车所产生的空气污染物的排放贡献率

来　　源	CO	NO_x	HC
1997 年全美国人为源年排放总量①/$\times10^6$	87.5	23.6	19.2
公路车辆排放/%	57.4	29.8	27.7
非公路车辆排放/%②	19.2	19.3	12.6
交通和运输源的总和/%	76.6	49.1	40.3

注：① 单位为 t（美国）；

② 非公路车辆是指飞机、铁路、轮船、建设设备及农用设施。

继洛杉矶市发生光化学烟雾事件后，在北美、日本、澳大利亚和欧洲部分地区也先后出现过这种烟雾。1999 年 10 月，美国国家环保局报告认为，光化学烟雾和颗粒物导致每年 1.5 万人寿命缩短，40 万人患气管炎；按目前的汽车保有量估计，全球汽车每年向大气排放约 6.5 亿 t CO，1.3 亿 t HC，0.65 亿 t NO_x 及大量其他有害物质。

汽车尾气排出的污染物，给人类赖以生存的大气环境带来了严重的污染，特别是在交通干线等人口密集区，其排气高度接近于人体呼吸带，给人体健康造成了严重的危害。随着汽车保有量的持续高速增长，使得汽车污染物排放问题急剧增加；同时随着经济的快速发展和人民生活水平的不断提高，人类对生存环境的质量要求更高。因此，必须采取有效措施减少或者消除汽车尾气的排污量，这已成为能源与环境研究中的一个重大课题。

2．机动车排放法规的演变

早在20世纪40年代中期，由于光化学烟雾在洛杉矶市的出现使加利福尼亚州成为世界上第一个实施控制汽车排放法规的地区；1968年美国联邦政府通过了《清洁空气法》修正案，开始对全国汽车排放进行控制，并于1970年颁布了《大气净化法案》（马斯基法）；继美国之后，世界各国也根据各自不同的环境状况和汽车保有量制定和实施汽车排放法规。机动车排放法规的发展大体可分成三个时期。

1）第一时期（相当于美国20世纪70年代）

可称为排放法规的起步和完善时期。首先从控制汽油车曲轴箱排放的HC开始，接着是怠速排放的CO、HC浓度，然后逐步实施工况法，控制尾气的CO、HC和NO_x排放量。采用的控制技术主要是发动机改造，包燃烧系统的改进，如增大空燃比、延迟点火角等；其次是化油器的改进，如改为带有多项净化装置的复杂化油器，提高流量控制精度等。这一时期污染物降低的比例一般为40%～60%。这一时期已有国家初步开始采用EGR（废气再循环）装置降低NO_x的排放量。

2）第二时期（相当于美国20世纪80年代到90年代初期）

这一阶段实际上是美国《清洁空气法》修正案正式实施的时期。该时期汽车排放控制技术发展最快，大气质量改善效果最明显，污染物CO、HC、NO_x的排限值为实施前的1/10左右；先进的三效催化剂和电子燃油喷射技术的发展就是在这一时期。这些新技术的采用不仅使汽车排放污染物量大幅度降低；并且使汽车的动力性、经济性和驾驶性能都得到了较大的改善，促进了汽车工业的技术进步；同时，由于使用三效催化剂对汽油的含铅量提出较苛刻的要求，也促进了石油工业的发展，实现了汽油无铅化。

3）第三时期（相当于美国20世纪90年代中期到21世纪初期）

这一时期又称低排放车时期，美国联邦于1990年对《清洁空气法》再次进行修正。这一时期的第一阶段限值要求CO、HC、NO_x的排放量降低30%～60%；第二阶段的限值要求比第一阶段再降低50%，几乎达到零排放。要达到这一时期的排放限值，不仅需要车辆技术的改进，而且要靠燃料的同步改善。相应采取的技术措施有：改进催化剂成分，电控发动机技术（包括电控多点燃油喷射、电控点火、电控EGR和电控催化器等），新配方汽油，低污染或无污染的代用燃料汽车、电动汽车等。节能、低污染或无污染已成为今后世界汽车工业的发展方向。

3．国外汽车排放法规

1）美国

美国是世界上最早认识汽车排放对环境危害的国家，从20世纪60年代开始实施汽车排放控制法规。相关数据表明：1996年对汽油车尾气排放控制的限值与未控制的 1970 年以前车型相比 CO、HC、NO_x 排放量分别降低了 96%、98%、94%。因为美国加利福尼亚州洛杉矶市化学烟雾事件的发生，使加州成为美国第一个实施机动车排放标准的州，至今仍是美国唯一有权力制定自己尾气排放标准的州。美国的汽车排放法规主要分为加州和美国联邦两大类，一般以加州制定的标准最为严格，而且往往要早于联邦标准 1～2 年。20 世纪末美国联邦和加州中型车尾气排放标准对比如表 6-3 所示。

表 6-3 美国联邦和加州中型车尾气排放标准　单位：g/英里[④]

标准（FTP-75）		使用 50 000 英里或 5 年			使用 120 000 英里或 11 年			实施年
		CO	HC	NO_x	CO	HC	NO_x	
美国联邦		10.0	0.80	1.7	—	—	—	1983
加州/美国一级	0～3 750 磅	3.4	0.25（NMHC）[①]	0.4	5.0	0.36（NMHC）	0.55	1995/1996[②]
	3 751～5 750 磅	4.4	0.32（NMHC）	0.7	6.4	1.46（NMHC）	0.98	
	5 751～8 500 磅	5.0	0.39（NMHC）	1.1	7.3	0.56（NMHC）	1.53	
	8 501～10 000 磅[③]	5.5	0.46（NMHC）	1.3	8.1	0.66（NMHC）	1.81	
	10 000～14 000 磅[③]	7.0	0.60（NMHC）	2.0	10.3	0.86（NMHC）	2.77	
加州低排放车辆/联邦清洁燃料车队计划								
低排放车	0～3 750 磅	3.4	0.125（NMOG）[①]	0.4	5.0	0.108（NMOG）	0.6	1998[②]
	3 751～5 750 磅	4.4	0.160（NMOG）	0.7	6.4	0.230（NMOG）	1.0	
	5 751～8 500 磅	5.0	0.195（NMOG）	1.1	7.3	0.280（NMOG）	1.5	
	8 501～10 000 磅[③]	5.5	0.230（NMOG）	1.3	8.1	0.330（NMOG）	1.8	
	10 000～14 000 磅[③]	7.0	0.300（NMOG）	2.0	10.3	0.430（NMOG）	2.8	
超低排放车	0～3 750 磅	1.7	0.075（NMOG）	0.2	2.5	0.107（NMOG）	0.3	1998[②]
	3 751～5 750 磅	2.2	0.100（NMOG）	0.4	3.2	0.143（NMOG）	0.5	
	5 751～8 500 磅	2.5	0.117（NMOG）	0.6	3.7	0.167（NMOG）	0.8	
	8 501～10 000 磅[③]	2.8	0.138（NMOG）	0.7	4.1	0.197（NMOG）	0.9	
	10 000～14 000 磅[③]	3.5	0.180（NMOG）	1.0	5.2	0.257（NMOG）	1.4	

说明：① NMHC，非甲烷碳氢化合物；NMOG，非甲烷有机气体。中型车排放标准还有颗粒物限值和醛类排放限值。
② 逐步实施的开始年。
③ 只适用于加州非柴油车辆。所有超过 8 500 磅柴油车执行重型发动机测试方法和排放标准。1 磅=0.453 592 37 kg。
④ 1 英里=1 609.344 m。

2）欧洲

欧洲是工业革命的起源地，19 世纪以来的欧洲曾经历了非常严重的空气污染。例如 1952 年，伦敦大烟雾持续 5 天，导致 3 000～4 000 人死亡。20 世纪 50～80 年代，欧洲几乎每个国家的大城市都经历了严重的空气污染。在此期间，欧洲国家开始制定空气保护法规。

1956 年，英国通过第一个《清洁空气法》，限制排烟，推出无烟区的概念。

1969 年，欧洲的瑞典、联邦德国等国家开始实施汽车怠速排放法规，限制汽车怠速时的 HC 和 CO 排放。1970—1972 年开始欧洲统一的工况试验，最初各国的排放限值都不一样。1974 年出现了欧洲的综合法规，即联合国欧洲经济委员会的 ECE R15，以后每 3～4 年修订加严一次。1977 年，欧盟开始限制 NO_x 排放。

1984 年修订为 ECE R15-04，对 HC 和 NO_x 的排放标准是限制这两项排放的总和。

1988 年开始对柴油机的微粒排放进行限制。

1989 年新制定了 ECE R83-00 排放法规，但没有真正实施，即所谓的欧洲 0 号标准。1991 年修订为 ECE R83-01，该法规等同于欧洲经济共同体 91/441/EEC 指令，从 1992 年 7 月开始在欧共体成员国内强制实施，即欧洲 1 号排放标准。

以后欧洲又相继推出系列法规。自 1993 年开始，积极强化汽车排放法规，先后实行欧洲 1 号（欧Ⅰ）标准、欧洲 2 号（欧Ⅱ）标准、欧洲 3 号（欧Ⅲ）标准、欧洲 4 号（欧Ⅳ）标准及欧洲 5 号（欧Ⅴ）标准。欧洲标准是由欧洲经济委员会（ECE）的排放法规和欧共体（EEC）的排放指令共同加以实现的。表 6-4 为无铅汽油车欧洲排放规定。计划于 2014 年 9 月开始实施的欧洲 6 号（欧Ⅵ）标准对于机动车的尾气污染物排放浓度及尾气排放量都提出了更加严格的要求。

表 6-4 无铅汽油车欧洲排放标准规定限值 单位：g/km

标准等级	开始实施日期	CO	HC	NO_x	HC+ NO_x	PM
欧Ⅰ	1992.7	2.72	—	—	0.97	—
欧Ⅱ	1996.1	2.2	—	—	0.5	—
欧Ⅲ	2000.1	2.3	2.3	0.15	—	—
欧Ⅳ	2005.1	1.0	1.0	0.08	—	—
欧Ⅴ	2009.9	1.0	1.0	0.06	—	0.005

注：表中个别数据还有具体的技术参数规定，受版面限制从本书中略去。

3）日本

日本于 1966 年 7 月签署机动车排放标准，1975 年开始大规模生产使用无铅汽油的汽油机。1972 年 12 月，日本政府签署了 1973 年汽车排放控制标准，在控制 CO 的基础上，对 HC 和 NO_x 提出了控制标准。1976 年，日本政府签署了 1978 年的汽车排放控制标准，那是当时世界上最为严格的排放标准。它要求 NO_x 排放降低到 1973 年以前车型的 1/10 的水平。

此后，日本政府在相当长时间内保持排放法规的稳定，但在 2000 年及 2002 年，日本政府又分别对各种车型加强了排放法规。

目前美国、欧盟（EC）日本的排放法规体系构成世界汽车排放法规的三大体系。这三种体系各有特点，排放测试的有关程序及规定不完全一样，所以这三者的排放限值也不便于比较。总体来说，以美国的排放法规最为严格。

目前，有国际组织正进行全球汽车排放法规的一体化工作。

4．我国控制汽车排放的道路

同欧美发达国家相比，我国汽车排放法规的建立与实施起步较晚。相对于美国和日本的排放标准来说，欧洲标准测试要求比较宽泛，成为发展中国家大都沿用的汽车尾气排放体系。我国于 1983 年开始陆续颁布汽车排放标准，1993 年开始修订旧标准。

随着我国社会经济和汽车工业快速发展，有关汽车排放的科技标准也日益科学全面。近 20 年来，我国制定和执行的相关标准的污染物限值和测试规范基本上沿用了欧盟的标准。相关标准不仅规定了汽车排放污染物的类型认证和生产一致性试验的排放限值，还规定了排气污染物排放、曲轴箱气体排放、装用点燃式发动机汽车的燃油蒸发排放、污染控制耐久性等试验的测试方法。表 6-5 列出了部分我国目前处于执行期的汽车排放相关标准。

表 6-5　我国近年颁布的汽车排放标准（部分）

序号	代　号	名　称	发布时间
1	GB 18352.1—2001	轻型汽车污染物排放限值及测量方法（Ⅰ）	2001-04-16
2	GB 14762—2002	车用点燃式发动机及装用点燃式发动机汽车排气污染物排放限值及测量方法	2002-11-18
3	GB18352.3—2005	轻型汽车污染物排放限值及测量方法（中国Ⅲ、Ⅳ阶段）	2005-04-15
4	GB 11340—2005	装用点燃式发动机重型汽车曲轴箱污染物排放限值及测量方法	2005-04-15
5	GB 14763—2005	装用点燃式发动机重型汽车燃油蒸发污染物排放限值及测量方法(收集法)	2005-04-15
6	GB 17691—2005	车用压燃式、气体燃料点燃式发动机与汽车排气污染物排放限值及测量方法（中国Ⅲ、Ⅳ、Ⅴ阶段）	2005-05-30
7	GB 19756—2005	三轮汽车和低速货车用柴油机排气污染物排放限值及测量方法(中国Ⅰ、Ⅱ阶段)	2005-05-30
8	GB 18285—2005	点燃式发动机汽车排气污染物排放限值及测量方法(双怠速法及简易工况法)	2005-05-30
9	GB 3847—2005	车用压燃式发动机和压燃式发动机汽车排气烟度排放限值及测量方法	2005-05-30
10	HJ/T 240—2005	确定点燃式发动机在用汽车简易工况法排气污染物排放限值的原则和方法	2005-12-12
11	HJ/T 241—2005	确定压燃式发动机在用汽车加载减速法排气烟度排放限值的原则和方法	2005-12-12
12	GB 20890—2007	重型汽车排气污染物排放控制系统耐久性要求及试验方法	2007-04-03
13	HJ/T 395—2007	压燃式发动机汽车自由加速法排气烟度测量设备技术要求	2007-12-14
14	HJ/T 396—2007	点燃式发动机汽车瞬态工况法排气污染物测量设备技术要求	2007-12-14
15	GB 14762—2008	重型车用汽油发动机与汽车排气污染物排放限值及测量方法（中国Ⅲ、Ⅳ阶段）	2008-04-02

我国 2001 年实施的《轻型汽车污染物排放限值及测量方法（Ⅰ)》等效于欧洲 1 号标准；2004 年实施的《轻型汽车污染物排放限值及测量方法（Ⅱ)》等效于欧洲 1 号标准；2007 年实施的国Ⅲ标准相当于欧洲 3 号标准；2011 年实施的国Ⅳ标准相当于欧洲 4 号标准。

虽然我国的汽车排放科技标准在近些年得到了较快发展，但目前从整体上来看，汽车排放标准与国际水平相距甚远，汽车产品和维护水平、检测监督还达不到环保要求。所以，降低汽车尾气排放，强化法规制约，治理汽车排放污染是我国的一项长期而艰巨的重要任务。

第二节　汽油发动机污染物的形成与控制

一、汽油机的工作原理与污染来源

1. 汽油机工作原理

汽油机的典型构造如图 6-1 所示，凸轮轴驱动进排气门开启或者关闭以实现进气和排气，火花塞点燃空气和汽油的混合气，混合气剧烈燃烧，产生高温高压的燃气推动活塞下行，从而驱动曲轴对外输出功率。汽油机在结构上的显著特点是：缸内有火花塞，活塞顶一般为平顶，汽油和空气的混合一般在汽缸外完成。当然现在也有汽油机采用缸内汽油喷射，具有较好的经济性，并且有良好的发展趋势。

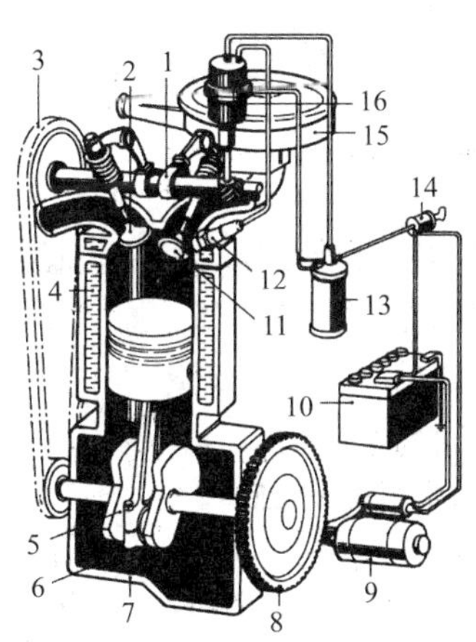

1—凸轮轴；2—排气门；3—正时皮带，4—冷却液；5—曲轴；6—润滑油；7—油底壳；
8—飞轮；9—启动机；10—蓄电池；11—进气门；12—火花塞；
13—点火线圈；14—点火开关；15—空气滤清器；16—分电器

图 6-1　汽油机构造

传统汽油机的工作过程如图 6-2 所示，其一个工作循环可以分为四个行程：进气行程、压缩行程、膨胀行程和排气行程。

进气行程如图 6-2（a）所示，进气门开启，排气门关闭，曲轴旋转带动活塞向下移动，燃烧室容积加大，空气和燃料的混合物通过进气门进入缸体。活塞到达下止点时，进气过程结束。对于电喷汽油机而言，汽油和空气的混合气一般是由进气管上的汽油喷嘴向进气管内喷射雾化的汽油，制得混合气。

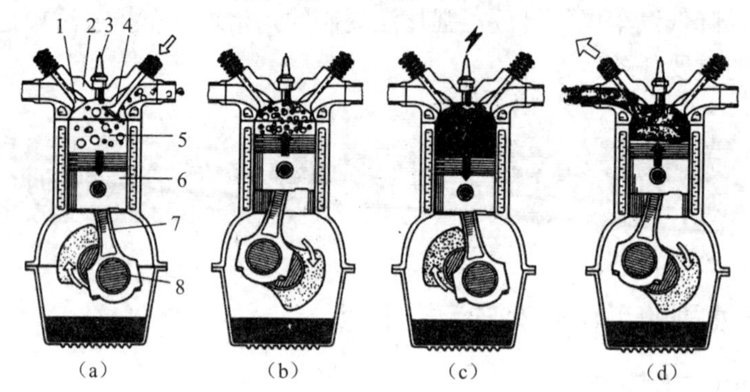

1—排气门；2—汽缸盖；3—火花塞；4—进气门；5—汽缸；6—活塞；7—连杠；8—曲轴

图 6-2　汽油机的工作过程

压缩行程如图 6-2（b）所示，进排气门全部关闭，活塞由下止点向上止点移动。进气门和排气门关闭，活塞上移，进入燃烧室的空气和燃料被压缩，缸内气体压力和温度升高。

膨胀行程如图 6-2（c）所示，高压燃烧气体推动活塞下移，曲柄连杆机构对外做功。

排气行程如图 6-2（d）所示，排气门开启，活塞上行，废气排出。

现代汽油机为实现良好的经济性和排放性能，都采用了电控喷油系统及其他系统的电子控制。电喷汽油机的电控供油的基本原理是：利用空气流量计测量进气流量，电控单元根据空气流量及其他信号计算燃油喷射量，并根据安装在排气管上的氧传感器的空燃比信号对燃油喷射量进行反馈修正，以实现喷油量的精确控制。

2．主要汽油机污染物的来源及控制

汽油机排放气体中的有害物质是在燃料燃烧为发动机提供动力的过程中产生的，包括汽油挥发泄出的蒸汽、曲轴箱中窜漏的废气、排气管的尾气以及汽油中带入的硫、铅、磷在排气中形成的污染物。

汽油机排气中的有害物质是燃烧过程产生的，主要有 CO、NO_x、HC（包括芳香烃、烯烃、烷烃等）臭气（醛类）及微粒等，物质成分达 140 多种，并且其中 80% 以上的污染物是从发动机排气管排放的。其中，硫氧化物和铅化合物可以通过降低燃料中的含硫量及采用无铅汽油来得到有效控制。目前排放法规控制的是 CO、HC、NO_x 和柴油车颗粒物 4 种污染物。

汽车尾气中的有害物质的危害作用非常大，必须采取一系列措施来控制。根据汽油机工作原理和污染物来源，常用的有效控制措施有以下几种。

（1）燃料的改进与替代

因为相当一部分污染物是由于汽车油料本身达不到标准，造成燃烧不彻底而产生大量污染物，所以燃料的改进与替代是非常必要的。例如，以无铅汽油代替有铅汽油以提高汽油的品质、在汽油中添加少量含氧化合物以改善燃料的燃烧性能等，称为燃料的改进；采用可燃性气体燃料[如石油液化气（LPG）、天然气（CNG）、工业煤气等]可燃性液体燃料（如甲醇、乙醇、苯等）、混合燃料（如乙醇-汽油）或电力替代等措施，减少污染物质的排放，称为燃料的替代。表 6-6 为化油器式发动机桑塔纳轿车改装成 LPG-汽油双燃料前后的排放变化测试结果。

表 6-6　桑塔纳轿车 LPG-汽油双燃料 ECE15 工况法排放测试结果

燃料 / 污染物	汽油	LPG-汽油	变化率
CO	67.6	38.2	−43.5%
HC+NO_x	16.44	15.85	−3.6%

（2）机内净化

机内净化是指在汽车的设计和制造过程中采用降低污染的发动机技术，常见的机内净化技术有电控汽油喷射系统（EFI）、废气再循环控制系统（EGR）、控制燃烧系统（CCS）、清洁空气装置（CAP）等。具体内容将在本章第三节中作详细介绍。

（3）机外净化

机外净化是在废气离开发动机入大气前对其采取的最后处理，也称为尾气净化，多采用催化方法将产生的有害气体转化为无害气体，是减少汽车排气污染的一种简便且有效的方法，目前被发达国家广泛采用。常用的机外净化处理装置有氧化型催化转化器、还原型催化转化器、三效催化转化器等，具体内容将在本章第四节中作详细介绍。

二、燃烧过程污染物的形成

1. 一氧化碳（CO）

一氧化碳（CO）是烃燃料燃烧的中间产生。排气中的 CO 是燃料不完全燃烧的产物。决定 CO 排放量的主要因素是空燃比、空气和燃料的混合程度、内壁的淬灭效应等。汽油是多种碳氢化合物的混合物，用 C_xH_y 来表示（x 和 y 的值随汽油产地和生产季节而异，典型的值为 x=8，y=17）。汽油完全燃烧的化学方程式如下：

$$C_xH_y+\left(x+\frac{y}{4}\right)O_2 \longrightarrow xCO_2+\frac{y}{2}H_2O$$

影响 CO 的产生量的因素有如下两个方面。

1）混合气浓度

这是一个主要的因素。在空气过剩系数α<1 的工况时，由于缺氧使燃料中的 C 不能完全氧化成 CO_2，CO 作为其中间产物而产生；当α>1 时，理论上不应有 CO 产生。但在实际燃烧过程中，由于混合不均匀造成局部区域α<1 条件成立，即燃烧室内局部缺氧，由局部燃烧不完全产生 CO。

2）高温热解

由于燃烧后废气温度很高，有部分已成为燃烧产物的 CO_2 和 H_2O 在高温时吸热，发生热离解反应生成 CO。

另外，在排气过程中未燃碳氢化合物 HC 的不完全氧化也会产生少量 CO；燃烧终了时的 CO 浓度一般取决于燃气温度，但由于发动机膨胀过程中缸内温度下降很快，以至于温度下降速度远快于气体中各成分建立新的平衡过程的速度，即产生“冻结”现象，实际的 CO 浓度要高于排气温度相对应的化学平衡浓度。

2．HC 化合物的形成

汽油机的 HC 排放有三个来源：排气管的尾气、曲轴箱的通风及油箱的蒸发排放等。这里主要讨论来自排气管的 HC 排放。汽油机排气 HC 生成的原因很复杂，主要原因有如下几方面。

1）不完全燃烧

汽油机中不完全燃烧的原因主要有怠速及高负荷工况时，可燃混合气处于α<1 的过浓状态，加上怠速时残余废气系数较大，造成不完全燃烧；熄火也是汽油机 HC 排放的重要原因；另外，汽车在加速或减速时，会造成暂时的混合气过浓或过稀的现象，也会产生不完全燃烧或熄火；当然，即使在α>1 时，由于油气混合不均匀，也会因不完全燃烧而产生 HC 排放。

2）壁面淬熄效应

壁面淬熄效应是指温度较低的燃烧室壁面对火焰的迅速冷却，使活化分子的能量被吸收，链式反应中断，在壁面形成厚 0.1～0.2 mm 的未燃烧或未完全燃烧的火焰淬熄层，产生大量 HC。在此过程中，燃气温度高达 2 000℃以上，而汽缸壁面温度在 300℃以下，当燃烧的火焰接触到温度很低的燃烧室壁面，壁面淬熄效应使燃烧反应变缓或终止，会形成 HC 排放。某些研究结果表明：由壁面淬熄效应产生的 HC 可占排气管排放 HC 的 30%～50%。

3）狭缝效应

燃烧室中存在的各种缝隙，如活塞、活塞环和汽缸壁之间的间隙，缝隙会使火焰熄灭，导致 HC 排放。虽然缝隙容积小，但因为气压高，温度低，密度大，因而 HC 的浓度较高。

4）壁面油膜和积炭的吸附

汽缸壁面的润滑油膜对 HC 蒸气的吸附和解析作用会造成 HC 排放；另外沉积在活塞顶部、燃烧室壁面和进排气门上的多孔性积炭也会产生此效应。这种由油膜和积炭吸附产生的 HC 占总数的 35%～50%。在某些车上，往往有较厚的积炭层，当清除积炭后，HC 排放会降低 20%～30%。

表 6-7 为未经净化处理的汽油机尾气排放中 HC 的典型组成。汽油中并不含有甲烷、乙烷、乙炔、丙烯、甲醛及其他醛类，它们属于淬熄层的不完全燃烧产物。

表 6-7　汽油机尾气排放的主要 HC 种类

污染物种类	体积分数/10^{-6}
甲烷	170
乙烷	160
乙炔	120
甲醛	100
甲苯	55
醛类（不包括甲醛）	53
二甲苯	50
丙烯	49
丁烯	36
戊烯	35
苯	22

3. NO_x 的生成机理

由于汽车发动机燃烧室内的高温、富氧等因素使得相当量 NO_x 产生，NO_x 是氮氧化物的总称。在汽车发动机燃烧产物排入大气前，NO_x 主要以 NO 形式存在，其他形式的氮氧化合物量很少；当其排入大气后，NO 会转化为 NO_2。所以 NO_x 通常是指 NO 和 NO_2。

NO 是在燃烧过程的高温条件下于燃烧室内形成的，关于该气体的生成机理，近年来国内外已进行了大量的研究，认为主要的有下面三种类型。

1）热力型 NO

热力型 NO 的生成与燃烧温度、燃烧环境中的氧气浓度及气体在高温区的停留时间有关。实验证明：在氧气浓度相同条件下，NO 的生成速度随燃烧温度的升高而增加，当燃烧温度低于 300℃时，只有少量 NO 生成，当燃烧温度高于 1 500℃时，NO 的生成量显著增加；在停留时间相同条件下，当空气过剩系数α=1 时，NO 的浓度最大；其他条件不变时，停留时间越长，NO 的生成量越大。

因此，理论上能有效减少 NO 生成量的措施有：尽可能降低燃烧温度，保持适当的氧气浓度，缩短停留时间。

2）燃料型 NO

燃料型 NO 的发生机制目前还不完全清楚，一般认为燃料中的有机氮先发生热分解生成中间产物，再经氧化生成 NO，这一反应过程在≤1 600℃条件下就可进行。经过燃烧过程，燃料的氮有 20%～70%转化成燃料型 NO。不同的燃料，其含氮率差别较大，所以燃料型 NO 的生成量差别也比较大。表 6-8 中给出了不同燃料的含氮率。

表 6-8 各种燃料的含氮率

燃料种类	含氮百分比（重量）/%
中东系原油	0.09～0.22
C 重油	0.1～0.4
A 重油	0.05～0.1
柴油	0.002～0.03
煤油	0.000 1～0.000 5
煤炭	0.2～3.4

3）瞬时型 NO

瞬时型 NO 的生成机理于 20 世纪 70 年代初才被提出。首先由碳氢化合物裂解出的 CH、CH_2 等与 N_2 反应，生成 HCN 和 NH 等中间产物，并经生成 CN 和 N 的反应，最后生成 NO。瞬时型 NO 的生成过程是由一系列活化能不高的反应组成，因此并不需要很高的温度，所以一般在火焰边缘形成；但就燃烧过程中 NO 生成总量来看，瞬时型 NO 只占很小的比重，一般不予考虑。

4．发动机运行条件对污染物排放的影响

1）空燃比

发动机产生污染物的量与空燃比直接相关，稀薄燃烧条件下发动机燃烧效率高，生成的 HC 和 CO 浓度低；富燃时燃烧不完全，生成的 HC 和 CO 较多。NO_x 的产生量在理论空燃比附近最高，这是由于燃烧温度较高的缘故。

2）发动机运转工况

发动机运转工况不同，污染物的生成量差别很大。

用传统化油器的汽车在加速和高速行驶时，由于燃烧温度高，因而 NO_x 排放浓度较高；CO 在怠速和加速时排放浓度较高，这是因为此时的空燃比偏小，怠速时温度较低且残余废气比例也较高；减速时，CO 和 HC 的排放均较高，因为减速时汽油机节气门闭，而发动机在汽车反拖下继续高速运转，进气管中突然形成高真空状态，使管壁上的液态燃油（油膜）急剧蒸发，形成过浓混合气而导致较高的 HC 和 CO 排放。传统的化油器汽油机在不同工况下尾气排放的大致成分如表 6-9 所示。

而汽油喷射式发动机在减速时不再供油，而且进气管中油膜少，因此 HC 和 CO 排放较少；带有减速断油装置的改进型化油器情况也有所改善。

3）其他因素

此外，在发动机运行过程中，外界空气温度、压力、湿度、所用燃料等都会对发动机污染物的形成造成影响。

表 6-9　化油器汽油机在不同工况下的排气成分

排气成分	怠　速	加　速	定　速	减　速
$HC/10^{-6}$	800	540	485	5 000
$NO_x/10^{-6}$	23	1 543	1 270	6
CO/%	4.9	1.8	1.7	3.4
CO_2/%	10.2	12.1	12.4	6.0

第三节　降低污染物排放的发动机技术

面对日益严格的汽车排放法规，汽车界也在不断发展相应对策。综合分析认为，未来的发展方向包括两个方面：对汽油车本体结构的改进与控制的优化；催化转换器技术的进步。当前，国际上通常是依靠采用先进的发动机技术，辅之以完善的后处理系统来达到削减汽车排放的目的。不断提高汽油发动机的燃烧效率，减少污染物的排放，是发动机技术近 30 年来持续进步的主要推动力。这些技术包括：

（1）对影响混合气形成与燃烧的程度较大的因素实现最佳调整和控制，如改进点火系统（包括延迟点火提前角），采用电子控制汽油喷射技术，引入废气再循环（EGR）等。

（2）采用汽油机直接喷射实现分层燃烧。

（3）改变燃烧室的形状，降低发动机燃烧室的面容比，提高燃烧室的壁面温度等。

应用以上这些技术，现代的发动机污染物排放量已经比传统发动机污染物排放量减少 60%～70%。

一、改进点火系统

1．延迟点火（或喷油时刻）

图 6-3 给出了点火提前角对 HC 和 NO_x 排放的影响及燃油耗率 BSFC（Brake Specific Fuel Consumption）影响的一个案例。可以看出：在α=1 的条件下，随点火提前角的推迟，NO_x 和 HC 同时降低，但燃油耗率却明显增大了。因为适当推迟点火时刻，可降低燃烧的最高温度和延长燃气的燃烧时间，使汽缸内 O_2 不能顺利地在高温下形成 NO_x；同时，可以使燃烧过程较多地在膨胀过程中进行，排气温度升高，有利于 HC 和 CO 的进一步氧化燃烧。这种简单有效的排气净化措施，在国内外已应用在各种低污染车辆上。

减小点火提前角（延迟点火时刻）对减少燃烧过程排放具有一定的影响。但是要减小点火提前角，使冷却系统热负荷加大，功率下降，油耗上升。因此必须采取既要降污又要不影响发动机经济性的二者兼顾的方法，如在国外一些车上采用双触点分电器、双重膜片真空提前装置和温度阀等配合使用，根据运行条件改善点火时间，从而控制燃烧的进行。

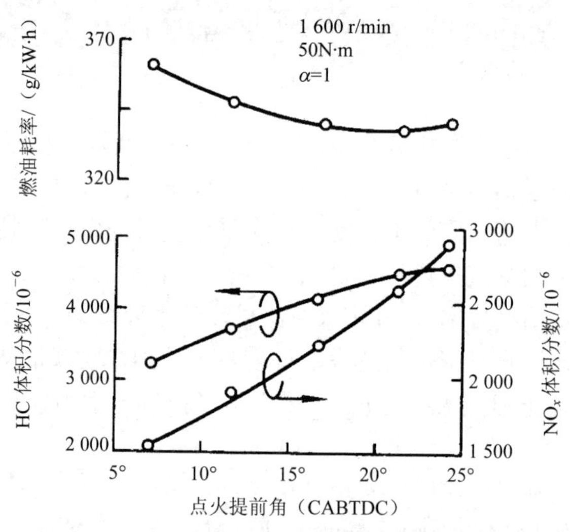

图 6-3 点火提前角对 HC 和 NO_x 排放的影响

2．加大点火能量

用高能点火系统，加强火花强度及延长火花持续时间以强化燃烧，可降低 HC 的排放，尤其在稀薄燃烧时，配合高能点火可促进火焰核心的形成，提高点火性。为了满足高速时完全燃烧及降低排污，一般采用晶体点火装置。触点式晶体管点火系统采用大功率晶体管做开关，使白金触点通过微小电流，而达到控制初级绕组中通过较大电流。因此，可提高触点寿命和点火能力。

而无触点式晶体管点火系统使用信号发生装置代替传统的白金触点，克服了触点装置的缺点，还便于采用电子方式实现点火提前角的调整。常用的点火信号发生装置有电磁感应式、霍尔式和光电式三种。最新式的电控点火系统取消了分电器，采用线圈分配或二极管分配点火两种，简称直接点火系统（DIS），该系统自20世纪80年代以来在轿车上逐步得到应用。

3. 电子控制点火正时

根据传感器信号，由点火模块控制点火时刻和线圈饱和时间。其中直接点火系统由于无分电器，整个系统零部件之间没有机械磨损造成的正时传动误差，因此点火精度高，耐久性好，可靠性高，而且由于结构简单，安装方便，是近年来汽油机点火系统的发展方向。

二、闭环电子控制汽油喷射系统

1. 电子控制汽油喷射技术

众所周知，发动机根据其供油系统供应方式的不同，可分为化油器发动机和燃油喷射发动机。尽管方式不同，但作用相同，都是按发动机的不同工况由进气门向各个汽缸供应不同浓度的空气与燃料混合气，在燃烧室燃烧后，废气由排气门排出汽缸，使发动机具有良好的动力性和经济性。但是从动力输出、燃油效率、废气污染、可靠度等各方面来说，化油器比起燃油喷射系统可以说是一无是处，所以可以认为：化油器的时代已经结束。

汽油喷射是将汽油直接喷入进气管或喷入汽缸的供油方式，缸内直喷压力较高，主要用于分层稀燃发动机，普遍应用的是缸外汽油喷射系统。从结构上可以将缸外汽油喷射分为单点喷射和多点喷射两种形式。单点喷射系统是将燃油喷入进气总管的节气门前，而多点喷射则是将燃油喷入每个汽缸进气门前的进气道或进气歧管内，两者的主要区别在于前者是数缸合用一只喷嘴供油，后者是每缸单独用一只喷嘴供油。前者造价低，但仍存在各缸燃油分配不均及冷机运转时燃油在进气管壁沉积而导致启动性欠佳等问题，多点喷射则不存在这种弊端。

电子控制汽油喷射（Electronic Fuel Injection，EFI）技术以其出色的控制精度和灵活性成为目前广为采用的系统。该系统的研制开发是建立在现代计算机技术和测试技术高速发展的基础上的，是汽车发展史上的重大技术进步。与传统化油器相比，具有以下突出优点：

（1）可满足发动机各种工况对空燃比和点火提前角的不同要求，同时使经济性、动力性和环保性达到最佳。

（2）各缸混合气分配均匀性好（多点电喷汽油车）；具有良好的瞬态响应特性，

改善了汽车的加速性。

（3）采用闭环反馈控制方式，可满足三效催化剂对空燃比的严格要求。

（4）采用压力喷射，汽油雾化质量大大提高，有利于快速和完全燃烧。

电控汽油喷射在美国、欧洲及日本等汽车工业发达国家得到了广泛的应用，是控制机动车排放污染物的有效措施。

2. 闭环电子控制汽油喷射系统

电控汽油喷射系统由传感器、执行器和电控单元三部分组成。它通过传感器探测发动机的负荷、转速、温度、进气量、蓄电池电压等状态参数，并把这些信号送给电控单元，由电控单元中的电子计算机根据发动机当前状态，精确给出发动机燃油喷射的时间和数量，控制喷油器、点火线圈、怠速步进电机等执行器工作，从而实现动力性、燃油经济性和排放性能的最佳协调。

目前电控汽油喷射有单点喷射（Single Point Injection）和多点喷射（Multi-point Injection）两种形式，控制模式分为开环控制和闭环控制两种。当进行开环控制时，发动机电控单元根据传感器信号，按照事先标定好的数据来控制燃油喷射的时间和数量。当进行闭环控制时，发动机电控单元还要根据氧传感器探测到的废气中的氧含量，精确控制空燃混合比在 14.7∶1 左右（理论空燃比），可大大减少尾气中有害气体的排放；且由于三效催化转化器的使用，需要对汽油发动机的空燃比进行精确控制，闭环电子控制的汽油喷射系统正好适应了这一需求（图 6-4）。

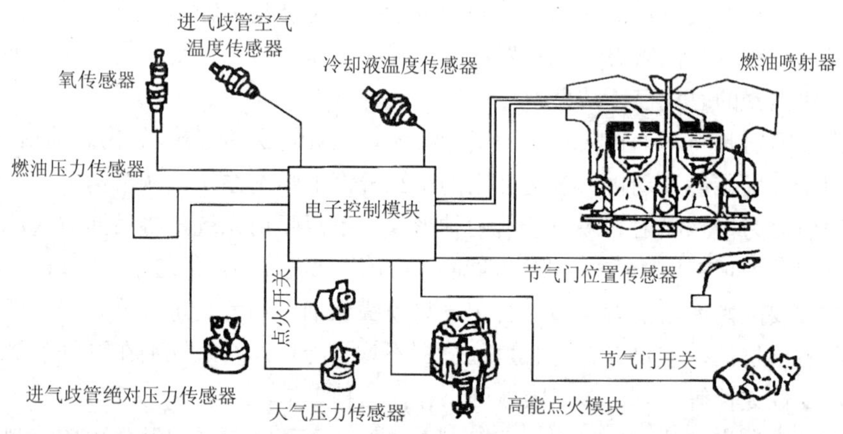

图 6-4 闭环控制的燃油喷射系统（美国通用汽车公司）

3. 废气再循环

将部分燃烧尾气反流至进气管再吸入汽缸参加燃烧，称为废气再循环法，简称 EGR 系统（Exhaust Gas Recirculation）。该法是减少发动机 NO_x 排放的一种有效方法，是目前国内外用于降低 NO_x 排放的一种有效措施。

EGR 方法净化 NO_x 的基本原理是热容原理的具体应用。由于废气中的主要成分是 CO_2、HO、N_2 等，而且三原子气体的比热较高，当新气和废气混合后，热容量也随之增大，加热这种经过废气稀释后的混合气，温度每升高 1℃所需要的热量随之增加，若在燃料燃烧热量不变的情况下，最高燃烧温度可以降低，同时废气对新气的稀释作用，意味着它降低了氧的浓度，从而可使 NO_x 在燃烧过程中的生成量受到限制。

废气由排气管引出，经控制阀进入进气管与新气混合，并进行二次燃烧，通过降低燃烧速度和燃烧温度的方法，达到减少燃烧过程中污染物（主要是 NO_x）产生量的目的。废气再循环量由废气再循环阀控制，其工作状态由节流阀附近真空度取压点来控制，该压点决定了发动机在怠速运转及节流阀全开时废气不循环，在小负荷低速时，随负荷、转速增加而增加废气再循环量（图 6-5）。

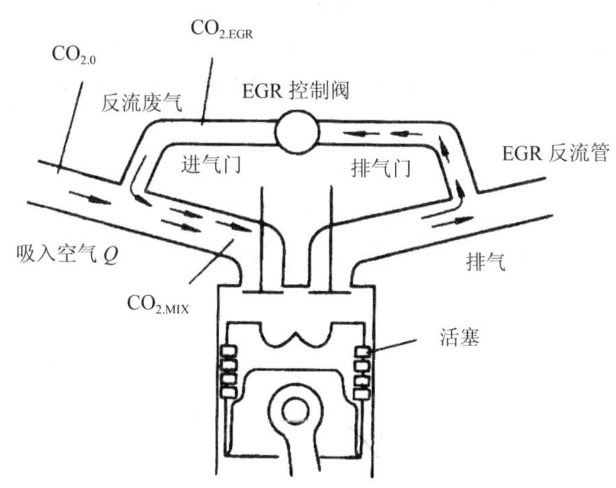

图 6-5 废气再循环系统示意

EGR 系统控制要求包括：

① 由于 NO_x 排放量随负荷增加而增加，因此废气回流量亦应随负荷而增大；

② 暖车过程中，冷却水温度和进气温度均较低，NO_x 的排放浓度也很低，为防止废气回流破坏燃烧的稳定性，一般在发动机冷却水温度低于某一数值（如 50℃）时，不进行废气再循环。

③ 怠速和小负荷时，NO_x 排放浓度不高，也不应进行废气再循环。

④ 全负荷或超负荷时，为使机动车发动机保持足够的动力性能，不应进行废气再循环。

采用 EGR 系统净化措施后，随着废气回流率的增加，燃烧速度减慢，燃烧稳定性变差，循环变动增大，由于混合气过度稀释产生失火使 HC 排放量上升，功率下降和油耗上升。因此，使用 EGR 系统不能无限增大废气回流率，必须进行适当地控制，废气循环量一般在 15%～20%（图 6-5）。

EGR 技术在早期应用较多，当三元催化净化技术成熟后基本上不再使用；近年来为了达到超低排放标准，废气再循环技术又重新得到重视和采用。

另外，在上述措施的基础上，发展具有综合控制功能的发动机管理系统，在对喷油、点火、怠速进行开环或闭环控制的同时，还能对变速器进行控制，从而实现发动机和变速器控制的统一，也将具有广阔的发展前景，如本田的新型 VTEC 发动机采用 STR（Self-Tuning Regulator）理论实现了空燃比高精度控制。再如采用排气温度控制（EGTC）系统（可以用来适应美国 1994 年法规）还可更好地根据发动机排气温度来调节燃油喷射数量，以便达到最佳供油量；安装车载诊断系统（On-Board Diagnostic，OBD）的排放控制技术，该技术采用一系列传感器和复杂的监控软件，对汽车排放控制系统和燃油计量系统进行实时监控，以保证车辆排放水平在可接受的范围内，这是目前国际上最先进的汽车排放控制系统。这些技术都能有效地根据发动机的各种工况，精确控制混合气的空燃比，达到降低发动机排放物的目的。

第四节 汽油车尾气排放后处理系统

当前，国际上通常是依靠采用先进的发动机技术，辅之以完善的后处理系统来达到削减汽车排放的目的。当然，前者无疑是最佳方法，但由于机内净化在降低污染物排放的同时可能会影响发动机性能，同时会存在污染物间彼此制约的因素。所以，在适当机内控制的基础上，辅之以末端治理为目的的尾气排放后处理技术，具有重要的现实意义。排气后处理技术是指在发动机的排气系统中进一步削减污染物排放的技术。该技术采用铂、铑等贵金属作为催化剂，将 HC、CO 氧化成 H_2O、CO_2，将 NO_x 还原成 N_2，而三元催化转化器能将三种有害物质（HC、CO 和 NO_x）的排放量同时降低。常见的排气后处理装置有氧化型催化转化器、还原型催化转化器、三效催化转化器等。氧化型催化转化器和还原型催化转化器分别用来净化排气中的 HC+CO 和 NO_x，这些技术目前已经被三效催化净化技术代替了。

一、催化氧化法

氧化型催化反应器利用排气中残留的或二次空气供给的氧，使 CO 和 HC 完全氧化，其反应过程如下：

$$CO+\frac{1}{2}O_2 \longrightarrow CO_2$$

$$C_xH_y+\left(x+\frac{y}{4}\right)O_2 \longrightarrow xCO_2+\frac{y}{2}H_2O$$

二、催化还原法

还原型催化反应器利用排气中的 CO、HC 和 H_2 为还原剂来净化 NO_x，可能发生的化学反应主要有 7 个：

$$NO+CO \longrightarrow \frac{1}{2}N_2+CO_2$$

$$2NO+5CO+3H_2O \longrightarrow 2NH_3+5CO_2$$

$$NO+H_2 \longrightarrow \frac{1}{2}N_2+H_2O$$

$$2NO+5H_2 \longrightarrow 2NH_3+2H_2O$$

$$4NO+C_xH_y+(x+\frac{y}{4}-4)O_2 \longrightarrow N_2+(\frac{y}{2}-3)H_2O+CO+(x-1)CO_2+2NH_3$$

$$2NO+CO \longrightarrow N_2O+CO_2$$

$$2NO+H_2 \longrightarrow N_2O+H_2O$$

其中最后两个反应发生在 200℃以下。NO 还原反应一般在空燃比偏小的条件下进行，并且通常与氧化型催化反应器串接起来使用（图 6-6）。

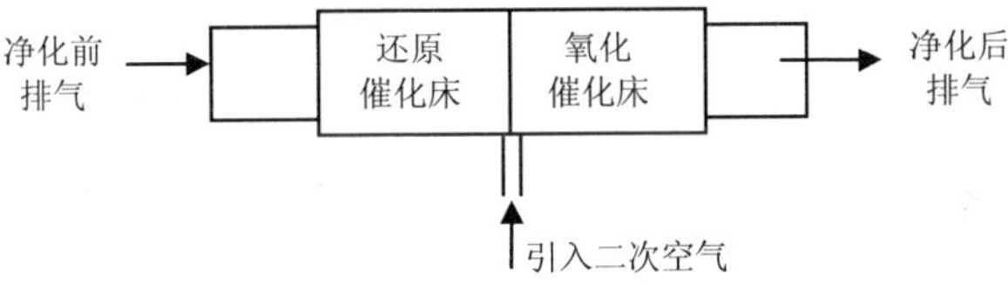

图 6-6　双床轴流式催化转化器

三、三效催化转化法

三效催化转化器（又称三元催化转化器），是在 NO_x 还原催化转化器的基础上发展起来的，能同时使 CO、HC 和 NO_x 三种成分都得到高度净化，其关键是如何使三种污染物同时获得更高的净化效果。其原理可简单用下式表示：

$$NO_x + HC + CO \xrightarrow{催化剂} N_2 + CO_2 + H_2O$$

某型号桑塔纳轿车加装三元催化转化器前后排放测试结果见表 6-10。

表 6-10 加装三元催化系统前后桑塔纳轿车 LPG-汽油双燃料 ECE15 工况法排放测试结果

燃料 / 污染物	汽油		LPG-汽油	
	加装前	加装后	加装前	加装后
CO	67.6	2.22	38.2	1.13
$HC+NO_x$	16.44	0.84	15.85	0.75

汽车使用催化转化器是于 20 世纪 70 年代中期从美国开始的，日本和欧洲也分别在 80 年代中期和 90 年代开始使用催化转化器。据估计截至 2000 年，因汽车催化技术的应用，向大气环境中少排放 CO、HC 和 NO_x 的量减少约 8×10^8 t。三元催化剂反应器安装在汽油机的排气管上，已成为现代汽车的基本组成部分之一。它是由壳体、减震层、载体及催化剂四部分组成（图 6-7）。

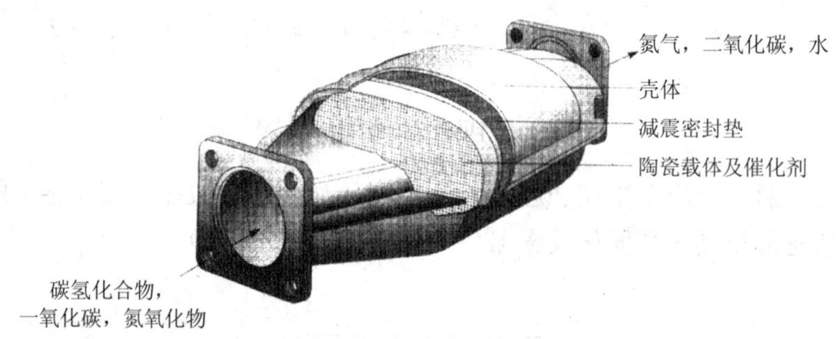

图 6-7 三效催化转化器结构示意

1）壳体

为防止因氧化皮脱落造成催化剂堵塞，催化转化器壳体由不锈钢板材制成，且制成双层结构以保证催化剂的反应温度。为了减少催化转化器对汽车底板的高温辐射，防止进入加油站时因催化器炽热的表面引起火灾，避免路面飞石造成的撞击损坏，以及路面积水飞溅对催化转化器的激冷损坏，壳体外面还装有隔热罩。

2）减震层

减震层一般有膨胀垫片和钢丝网垫两种，起到减震、缓解热应力、固定载体、保温和密封作用。它在第一次受热时体积明显膨胀，而在冷却时仅有部分收缩，这样就使金属壳体与陶瓷载体之间的缝隙完全胀死并密封。

3）载体

为了在较小的体积内有较大的催化表面，催化剂载体一般做成蜂窝状；由于汽车排气温度变化范围大，运行路况复杂，因此对催化剂载体的机械稳定和热稳定性要求都很高。早期曾采用氧化铝（Al_2O_3）的球状载体，由于存在磨损快、阻力大的缺点，目前在汽车催化器中已不再采用。美国康宁（Corning）公司于 20 世纪 70 年代初发明了陶瓷蜂窝载体，很快占据了车用催化器载体市场的主导地位；之后，日本 NGK 公司也掌握了这种技术并开始大量生产。据统计，目前世界上车用催化器载体的 90%是陶瓷载体，其余为金属载体。

4）催化剂

三效催化剂一般由贵金属[一般为铂（Pt）、铑（Rh）和钯（Pd）]、助催化剂[铈（Ce）、钡（Ba）和镧（La）等稀土或贱金属材料]和载体γ-Al_2O_3组成。虽然有关学者对稀土、过渡金属氧化物催化剂也进行了大量的研究，但实际应用仍然非常有限。应用催化转化器的前提条件是必须使用无铅汽油，因为汽油中的铅（Pb）会使催化剂永久中毒；另外，汽油中较高的硫含量也会降低催化转化器的效率。除此之外，贵金属颗粒结块或收缩、催化剂耗损等因素也是导致催化净化器失效的主要原因。

不同排放水平的汽车的三效催化转化器的数量及安装位置不同。采用一个催化器时，通常催化器距离发动机排气歧管出口较近；采用多个催化器时，上游催化器体积较小，通常靠近发动机安装，以利用发动机排出的高温气体加热催化器，缩短催化器启燃时间，下游催化器一般远离发动机，尽可能接近排气总管出口，主要是进一步净化有害排放物，一般安装于车体底部。

因为 NO_x 在催化器中的还原需要 CO、H_2 和 HC 作为还原剂，所以若排气中氧过量，会导致还原剂会首先和氧反应；如果氧气浓度不够，CO 和 HC 就不能完全被氧化。实验证明，只有将空燃比精确控制在理论空燃比附近很窄的窗口内（一般为 14.7 ± 0.25），才能使三种污染物同时得到净化。为了满足在不同工况下都能严格控制空燃比的要求，必须严格控制汽油的喷射量，通常采用以氧传感器为中心的空燃比反馈控制系统，这种系统只有在汽油喷射发动机上才能实现。

四、非排气污染处理技术

为有效降低污染物排放量，机外净化技术除采用上述措施外，还可以使用非排气污染处理技术，措施如下所述。

1. 曲轴箱的污染物排放与控制

曲轴箱的污染物排放来自于压缩和做功冲程中从缸体中逸出的气体。这些气体可以从活塞与缸壁接合处的缝隙中逸出，这种现象叫窜气。当发动机负荷增加时，曲轴箱排放量也增加。曲轴箱排放的气体由大约 85%的未燃烧的空气燃料混合气和 15%的燃烧产物组成，其中未燃烧或未完全燃烧的 HC 是主要的污染物。对曲轴箱排放污染物进行控制是最早实施的汽车排放控制措施之一。这种控制相对比较简单，主要办法是将窜漏的气体再循环进入发动机的进气管，然后在发动机汽缸中燃烧掉。早期的方法是将曲轴箱和空气滤清器连通，将外界新鲜空气从加油管盖的空气滤网输入曲轴箱，与窜气混合后被吸入空滤器，然后进入汽缸燃烧掉。目前，大多数汽车采用封闭式曲轴箱通风装置。

2. 燃油蒸发排放控制

燃油蒸发是指由化油器浮子室、空气滤清器、油箱和燃油系统管接头处蒸发并排向大气的燃油蒸汽。由于汽油的挥发性远较柴油强，因而一般所说的燃油蒸发污染主要是指汽油车。我国于 1993 年发布的《汽油车燃油蒸发污染物排放标准》（GB 14761.3—1993）就已经规定汽油车必须采用燃油蒸发控制系统。

由于绝大部分的汽油蒸发来自化油器和油箱。温度越高蒸发排放量越大，为降低周围热源对蒸发排放的影响，油箱和化油器可以采取防热隔热措施。为了满足排放法规对燃油蒸发控制的要求，还必须采取有效的控制措施。目前最常用的是吸附法，另外，现代车用汽油机已经开始采用电控燃油蒸发控制系统。

第五节　新能源汽车技术

当前，能源短缺、环境污染及气候变暖是全球汽车产业面临的共同挑战；而且随着全球尤其是发展中国家城市化进程的加快，汽车的保有量有增无减，发展新能源汽车技术已成为21世纪汽车工业发展的重点和难点。目前，各国政府相继提出了各自新能源汽车的发展战略，大多数国家的未来战略目标基本锁定混合动力、纯电动和燃料电池三种新能源汽车，日本和欧美国家主要侧重于锂电池和燃料电池，而我国由于考虑到资源优势和技术的成熟程度，偏重推广镍氢电池。

一、电动汽车

电动汽车（Electric Vehicle，EV）是指以车载蓄电池为动力的汽车，一般由车载电源（电池和充电器等）驱动电机及控制器、底盘和车身组成（图 6-8）。除动力系统不同于普通汽车外，电动汽车的其他性能要求与一般汽车相同，即包括制动、灯光、通过性及安全性等各项指标。电动汽车的最大特点是在行驶过程中不排放任何有害气体，是目前唯一的零排放车（Zero Emission Vehicle，ZEV）。

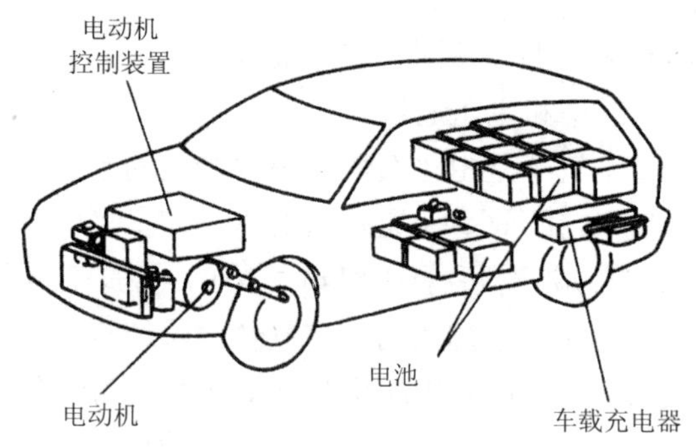

图 6-8　电动汽车结构

1. 环境效益

电动汽车噪音小，行驶稳定性高，并实现零排放，是目前最适合城市使用的产品。政府支持电动汽车的首要前提是控制城市空气污染，但随着汽油车排放污染物的削减及城市污染的减轻，电动汽车未必就是控制城市空气污染的唯一途径。并且电动车目前受电池容量和寿命、充电模式、质量稳定性和批量生产可行性等影响，短时间内难以大规模推向市场。

1）空气质量

电动汽车没有直接的空气污染，它的污染来自上游的发电厂。如果不考虑电厂的类型、燃料和排放控制，电动汽车将明显降低 NO_x 及 CO、HC 的排放，尤其是 NO_x 的排放量。虽然它会产生额外的硫氧化物和颗粒污染物，但这些污染物对汽车的贡献率很低（约 1%）。所以总体上，电动汽车会达到有效改善空气质量的目的。

另外，由表 6-11 可以看出，电动汽车的环境效益因环境条件而有所差异。例如，采用天然气发电（如日本），则会导致减少硫氧化物的排放；但主要采用燃煤发电（如英国和美国），则会导致硫氧化物的增加。如果能采用太阳能、原子能、风能和水力等能发电，则对空气不会造成污染。

表 6-11　电动汽车替代燃油汽车的排放污染物的变化百分数　单位：%

	HC	CO	NO_x	SO_2	颗粒物
法国	−99	−99	−91	−58	−59
德国	−98	−99	−66	+96	−96
日本	−99	−99	−66	−40	+10
英国	−98	−99	−34	+407	+165
美国	−96	−99	−67	+203	+122

注：表中分析是针对轿车的，考虑了燃料的生命周期排放，包括尾气管排放、蒸发和军用汽炼油过程排放，以及电厂的排放。

2）温室气体

关于温室气体问题，世界各国已基本达成共识：只有大幅度地削减温室气体的排放，才能避免产生经济和生态危机。

目前绝大部分温室气体是由化石燃料燃烧产生的，当然包括汽车燃料。因为从原油计算到驱动汽车车轮的效率（能源利用率），电动汽车比传统汽车高 2%～5%；并且，燃煤电厂提供电动汽车每行驶 1 km 所需的电力，发电过程会排出微量的温室气体，天然气电力的电动汽车排放的温室气体比传统汽油车排放要少（主要是因为天然气的碳氢比较低），原子能电力或水力发电的电动汽车的温室气体排放几乎为零。所以，电动汽车的推广会有效控制温室气体的排放。并且随着利用能源效率的提高和电厂的改进，其效果将会更加稳定。

2. 电池技术

电池是电动汽车的动力源，是能量的存储装置，也是目前制约电动汽车发展的关键因素。要使电动汽车与传统的燃油汽车竞争优势突出，关键是开发出能量大、功率高、使用寿命长、成本低的电池。

表 6-12 是目前主流电动汽车车用动力电池的主要性能对比表。铅酸蓄电池成本低廉，技术成熟，支持大电流放电，安全性高，但其比能量较低，无法满足电动汽车续驶里程的要求。氢镍电池在比能量、比功率方面优势明显，但也存在单体电压低，自放电损耗大，对环境温度敏感性高等不足。锂电池在比能量、放电功率及循环使用寿命等方面有较大优势，电动汽车用动力锂电池已经成为新能源技术和产业发展的重点。

表 6-12 部分动力电池主要性能参数

指标	铅酸蓄电池	氢镍电池	锂离子电池	燃料电池
重量比能量/（Wh/kg）	30	65	105～140	500
体积比能量/（Wh/l）	80	200	300	1 000
比功率/（W/kg）	50	230	300	100
额定电压/V	2.0	1.2	3.7	0.6～0.8
工作温度/℃	−20～60	2～60	−20～55	20～105
自放电率	4%～5%	30%～35%	＜5%	极低
循环寿命/次	800	＞1 000	＞1 000	—
有无记忆效应	有	有	无	无
有无污染	有	无	无	无

3. 电动汽车的成本

目前市场上电动汽车的价格一般为同级燃油汽车的 2～3 倍，原因是电池的价格昂贵，研制费用高且生产规模小。但由于电动汽车具有比汽油车更低的行驶成本和更长的使用寿命，因此若将电动汽车所需的总成本分摊到整个生命周期中，那么电动汽车并不比普通汽车贵很多。

作为新能源汽车的主要技术之一，电动汽车在过去几十年中得到了迅猛的发展，表 6-13 为国内外部分汽车公司的电动汽车型号及性能参数。

表 6-13 部分汽车公司的电动汽车型号及性能参数

汽车公司及型号	电池类型	功率/kW	最高车速/km	续驶里程/km
福特汽车公司 Ranger	铅酸	67	128	200
奔驰汽车公司 Aclass-EV	Zeber	50	130	200
宝马汽车公司 BMW-EI	钠硫	33	120	240
丰田汽车公司 RAV-4EV	镍氢	45	125	220
比亚迪 e6	铁电池	20	160	300
中通纯客车	锂电	100	85	300
长城精灵纯电动	锂电	50	130	180
吉利熊猫纯电动	锂电	60	150	180

二、燃料电池汽车

燃料电池车（FCV）是在汽车上直接将化学能转换为电能作为驱动力的车辆，其发电效率可高达 55%以上，并且在操作上不需要对传统的汽油车做任何基础的改变，其部分性能参数见表 6-12。近几年，燃料电池在开制、开发和商品化方面取得了巨大进展。

燃料电池主要是氢燃料电池，被认为是最有前途的产品。能真正解决能源短缺问题，并真正实现零排放。但整车成本高，基础建设无法跟上，加氢站寥寥无几，电池使用寿命短，导致其推广应用受到限制。

1. 燃料电池

燃料电池是将氢和氧转化成电能的装置。由燃料（氢、煤气、天然气等）、氧化剂（氧气、空气、氯气等）、电极（多孔烧结镍电极、多孔烧结银电极等）组成。与普通电池不同的是它并不储存能量，而是在提供电能的同时，燃料连续反应，解决了行驶受限的问题。

虽然存在成本高，燃料储藏和运输较为困难的不利因素，但燃料电池汽车的优点为只需消耗汽油车所需能源的一半，而且驱动过程本身不排放污染物、温室气体及低噪声等，被认为是终极环保汽车，具有很广阔的使用前景。

车用燃料电池所用的氢和氧是分开的，氢气被导到正电极或阳极，空气被送到负电极或阴极（图 6-9）。反应原理简单，并且容易控制，通过散热损失的能量极少。

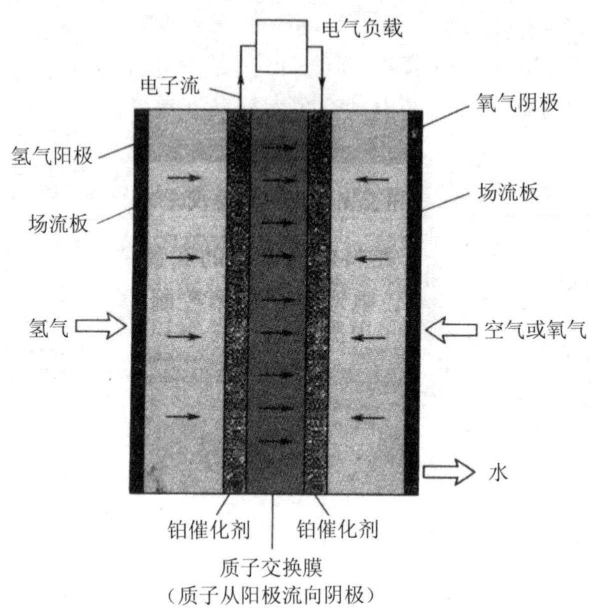

图 6-9 质子交换膜（PEM）燃料电池系统的工作原理

酸性介质中反应如下：

电池阳极反应 $2H_2 \longrightarrow 4H^+ + 4e^-$

电池阴极反应 $O_2 + 4H^+ + 4e^- \longrightarrow 2H_2O$

碱性介质中反应如下：

电池阳极反应 $2H_2 + 4OH^- \longrightarrow 4H_2O + 4e^-$

电池阴极反应 $O_2 + 2H_2O + 4e^- \longrightarrow 4OH^-$

根据所采用的电解质类型，目前常用的燃料电池可分为：① 质子交换膜（PEM）电池，采用固体聚合电解质；② 固体氧化物电池，采用陶制电解质；③ 磷酸性或碱性电池，采用液体电解质。目前国际上关于这些燃料电池的研究比较多，但应用方面比较成功的还是直接使用氢气作为燃料的质子交换膜燃料电池。

燃料电池汽车的大规模应用还需要一段时间，因为仍有许多问题还没有完全解决，如在不影响安全性的前提下如何尽可能地将燃料电池、峰值动力装置、马达、电子发生器和燃料储存系统设计进一个较小空间内；对 PEM 电池而言，如何减轻整体重量，减小体积并降低制造成本；寻找新的优良催化剂以代替全球储量有限的贵重金属铂等。

2．氢的来源和储运

早期的燃料电池车是靠来自天然气或甲醇的氢驱动的，或者直接利用石油产品。

但是以甲醇制氢来驱动的汽车须随车安装一个小的化学重整装置，因而会降低推进系统的效率，且从污染物排放的角度看，甲醇驱动的车并不是严格意义上的"零"排放车，只能称它是一种超低排放车；而且随车天然气反应器不可行，必须单独进行天然气加工，然后将生产的氢储备到车上，而随车储备氢的技术目前还未能达到实用化的阶段。未来的燃料电池也许可以靠太阳能分解水产生的氢为燃料，用这种方法，从燃料反应到汽车行驶的整个过程，都接近零排放，这一技术将把燃料电池往前推进一大步。

氢燃料汽车运用最丰富的可再生资源氢作为能源，只排放水和热，并且具有热值高、来源广、零排放、无污染等优点。随着氢燃料汽车的发展，就技术而言关键是解决氢气制备、运输、储存、能量转换等问题；就商业化而言，关键是降低成本。

3．燃料电池汽车的成本

作为新型动力车，燃料电池汽车的成本自然是人们关注的焦点。就目前而言，燃料电池汽车的成本是极高；但是这种技术还处于起步阶段，未来的价格很难准确估算。美国通用公司的研究人员也指出，不久的将来，燃料电池的成本将从1992年的每千瓦1 000美元降到20美元左右，到那时，一辆燃料电池汽车的成本将和汽油车的成本相当或更少。但有一点可以肯定：燃料电池汽车的成本与所使用电池类型密切相关。

关于燃料电池汽车的成本，目前有如下结论：

① 在使用周期内，氢燃料电池汽车比混合氢燃料电池汽车每千米的成本低，主要原因是前者电力传动系统效率更高、耗费更少；并且其排放非常低，符合环保要求。

② 除了小型短程汽车，燃料电池汽车比蓄电池电动车使用周期成本低，且更适用于长途汽车。燃料电池汽车类似于汽油车，行驶里程的增加只需扩大燃料箱的容量，成本和重量增加都不多；而电动汽车则会成倍增长。

③ 使用周期成本的降低不仅仅是降低燃料电池汽车本身的成本，还要考虑其他因素，如汽车的使用寿命和维修费用等。

④ 当甲醇和氢都来自其他原料时，甲醇燃料电池汽车成本比氢燃料电池汽车的成本低得多。

⑤ 太阳能制氢燃料电池汽车在所有类型的汽车中是成本最高的，但其造成的环境影响也是最小的。

4. 环境效益

关于燃料电池汽车的环境效益，可从如下两方面分析。

1）有害气体

以氢为燃料的 PEM 汽车是真正的零排放汽车，水是唯一的排放物；甲醇燃料电池汽车的甲醇反应器会产生痕量的 NO_x 和 CO，燃料供应和储存系统会有少量的甲醇蒸发；以汽油和其他石油产品为原料的燃料电池汽车也有一定的排放，不是源于燃料电池本身，而是来自转换反应器、燃料箱等。总体而言，燃料电动汽车能大大降低排放量，甚至能实现零排放。

2）噪声

燃料电池汽车除了排放低外，其噪声也低。虽然泵、风机和压缩机等燃料电池辅助系统会发出噪声，发电机也会产生一定的噪声，但因为电池内部的电化学反应是无声的，所以整体上噪声比内燃机要低（尤其在低速行驶时）。

长期以来，世界各国政府和主要汽车集团都高度重视燃料电池汽车的技术研发，2009 年，戴姆勒、福特、通用、丰田、本田和现代汽车等 6 个世界主要汽车公司签署备忘录，持续开展燃料电池汽车研发，计划于 2015 年大力推广燃料电池汽车，并快速形成几十万辆燃料电池汽车保有量。表 6-14 为部分汽车公司的燃料电池汽车及其性能参数。

表 6-14 部分汽车公司的燃料电池汽车及性能参数

汽车型号	整车装备质量/kg	最高车速/（km/h）	续驶里程/km	电池最大功率/kW	储氢系统压力/MPa	冷启动温度/℃	电机功率/kW
戴姆勒 B Class F-Cell	1 700	170	600	80	70	−25	100
本田 Clarity	1 625	160	570	100	70	−30	100
丰田 FCHV	1 880	155	830	90	70	−30	90
通用 Provoq	1 978	160	483	88	70	−25	150
上汽上海	1 833	150	300	55	35	0	90

混合动力汽车（Hybrid Electrical Vehicle，HEV）是指同时装备两种动力来源——热动力源（由传统的汽油机或者柴油机产生）与电动力源（电池与电动机）的汽车。通过在混合动力汽车上使用电机，使得动力系统可以按照整车的实际运行工况要求灵活调控，而发动机保持在综合性能最佳的区域内工作，从而降低油耗与排放。目前的混合动力车一般是内燃机车发电机组，再加上蓄电池的汽车，丰田、本田、通用、奇瑞、一汽等汽车公司均已推出自己的混合动力车型。混合动力汽车的优点是可以降低 30%以上的燃油消耗，排放标准可达到欧Ⅳ水平，但是由于电池容量和寿命问题没有得到彻底解决，造成单车价值过高，推广困难。

从未来全球能源与环境的发展方向分析，只要技术成熟，新型动力车的推广和普及化是必然的趋势。当然，新型动力车的种类比较多，电动汽车、燃料电池汽车及混合动力车只是其中三类，除此之外还有氢气发动机汽车、太阳能汽车等，在此不作详细介绍。

复习与思考题

1. 汽油机和柴油机燃烧过程中排放的污染物有哪些？
2. 简述汽油机燃烧过程中碳氢化合物（HC）和氮氧化物（NO_x）的形成机制。
3. 简述降低污染物排放的发动机技术。

第七章 工业通风技术

为了控制工业企业各类污染源对车间空气和室外大气的污染，必须采用各类集气装置把逸散到周围环境的污染空气收集起来，输送到净化装置中进行净化。净化后的空气再通过风机抽吸，由排气筒排入车间室外大气环境中。或者利用清洁空气稀释室内受污染的空气，以保证操作人员的健康。这一类空气污染控制技术又称工业通风技术，是大气污染控制的一个专门领域。

第一节 集气罩设计

集气罩是气体净化系统的重要组成部分。通过集气罩罩口的气流运动，可在有害气体散发地点直接捕集有害气体或控制其在车间的扩散，保证室内工作区有害气体浓度不超过国家卫生标准的要求。设计良好的集气罩能在不影响生产工艺和生产操作的前提下，用较小的排风量获得最佳的效果；而设计不良的集气罩即使用很大的排风量也达不到预期的目的。因此，集气罩的性能对整个系统的经济指标有很大的影响。

集气罩是一种很有效的捕集有害气体的装置，又称排气罩。集气罩是气态污染物净化系统中用来捕集发散性污染物的关键部件，可以安装在污染源的上方、下方或侧面。

集气罩有多种形式，按罩口气流流动方式分为吸气式集气罩和吹吸式集气罩；按集气罩与污染源的相对位置分为上部集气罩、下部集气罩、侧吸罩；按照集气罩的形状分为伞形罩、条缝罩等；按照捕集原理可将集气罩分为密闭罩、排气柜、外部罩和接受罩等。下面主要介绍几种常用集气罩的结构特点、选型及设计计算。

一、密闭罩

密闭罩是将污染源局部或全部密闭起来，防止污染物任意扩散，通过排出口排出一定量的气体，使罩内保持一定负压，防止污染物由缝隙溢出，同时将其导入净化装置加以去除。密闭罩性能的好坏，对整个净化系统的净化效果有明显影响。因密闭罩设计、施工和操作管理等方面的问题，导致净化系统失效的情况时有发生。密闭罩排风量最小，控制效果最好，不受室内气流干扰，设计中应优先选用。

（一）密闭罩的结构形式

密闭罩在结构上首先应满足生产工艺的要求，同时尽可能保证密封性好，便于操作、维护和检修，避免连接在振动和往复运动的机构上。使其结构简单，牢固耐用。常见的密闭罩有下述几种结构形式。

1. 局部密闭罩

图 7-1 所示为皮带运输机转运点处的局部密闭罩。它的特点是体积小，材料消耗少，设备在罩外，操作与检修方便，但进料携尘气流速度大或阵发性尘源不宜采用。

2. 整体密闭罩

将产生设备或产尘点大部分或全部密闭起来，只把需要经常维护和操作的传动部分留在罩外的密闭罩称为整体密闭罩（图 7-2）。它密闭性好，适用于多点尘源，携气流速大或有振动的产尘装置。

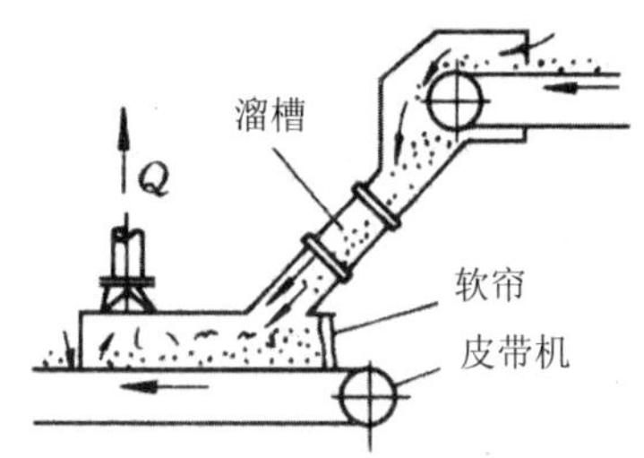

图 7-1 皮带运输机局部密闭罩

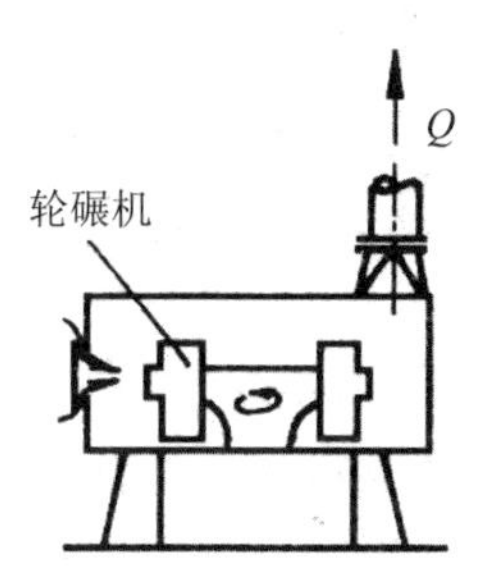

图 7-2 轮碾机的整体密闭罩

3. 大容积密闭罩

将整个产生污染的设备和所有污染源都密闭起来的密闭罩称大容积密闭罩。它适用于多点源、阵发性、气流速度大的设备与污染源（图 7-3）。

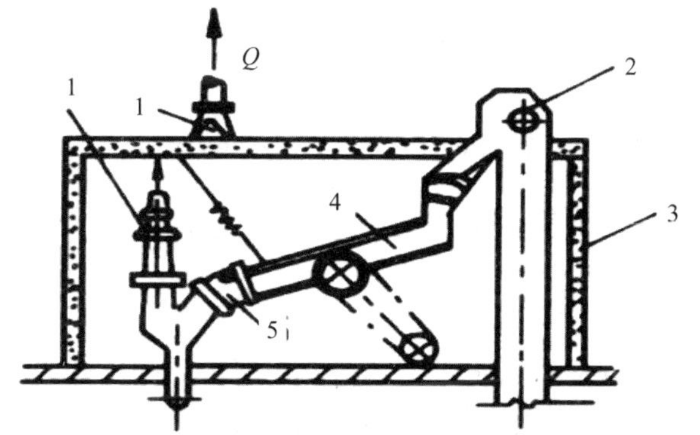

1—排气罩；2—斗式提升机；3—密闭小室；4—振动筛；5—帆布接管

图 7-3 振动筛的大容积密闭罩

（二）密闭罩的排气量计算

1. 密闭罩的布置要求

密闭罩是将污染源局部或全部密闭起来，并通过排出口排出一定量的污染气体。由于密闭罩排风量最小，控制污染物扩散效果好，且不易受室内气流干扰，因此设计中应优先考虑选用。

在设计密闭罩时应注意以下问题：

① 密闭罩内应保持一定的负压，以避免污染气体从不严密处外逸。

② 在结构上密闭罩要根据需要，设置必要的观察窗、操作门和检修门，各类门窗应便于操作，开关灵活，密封性好，且应避开气流正压较高的部位。

③ 吸气罩口上的风速要分布均匀，罩子扩张角一般不大于 60°。

④ 为避免将过多的物料吸走，密闭罩排气口的气流速度不宜太高，可参考下列数值：对于块状物料，入口风速≤2 m/s；对于粒状物料，入口风速≤1 m/s；对于粉状物料，入口风速≤0.7 m/s。

⑤ 工作孔口和缝隙处进入罩内的空气速度与工艺设备的型号、规格和罩子形式有关，可从有关手册中查得，一般为 1～4 m/s。

⑥ 当输送冷的物料时，主要对下部物料的受料点造成正压，可在下部设排风点。当输送热的物料时，提升机机壳类似于一根垂直管道，热气流带着粉尘由下向上运动，在上部形成较高的热压。因此当物料温度为 50～150℃时，要同时在上、下部位排风，物料温度大于 150℃时只需在上部排风。

2. 密闭罩排气量确定

密闭罩的排气量主要由两部分构成：① 物料运动或设备运转带入密闭罩内的诱导空气量；② 由孔口及不严密处吸入的空气量。

其中前者的数值受多种因素影响，不易确定。故密闭罩排气量的理论计算较困难，实际生产中多采用经验估算。

从罩内吸走一部分气体，使之形成负压，这时罩内风量平衡如式 7-1 所示：

$$Q=Q_1+Q_2+Q_3+Q_4+Q_5-Q_6 \tag{7-1}$$

式中：Q —— 密闭罩的吸气量，m^3/s；

Q_1 —— 被运动物料带入罩内的诱导空气量，m^3/s；

Q_2 —— 由罩密闭不严处吸入的空气量，m^3/s；

Q_3 —— 由化学反应、受热膨胀、水分蒸发等产生的气体量，m^3/s；

Q_4 —— 由于设备运转而鼓入密闭罩内的空气量，m^3/s；

Q_5 —— 被压实的物料所排挤出的空气量，m^3/s；

Q_6 —— 随物料排出所带走的烟气量，m^3/s。

式 7-1 中，Q_3、Q_4 依生产工艺和设备类型而定，Q_5、Q_6 其值一般很小，而且可相互抵消，因此，在无 Q_3、Q_4 产生的情况下，密闭罩的吸风量由 Q_1 和 Q_2 决定，即

$$Q=Q_1+Q_2 \tag{7-2}$$

Q_1、Q_2 与许多因素有关，如物料工艺类别，设备运行状况，密闭罩结构形式等，因此从理论上计算很困难，在实际生产中，常以经验数据来确定。对于常见的设备，其排风量可根据设备的型号、规格直接从有关设计手册给出的推荐数值来确定。表 7-1 给出了几种常见工艺设备的密闭罩的排风量和阻力，供设计时参考。其中的阻力是指气流经过密闭罩时的能量损失，在进行系统阻力计算时要用到。

表 7-1 常见工艺设备密闭罩的排风量和阻力

设备名称	型号与规格	罩子形式	排风量/（m^3/s）	阻力/Pa
球磨机		设备密闭	0.21～0.33	340
喷丸清理转台	D2511	设备密闭	0.28	270
振动筛		密闭罩	0.36～0.5/m^2 筛板	90
滚筒式筛砂机	S4140	密闭罩	0.95～1.47	150
斗式提升机	D-160～450	设备密闭罩	0.17～0.53	上部 130 下部 60
落砂机	2×7.5 t 20 t（4×L128）	移动式密闭罩 顶盖移动式密闭罩	4.5 9.7	200 150
双辊破碎机		密闭罩	0.28～1.25	280

二、排气柜

（一）排气柜的结构形式与排气口的布置

排气柜也叫箱式集气罩。它可以使产生有害烟尘的操作在柜内进行。由于排气作用，在柜内形成一定的负压，操作口处具有一定的进气流速，可有效防止有害烟气外逸，如图 7-4 所示。图 7-4（a）所示，排气口在操作口对面，操作口气流分布较均匀，有害气体外逸的可能性较小。图 7-4（b）所示，排气口设于柜顶，操作口上部形成较大进气流速，下部则进气流速较小，气柜内易形成涡流，可能造成有害气体外逸。另外，排气柜有害气体外逸还与有无热源、排气量大小等因素有关。

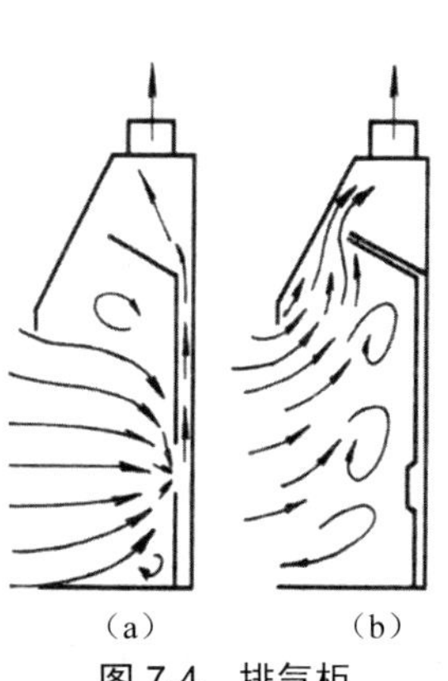

图 7-4 排气柜

较为理想的方案是在柜顶和下部同时设排气口，并于

顶部排气口安一调节阀门，可据需要适当调节上、下部的排气量。排气柜不应设置在接近门窗或其他进风口的地方，以防气流干扰。

（二）排气柜的排气量计算

排气柜的排气量可按式（7-3）计算

$$Q= Q_1+u_0 A_0 \beta \tag{7-3}$$

式中：Q —— 排气柜的排气量，m^3/s；

Q_1 —— 罩内工艺生产过程产生的污染气体量，m^3/s；

u_0 —— 敞开处的最小平均吸气速度，m/s；

A_0 —— 敞开面面积，m^2；

β —— 安全系数，一般情况下，β=1.05～1.10。

u_0 值一般选用 0.5～1.5 m/s，对于危害大的烟气，可选用较大的数值。

三、外部集气罩

由于工艺条件限制，无法对污染源进行密闭时，只能在其附近设置排气罩，依靠罩口吸入气流，将有害烟尘全部吸入罩内，这类排气罩称外部吸气罩。常见的有顶吸罩、侧面吸罩、下吸罩、槽边吸气罩等（图 7-5）。

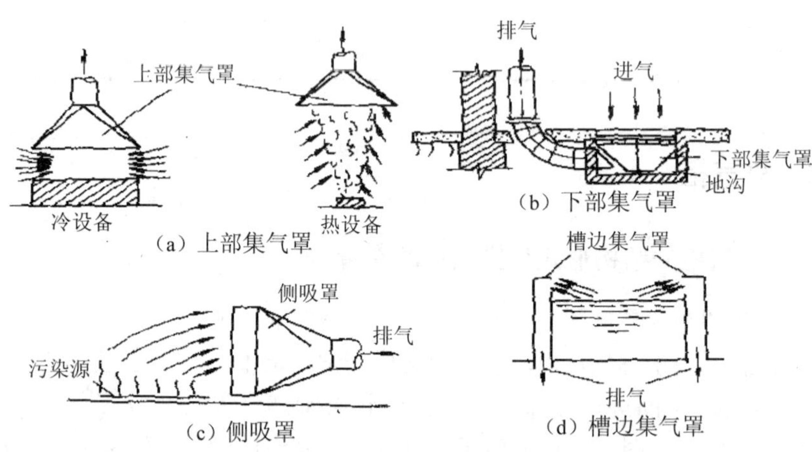

图 7-5 外部集气罩

（一）外部集气罩罩口气体流动规律

一个敞开的管口是最简单的吸气口。当研究集气罩的气流速度分布时，可先把吸气口视为一个空间“点汇”[图 7-6（a）]。假定流动没有阻力，在吸气口外气流流动的流线是以吸气口为中心的径向线，等速面是以吸气口为球心的球面。由于通过等速面的吸气量相等，假定点汇的吸气量为 Q，等速面的半径分别为 r_1 和 r_2，相应的气流速度为 u_1 和 u_2，则有

$$Q = 4\pi r_1^2 u_1 = 4\pi r_2^2 u_2 \tag{7-4}$$

式 7-4 可改写为：

$$u_1/u_2 = (r_2/r_1)^2 \tag{7-5}$$

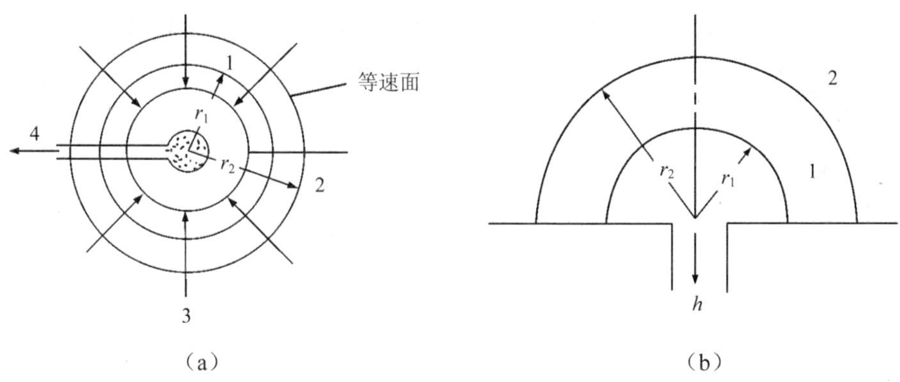

图 7-6　点状吸气口气流运动情况

由式 7-5 可见，点汇外某点的流速与该点至吸气口的距离平方成反比，这表明吸气口外气流速度衰减很快，因此设计吸气罩时，应尽量减少罩口至污染源的距离，如果吸气口设在墙上[图 7-6（b）]，吸气范围减了一半，其等速面为半球形，吸气量为

$$Q = 2\pi r_1^2 u_1 = 2\pi r_2^2 u_2 \tag{7-6}$$

比较式 7-4 与式 7-6，可见在同样距离上造成同样的吸气速度，悬空设置的吸气口所需的吸气量要比靠墙设置的吸气量大 1 倍。或者说同样的吸风量，有一面遮挡的点汇比悬空设置的点汇，在同样的距离上造成的吸风速度要大 1 倍。

实际上，吸风罩的形式对气流速度衰减是有影响的。图 7-7 和图 7-8 为无边和有边的图形吸气口在自由悬挂时的气流分布。其中等速面的速度值以吸风口处的风速 u_0 的百分数表示，离吸风口的距离以吸风口直径的倍数表示。由图可见，实际等速面为椭圆形，有边的吸风口比没有边的吸风口流速衰减慢。

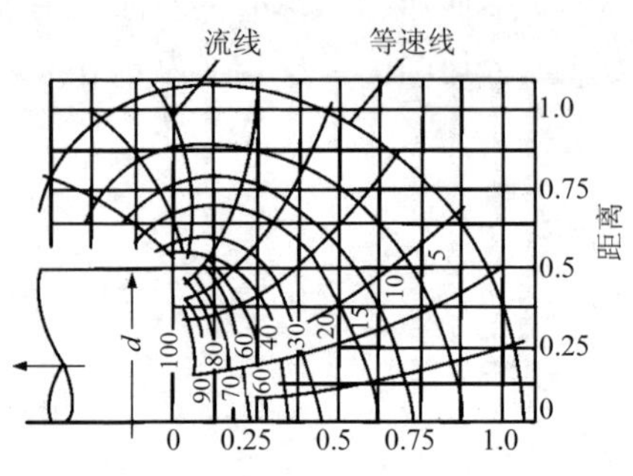

图 7-7 周围无边圆形吸气口的速度分布

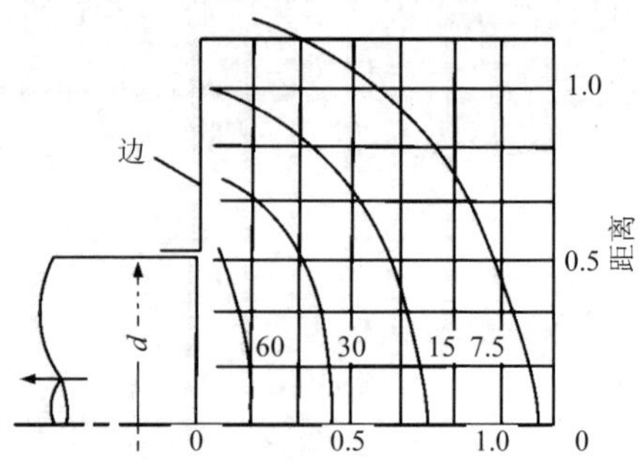

图 7-8 周围有边圆形吸气口的速度分布

吸气口气流流速分布具有以下特点：

① 吸气口附近的等速面近似与吸气口平行，随离吸气口距离 x 的增大，逐渐变成椭圆面，而在距离为吸气口直径处已接近为球面。因此，当 $x/d>1$ 时，可近似当作点汇，吸气量 Q 可按式 7-4 计算。当 $x/d<1$ 时，应根据有关气流衰减公式计算。

② 吸气口气流速度衰减较快。如图 7-7 所示，当 $x/d=1$ 时，该点气流速度已大约降至吸气口流速的 7.5%。

③ 对于结构一定的吸气口，无论吸气口风速大小如何，其等速面形状大致相同。而吸气口结构形式不同，其气流衰减规律则不同。

（二）外部集气罩的吸风量计算

外部集气罩形式很多，其吸风量公式各不相同，下面着重介绍圆形和矩形外部吸气罩设计计算，列出各种形式吸气罩的计算公式供参考。

罩口为圆形或矩形（宽长比 $B/L\geqslant 0.2$）的外部吸气罩，沿罩子轴线的气流速度衰减公式为

$$u_0/u_x=\frac{C(10x^2+A_0)}{A_0} \tag{7-7}$$

式中：u_0 —— 罩口气流速度，m/s；

u_x —— 控制点的控制速度，m/s；

x —— 罩口到控制点的距离，m；

A_0 —— 罩口面积，m^2；

C —— 系数，与外部吸气罩的结构、形状和布置情况有关。如四周无边，前面无障碍的吸气罩 C=1.0；操作台上的侧吸罩 C=0.75；前面无障碍的有边罩 C=0.75。式 7-7 可改写为：

$$u_0=\frac{C(10x^2+A_0)u_x}{A_0} \tag{7-8}$$

外部集气罩的吸风量公式为

$$Q=u_0 A_0 \tag{7-9}$$

式中：Q——外部集气罩的吸风量。

将式 7-8 代入式 7-9 中得

$$Q=C\ (10x^2+A_0)\ u_x \tag{7-10}$$

根据吸气口的速度分布图得出的，仅适用于 $x\leqslant1.5d$ 的场合，当 $x>1.5d$ 时，实际的速度衰减要比计算值大。

控制点的控制风 u_x 的值与工艺过程和室内气流运动情况有关，一般通过实测求得。如果缺乏现场实测的数据，设计时可参考表 7-2 确定。

表 7-2　控制点的控制风速 u_x

污染物放散情况	最小控制风速/（m/s）	举　例	范围下限取值条件	范围上限取值条件
以轻微速度放散到相当平静的空气中	0.25～0.5	槽内液体的蒸发；气体或烟从敞口容器中外逸	室内空气流动小或有利于捕集	室内有扰动气流
以较低初速放散到尚属平静的空气中	0.5～1.0	喷漆室内喷漆，断续地倾倒有尘屑的干物料到容器中；焊接	有害气体毒性低	有害气体毒性高
以相当大速度放散出来，或是放散到空气运动迅速区域	1～2.5	在小喷漆室内用高压力喷漆；快速装袋或装桶；往运输器上给料	间歇生产产量低	连续生产产量高
以高速放散出来，或是放散到空气运动很迅速的区域	2.5～10	磨削；重破碎；滚筒清理	大罩子大风量	小罩子局部控制

【例 7-1】一圆形外部集气罩，罩口直径 d 为 300 mm，要在罩口中心线上距罩口 0.25 m 处造成 0.6 m/s 的吸气速度，计算吸气罩的吸风量。

解：（1）采用四周无边吸气罩，则 C=1.0，由式 7-10 得吸气量为

$Q=C\ (10x^2+A_0)\ u_x=1.0\times[10\times(0.25)^2+\pi(0.3)^2/4]\times0.6$

$=0.417\ (m^3/s)$

（2）采用四周有边的圆形吸气罩，C=0.75

$Q=0.75\times[10\times(0.25)^2+\pi(0.3)^2/4]\times0.5$

$=0.313\ (m^3/s)$

由上例可见，罩子加边后，可减少无效气流，吸风量可减少 25%，节约大量的能源。设计计算外部吸气罩时，也可采用下述吸风量公式进行：

$$Q= u_x A_x \qquad (7\text{-}11)$$

式中：u_x—— 最不利控制点（z 点处）的吸捕速度；

A_x—— 最不利控制点处的等速面积。

所谓最不利控制点为罩子所辖污染源的最远点。该点也称为零点（图 7-9）。等速面积取决于罩口形式，吸捕速度取决于尘化情况和二次气流强弱。

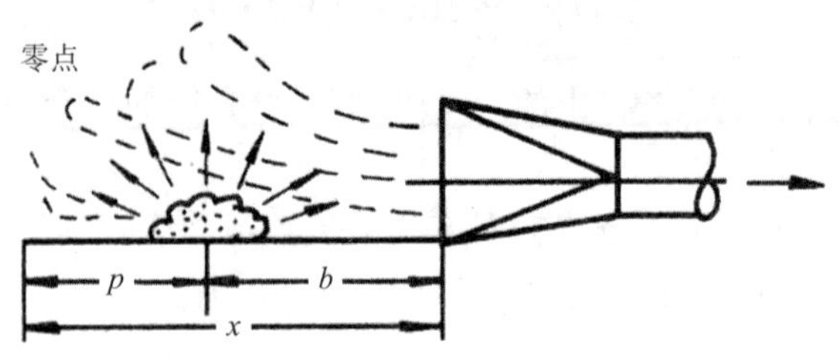

b—罩口距点源中心距离；p—点源至“零点”距离；x—敞口罩至控制距离

图 7-9　单测罩控制点

四、接受式集气罩

接受式集气罩接受生产过程中产生或诱导出来的污染气流，如图 7-10 所示。其排气量根据过程本身产生与诱导出来的污染气量来决定。这类罩子主要用于热设备上方与某些机械运动设备近旁。

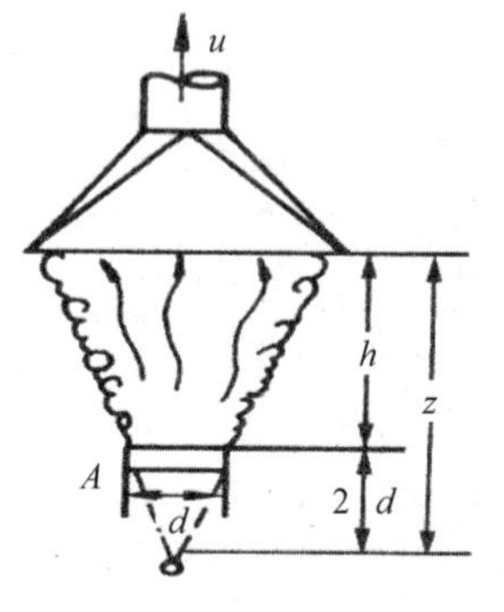

图 7-10　接受式集气罩

（一）接受式集气罩的类型

从热设备上散发的污染物，随热气流上升过程中，当离热设备表面距离小于 $1.5A^{1/2}$ 时（A 是热设备的水平投影面积），因其诱导而进入的空气量很少，可忽略不计，这时的热射流量近似等于起始流量；当距离增大时，进入热射流的诱导空气量增加，热射流量增大。通常将罩口高度小于 $1.5A^{1/2}$ 者称为低悬罩，而罩口高度大于 $1.5A^{1/2}$ 者称为高悬罩。

（二）接受式集气罩的设计计算

1．低悬罩的热射流计算

对低悬罩来说，其热射流量等于热设备的水平投影面积上所产生的起始对流热射流量，其值由式 7-12 计算：

$$Q=0.403\sqrt[3]{qHA^2} \tag{7-12}$$

式中：q —— 热设备表面的对流散热量，kJ/s；

H —— 热设备高度（以水平散热面为主要热源时，可近似取值等于水平面直径），m；

A —— 热源顶部热射流的横断面积，m^2。

如果热射流量是由生产设备本身产出的，其起始流量主要由实测确定。

2．高悬罩的热射流计算

如图 7-10 所示，热设备水平投影面的直径为 d，这时热射流在距热设备 A 处的断面可由式 7-13 计算：

$$Q=0.51Z^{0.29}q^{1/3} \tag{7-13}$$

式中：q —— 热设备的对流散热量，kJ/s；

Z —— 计算断面的有效高度（$Z=h+2d$），m。

3．接受罩的排气量计算

由于横向气流的影响，热射流会发生偏转而逸出罩外。接受罩悬挂高度越大，影响越明显。因此，接受罩罩口面积不能仅与罩口断面处的热射流面积相当，而需适当增大，所以排气量也应大于热射流量。实际罩口尺寸可按式 7-14 确定。

（1）低悬罩（$A<1.5A^{1/2}$）

圆形罩

$$D=d+0.8\,h \tag{7-14}$$

矩形罩

$$A=a+0.8\,h \qquad B=b+0.8\,h \tag{7-15}$$

式中：D —— 罩口直径，m；

A，B —— 矩形罩罩口边长，m；

d —— 热设备水平投影直径，m；

a，b —— 热设备水平投影尺寸，m；

h —— 罩口至热设备表面距离，m。

（2）高悬罩（$A>1.5A^{1/2}$）

$$D=d_z+0.8\,h \tag{7-16}$$

式中：d_z——罩口处热射流横断面的直径，m。

接受罩的实际排气量可按式 7-17 计算：

$$Q'=Q+u_z\Delta A \tag{7-17}$$

式中：Q —— 罩口断面上热射流的流量，m^3/h；

u_z —— 罩口断面上热射流的平均流速，m/s；

ΔA —— 罩口的扩大面积，即实际罩口面积与热射流断面的差值，m^2。

五、吹吸式集气罩

当外部吸气罩的气流速度随罩口的距离增大而迅速衰减，若采用外部吸气罩控制大面积污染源、污染物的扩散，需要很大的吸气量，且易受室内横向气流干扰，而采用吹吸式排气罩，可较好地解决上述问题。吹吸式集气罩是一侧吹气时对侧吸气，从而形成一层气幕，阻止有害物的逸散。由于吹气射流速度衰减较慢，所以取得相同控制效果，吹吸式排气罩的吸气量与能耗要低于普通吸气罩。污染源面积越大，吹吸式排气罩的优越性越明显。

吹吸式通风中的喷吹气流一般可视作平面射流，它的特点是速度衰减慢，如图7-11（a）所示，二维吸气气流在罩口中心轴线上 $X=2b_o$（b_o 为条缝口宽度）处，空气的吸入速度已降为 $u=0.1u_o$（u_o 为罩口风速），而平面射流中，如图 7-11（b）所示，在距离罩口 $X=10b_o$ 处，轴心速度仅降低到 $u=0.8u_o$（u_o 为吹风口出口平均风速），即使在 $X=100b_o$ 处，还有 $u=0.2u_o$。由此可见，利用射流作为动力，把有害物吹送至排风口再由其排除是十分有利的。

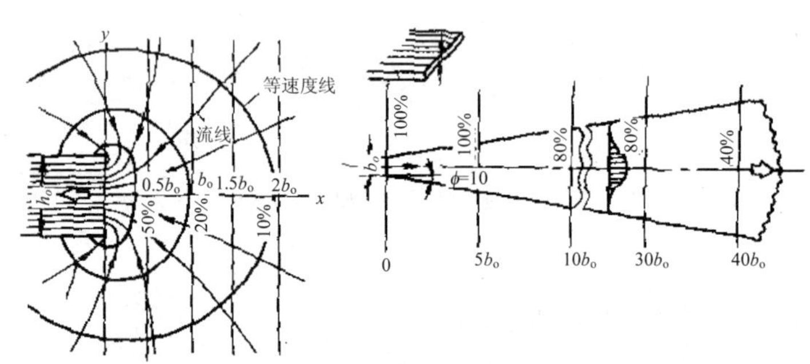

（a）二维吸风汇流的速度分布　　（b）二维吹风射流的速度分布

图 7-11　吹风与吸风速度分布比较

（一）吹吸罩的设计原则

图 7-12 表示了吹吸罩应用于工业槽上的情况。其中图 7-12（a）表示气沉速度在槽面上的分布。由图 7-12 可以看出，从吹风口送出的气流覆盖大部分的污染面，

而仅在排风口附近借助于吸气作用使送出的气流连同卷入的周围空气（包括污染源散出的污染气体）一起进入排风罩。因此吹吸罩适用于槽宽超过 1 200 mm 以上的槽，但不适用于以下三种情况：

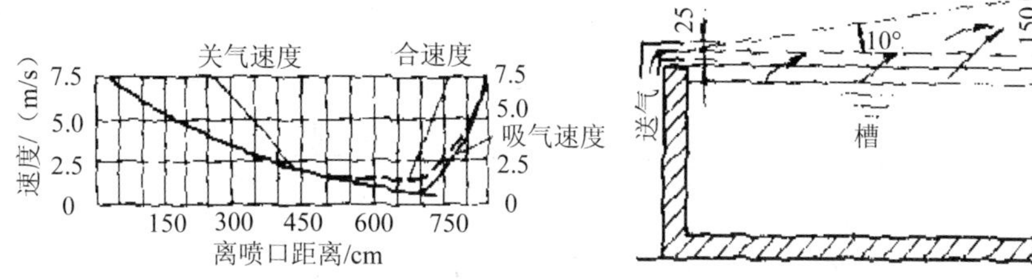

（a）气流速度在槽面上的分布　　（b）气流吹吸情况

图 7-12　吹吸罩气流的配合示意

① 加工件频繁地从槽内取出或放入时；

② 槽面上有障碍物扰乱吹出气流（如挂具，加工件露出液面等）；

③ 操作人员经常在槽子两侧工作时。

因此，吹吸罩的吹风口应布置在操作人员一侧。

（二）吹吸罩的设计计算

要使吹吸式通风系统在经济的前提下获得最佳的控制效果，必须遵循吹吸气流的流动规律，使两者协调一致地工作。由于吹吸复合气流的运动较为复杂，尽管国内外很多学者都对其进行了研究，并提出了各种设计计算方法，但还没有一种公认的最佳方法。下面介绍一种由美国工业卫生协会（ACGIH）工业通风委员会提出的简单方法。这种设计方法的计算步骤如下：

① 送风射流的扩散角取为 10°（图 7-13）。

② 吸气口的高度为：

$$H=B\text{tg}10°=0.18B\ (\text{m}) \tag{7-18}$$

式中：B —— 工业槽的宽度，m。

③ 吸风罩的排风量 Q_3 取决于槽面面积、横向气流大小和槽液温度等因素，按式 7-19 计算：

$$Q_3=(0.51\sim0.76)\ LB\ (\text{m}^3/\text{s}) \tag{7-19}$$

式中：L —— 工业槽的宽度，m。

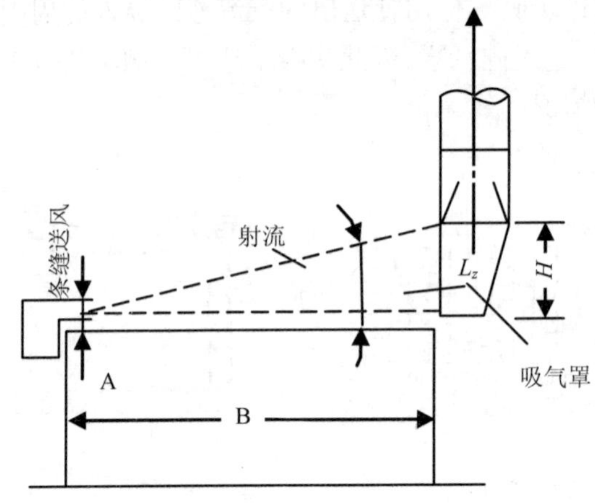

图 7-13 ACGIH 计算方法用吹吸罩模型

④ 吹风量 Q_1 为：

$$Q_1 = Q_3/Be \text{（m}^3\text{/s）} \tag{7-20}$$

式中：e —— 吹入系数，与槽宽 B 有关，按表 7-3 选取。

表 7-3 ACGIH 计算法之吹入系数 e

槽宽 B/m	系数 e
0～2.4	6.6
2.4～4.9	4.6
4.9～7.3	3.3
7.3 以上	2.3

⑤ 吹风气流流速取为 5～10 m/s，并按此计算吹风口高度 h。

六、槽边排风罩

1. 槽边排风罩的类型

槽边排风罩是外部吸气罩的一种特殊形式，根据罩的布置和罩口形式不同，槽边排风罩可划分为不同类型。

1）按布置方式分类

根据布置方式不同可分为：槽边排风罩分为单侧式、双侧式和周边式。单侧适用于槽宽 B≤700 mm。当槽宽 B＞1 200 mm 时，应采用双侧式，而且应采用吹吸式排风罩。周边式多用于圆槽或近似方形的槽。

2）按罩口形式分类

槽边排风罩的罩口有平口式和条缝式两种形式。

平口式槽边排风罩因吸气口上下设法兰边，吸气范围大。但是当槽靠墙布置时，如同设置了法兰边一样，吸气范围由 1.5π减小为 0.5π，减小了吸气范围，排气量会相应减小。

条缝式槽边排风罩的特点是截面高度 E 较大，E=250 mm 的称为高截面，E=200 mm 的称为低截面。增大截面高度如同设置了法兰边一样，可以减小吸气范围。因此，它的排气量比平口式的小。它的缺点是占用空间大，对手工操作有一定影响。目前条缝式槽边排风罩广泛应用于电镀车间的自动生产线上。

为了使沿条缝口长度方向的风速分布均匀，条缝口的形式可设计成等高条缝、楔形条缝和多风口式。

2．槽边排风罩的风量计算

1）排气量计算

条缝式槽边排风罩的排气量按下列原则计算：

L=截面修正系数×控制风速×槽面积×维护修正系数

截面修正系数：高截面取 2，低截面取 3；

控制风速：v_x 根据控制有害气体的特性来定；

槽面积：矩形槽面积=$A\times B$，圆形槽面积=$\pi D^2/4$；

维护修正系数：单侧取（B/A）$^{0.2}$，双侧取（$B/2A$）$^{0.2}$。

因此，条缝式槽边排风罩的排气量计算公式如下：

高截面单侧排风量：

$$L = 2v_x AB\left(\frac{B}{A}\right)^{0.2} \tag{7-21}$$

低截面单侧排风量：

$$L = 3v_x AB\left(\frac{B}{A}\right)^{0.2} \tag{7-22}$$

高截面双侧排风量（总风量）：

$$L = 2v_x AB\left(\frac{B}{2A}\right)^{0.2} \tag{7-23}$$

低截面双侧排风量（总风量）：

$$L = 3v_x AB\left(\frac{B}{2A}\right)^{0.2} \tag{7-24}$$

高截面周边型排风量：

$$L=1.57u_xD^2 \tag{7-25}$$

低截面周边型排风量：

$$L=2.36u_xD^2 \tag{7-26}$$

式中：A——槽长，m；

B——槽宽，m；

D——圆槽直径，m；

u_x——边缘控制点的控制风速，m/s。

2）排风罩的阻力计算

条缝式槽边排风罩的阻力按下式计算：

$$\Delta p=\zeta\frac{v_0}{2}\rho \tag{7-27}$$

式中：ζ——局部阻力系数，$\zeta=2.34$；

v_0——条缝口上空气流速，m/s；

ρ——周围空气密度，kg/m^3。

七、集气罩的设计原则

集气罩是废气净化系统中重要的装置之一，它的性能对系统的技术经济指标有很大影响。设计集气罩时，应注意以下事项。

① 集气罩应尽可能将污染源包围起来，使污染物的扩散限制在最小的范围内，以便防止横向气流的干扰，减少排气量。

② 集气罩的吸气方向尽可能与污染气流运动方向一致，以充分利用污染气流的初始动能。

③ 在保证控制污染的条件下，尽量减小集气罩的开口面积，以减少排风量。

④ 集气罩的吸气气流不允许经过人的呼吸区再进入罩内。

⑤ 集气罩的结构不应妨碍人工操作和设备检修。

⑥ 集气罩应坚固耐用，其制作材料应根据它的用途来选择。如在有酸碱或其他腐蚀性物质存在的场合应采取防腐措施或选用塑料板等耐腐蚀材料制作罩体。

集气罩的设计方法一般是先确定集气罩的结构尺寸、安装位置，再确定排风量和压力损失，确定方法多数是根据经验数据，一般可在有关设计手册中查到。

第二节　管道系统的设计

管道系统是净化系统设计中不可缺少的组成部分，合理地设计、施工和使用管道系统不仅能充分发挥净化装置的效能，而且直接关系到设计和运转的经济合理性。管道系统的设计通常是在净化系统中的各种装置选定后进行的。

一、管道系统设计要点

1. 系统划分

当车间内不同地点有不同的送、排风要求，或车间面积较大，送、排风点较多时，为便于运行管理，常分设多个送、排风系统。除个别情况外，通常是由一台风机与其联系在一起的管道及设备构成一个系统。系统划分的原则如下：

（1）空气处理要求相同、室内参数要求相同的，可划为同一系统。

（2）同一生产流程、运行班次和运行时间相同的，可划为同一系统。

（3）对下列情况应单独设置排风系统：

① 两种或两种以上的有害物质混合后能引起燃烧或爆炸；

② 两种有害物质混合后能形成毒害更大或腐蚀性的混合物或化合物；

③ 两种有害物质混合后易使蒸汽凝结并积聚粉尘；

④ 放散剧毒物质的房间和设备。

（4）除尘系统的划分应符合下列要求：

① 同一生产流程、同时工作的扬尘点相距不大时，宜合为一个系统；

② 同时工作但粉尘种类不同的扬尘点，当工艺允许不同粉尘混合回收或粉尘无回收价值时，也可合设一个系统；

③ 温湿度不同的含尘气体，当混合后可能导致风管风结露时，应分设系统。

（5）如大的排风点位于风机附近，不宜和远处小的排风点合为同一系统。增设该排风点后会增大系统总阻力。

2. 管道布置

气体管道布置直接关系到通风、空调系统的总体布置，它与工艺、土建、电气、给排水等专业关系密切，应相互配合、协调一致。

（1）除尘系统的排风点不宜过多，以利各支管间阻力平衡。如排风点多，可用大断面集合管连接各支管。集合管内流速不宜超过 3m/s，集合管下部设卸灰装置。

（2）除尘管道应尽可能垂直或倾斜敷设，倾斜敷设时与水平面夹角最好大于 45°。如必须水平敷设或倾角小于 30°时，应采取措施，如加大流速、设清扫口等。

（3）输送含有蒸汽、雾滴的气体时，如表面处理车间的排风管道，应用不小于 0.005 的坡度，以排除积液，并应在管道的紧低点和风机底部装设水封泄液管。

（4）在除尘系统中，为防止管道堵塞，管道直径不宜小于下列数值：

排送细小粉尘　80 mm

排送较粗粉尘（如木屑）　100 mm

排送粗粉尘（有小块物体）　130 mm

（5）排除含有剧毒物质的正压气体管道，不应穿过其他房间。

（6）管道上应设置必要的调节和测量装置（如阀门、压力表、温度计、风量测定孔和采样孔等）或预留安装测量装置的接口。调节和测量装置应设在便于操作和观察的地点。

（7）管道的布置应力求顺直，避免复杂的局部管件。弯头、三通等管件要安排得当，与风管的连接要合理，以减少阻力和噪声。

3．管道断面形状的选择和管道定型化

1）管道断面形状的选择

管道断面形状有圆形和矩形两种。两者相比，在相同断面积时圆形管道的阻力小、材料省、强度也大；圆形管道直径较小时比较容易制造，保温也方便。但是圆形管道管件的放样、制作较矩形管道困难；布置时不易与建筑、结构配合，明装时不易布置得美观。

当管道中流速较高，管道直径较小时，例如除尘系统和高速空调系统都用圆形管道。当管道断面尺寸大时，为了充分利用建筑空间，通常采用矩形管道。例如民用建筑空调系统都采用矩形管道。

矩形管道与相同断面积圆形管道的阻力比值为：

$$\frac{R_{\mathrm{j}}}{R_{\mathrm{y}}}=\frac{0.49(a+b)^{1.25}}{(a+b)^{0.625}} \tag{7-28}$$

式中：R_{j}——矩形管道的比摩阻；

R_{y}——圆形管道的比摩阻；

a、b——矩形管道的两个边长。在管道断面积一定时，宽高比 a/b 的值增大，$R_{\mathrm{j}}/R_{\mathrm{y}}$ 的比值也增大。

矩形管道的宽高比最高可达 8∶1，但 1∶1～8∶1 之间的表面积要增加 60%。因此设计管道时，除特殊情况外，宽高比越接近于 1 越好，可以节省动力及制造和安装费用。适宜的宽高比在 3.0 以下。

2）管道定型化

随着我国国民经济的发展，通风工程大量增加。为了最大限度地利用板材，实现通风管道制作，安装机械化、工厂化，在国家建委组织下确定了《通风管道统一规格》。

《通风管道统一规格》有圆形和矩形两类，必须指出：

（1）《通风管道统一规格》中，圆管的直径是指外径，矩形断面尺寸是其外边长，即尺寸中都包括了相应的材料厚度。

（2）为了满足阻力平衡的需要，除尘系统的排风管和气密性的通风管的管径规格较多。

（3）管道的断面尺寸（直径和边长）采用 R_{20} 系列，即管道断面尺寸是以公比数 $\sqrt[20]{10}\approx 1.12$ 的倍数来编制的。

4．进、排风口

（1）进风口

进风口是通风系统采集室外新鲜空气的入口，其位置应满足下列要求：

① 应设在室外空气较清洁的地点。进风口处室外空气中有害物质浓度不应大于室内作业地点；

② 应尽量设在排风口的上风侧，并且应低于排风口；

③ 进风口的底部距室外地坪不宜低于 2 m，当布置在绿化地带时不宜低于 1 m；

④ 降温用的进风口宜设在建筑物的背阴处。

（2）排风口

① 在一般情况下通风排气立管出口至少应高出屋面 0.5 m；

② 通风排气中的有害物质必需经大气扩散稀释时，排风口应位于建筑物空气动力阴影区和正压区以上；

③ 要求在大气中扩散稀释的通风排气，其排风口上不应设风帽。

二、管道的布置原则

管道布置对净化系统设计有重要意义。在大气污染控制过程中，管道输送的介质可能是多种多样的，有含尘气体、各种有害气体、各种蒸汽等。管道布置应从系统总体布局出发，对全车间管线通盘考虑。统一规划，力求简单、紧凑，缩短管线，减少占地和空间，节省投资，方便安装、调节和维修。

因此在设计管道时应考虑不同因素的特殊要求，但就其共性来说，一般应遵循以下几个基本原则。

（1）除尘系统的排风点不宜过多，与各支管间压力平衡。如排风点多，可用大断面集合管连接各支管。集合管内流速不宜超过 3 m/s，集合管下部应设卸灰装置（图 7-14，图 7-15）。

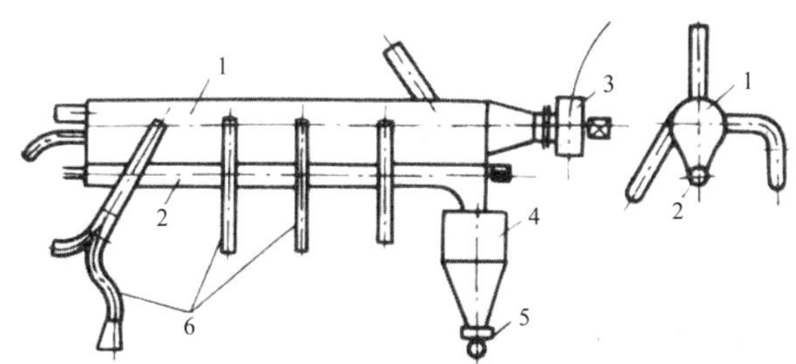

1—集合管；2—螺旋输送机；3—风机；4—集尘箱；5—卸尘阀；6—排风管

图 7-14　水平安装的集合管

（2）除尘风管应尽可能垂直或倾斜敷设，倾斜敷设与水平面的夹角最好大于 45°（图 7-16）。如果由于某种原因，风管必须水平敷设或与水平面的夹角小于 30°时，应采取措施，如加大管内风速，在适当位置设置清扫孔等。

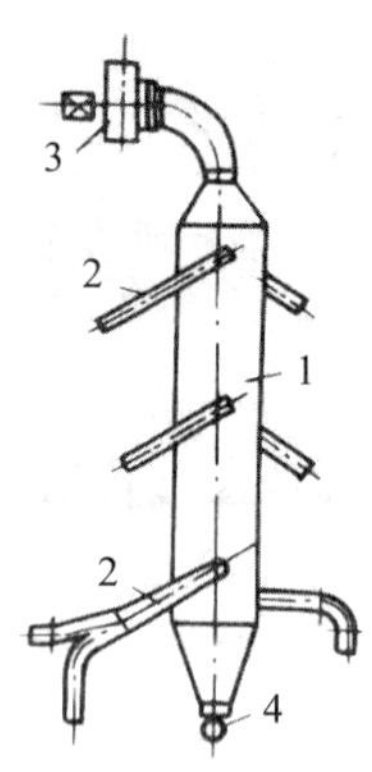

1—集合管；2—排风管；3—风机；4—卸尘阀

图 7-15　垂直安装的集合管

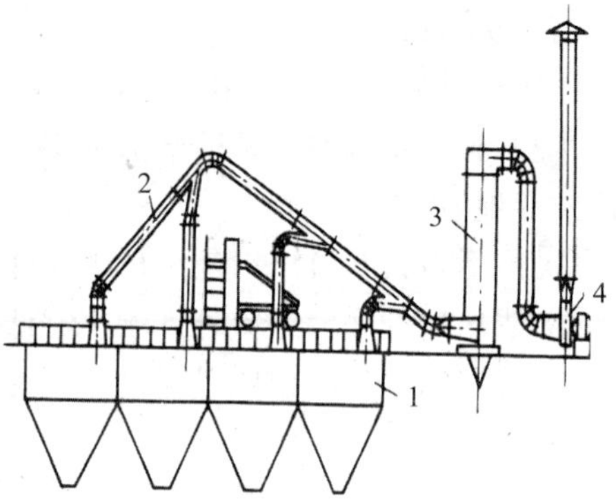

1—料仓；2—风管；3—除尘器；4—风机

图 7-16　通风除尘管道的敷设

（3）排除含有剧毒、易燃、易爆物质的排风管，其正压管段一般不应穿过其他房间。穿过其他房间时，该段管道上不应设法兰或阀门。

（4）除尘器宜布置在除尘系统的风机吸入段，如布置在风机的压出段，应选用排尘风机。

（5）应注意不宜让设备承受管道与阀门的重量，管道焊接缝的位置应在施工方便和受力小的地方。

（6）确定排入大气的排气孔的位置时，要考虑排出气体对周围环境的影响。对含尘和含毒废气即使经过净化处理后，仍应尽量在高处排放。通常排出口应高出周围建筑物 2～4 m。

（7）风管上应设置必要的阀门和仪表等调节或测量装置，或预留安装测量装置的接口。调节和测量装置应安装在便于摊作和观察的位置。

（8）要求管道严密不漏，以保证吸风口有足够的风量。

三、管道的压力损失计算

气体在管道中流动时会产生压力损失，气体和管道摩擦而引起的压力损失称摩擦压力损失，气体在经过各种管道附件或设备引起的压力损失称为局部压力损失。

1. 摩擦压力损失（沿程压力损失）

$$\Delta p_L = \lambda \frac{L}{4R} \cdot \frac{u^2}{2} \rho \qquad (7\text{-}29)$$

式中：Δp_L —— 气体的管道摩擦压力损失，Pa；

λ —— 摩擦阻力系数；

ρ —— 气体密度，kg/m^3；

u —— 气体在管道中流速，m/s；

L —— 管道长度，m；

R —— 水力半径，m。为管道截面积与润湿周边之比，对于圆形管道，$R=D/4$，

则

$$\Delta p_L = L\cdot\frac{\lambda}{D}\cdot\frac{u^2}{2}\cdot\rho \tag{7-30}$$

2. 局部压力损失

$$\Delta p_m = \zeta\rho\frac{u^2}{2} \tag{7-31}$$

式中：ζ —— 局部阻力系数；

ρ —— 气体密度，kg/m^3；

u —— 异型管件中气体速度，m/s。

【例 7-2】为判断水平除尘器管道是否发生堵塞，现场做了如下实验：用微压计测量垂直管道（D=1.1 m）上 A、B 两点间的阻力为 200 Pa，两点高差为 10 m；同时，在水平管道（D=1.0 m）上选 C、D 两测点，两点间距为 15 m。问当 C、D 两点阻力值大于多少时说明水平管道已堵塞？

解：管道沿程压力损失：$\Delta p_L = L\cdot\frac{\lambda}{D}\cdot\frac{u^2}{2}\cdot\rho$

管道内气体流速：$u=\frac{4Q}{\pi D^2}$

则：

$$\Delta p_L = 8L\cdot\frac{\lambda}{D^5}\cdot\frac{Q^2}{\pi^2}\cdot\rho$$

对于垂直管道：$200=8\times10\cdot\frac{\lambda}{1.1^5}\cdot\frac{Q^2}{\pi^2}\cdot\rho$

对于水平管道：$\Delta p_{L(CD)}=8\times15\cdot\frac{\lambda}{1.0^5}\cdot\frac{Q^2}{\pi^2}\cdot\rho$

上述两式相比，得：$\Delta p_{L(CD)}=200\times\frac{15}{10}\times\left(\frac{1.1}{1.0}\right)^5=483\text{ Pa}$

当 C、D 两点阻力值大于 483 Pa 时说明水平管道已堵塞。

练习：烟囱的直径为 1 m，排放的烟气量 7.14 m^3/s，烟气密度 0.7 kg/m^3，大气密度 1.29 kg/m^3，如烟囱的沿程阻力系数 0.035，要保证烟囱底部烟道断面的负压为

100 Pa，问烟囱的高度至少应为多少米？

四、管道系统的设计计算步骤

（1）绘制管道系统轴侧图（图 7-17），对各管段进行编号，标注各管段的长度和风量。以风量和风速不变的风管为一管段。一般从距风机最远的一段开始，由远而近顺序编号。管段长度按两个管件中心线的长度计算，不扣除管件（如弯头、三通）本身的长度。

（2）选择合理的管道风速。管道内的风速对系统的经济性有较大影响。流速高、管道断面小，材料消耗少，建造费用小；但是，系统压力损失增大，动力消耗增加，有时还可能加速管道的磨损。流速低，压力损失小，动力消耗少；但是管道断面大，材料和建造费用增加。对除尘系统，流速过低会造成粉尘沉积，堵塞管道。因此必须进行全面的技术经济比较，确定适当的经济流速。根据经验，确定一般管道系统的风速。对于除尘系统，防止粉尘在管道内沉积所需的最低风速可查相应的手册加以确定。对于除尘器后的风管，风速可适当减小，常见粉尘参考风速见表 7-4。

表 7-4　除尘管道内最低气体流速　　单位：m/s

粉尘性质	垂直管	水平管	粉尘性质	垂直管	水平管
砂	11	13	铁和钢尘末	13	15
耐火泥	14	17	棉絮	8	10
煤灰	10	12	轻矿物粉尘	12	14
水泥粉尘	8～12	18～22	重矿物粉尘	14	16

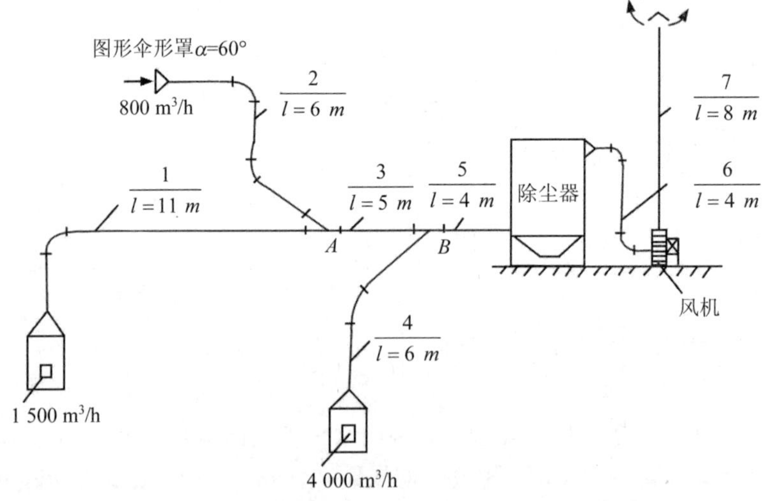

图 7-17　通风除尘系统

（3）根据管道的风量和预选的风速，查《全国通用通风管道计算表》，确定管段直径、实际流速、动压和摩擦阻力系数。计算管段压力损失 $\Delta P=\Delta P_L+\Delta P_m$。

压力损失计算应从最不利的环路（距风机最远的排风点）开始。对于袋式除尘器和电除尘器后的风管，应把除尘器的漏风量及反吹风量计入。除尘器的漏风率见有关的产品说明书，袋式除尘器的漏风率为5%左右。

（4）对并联管路进行压力平衡计算：$\dfrac{\Delta P_1-\Delta P_2}{\Delta P_2}$

一般的通风系统要求两支管的压损差不超过 15%；除尘系统要求两支管的压损差不超过 10%，以保证各支管的风量达到设计要求。

当并联支管的压力损失差超过上述规定时，可用下述方法进行压力平衡。

① 调整支管管径

这种方法是通过改变管径，即改变支管的压力损失，达到压力平衡。调整后的管径按式 7-32 计算：

$$D'=D\left(\Delta P/\Delta P'\right)^{0.225} \tag{7-32}$$

式中：D' —— 调整后的管径，m；

D —— 原设计的管径，m；

ΔP —— 原设计的支管压力损失，Pa；

$\Delta P'$ —— 为了压力平衡，要求达到的支管压力损失，Pa。

应当指出，采用本方法时不宜改变三通支管的管径，可在三通支管上增设一节渐扩（缩）管，以免引起三通支管和直管局部压力损失的变化。

② 增大排风量

当两支管的压力损失相差不大时（例如在20%以内），可以不改变管径，将压力损失小的那段支管的流量适当增大，以达到压力平衡。增大的排风量按式 7-33 计算：

$$Q'=Q\sqrt{\frac{\Delta P'}{\Delta P}} \tag{7-33}$$

式中：Q' —— 调整后的排风量，m^3/h；

Q —— 原设计的排风量，m^3/h；

ΔP —— 原设计的支管压力损失，Pa；

$\Delta P'$ —— 为了压力平衡，要求达到的支管压力损失，Pa。

③ 增加支管压力损失

阀门调节是最常用的一种增加局部压力损失的方法，它是通过改变阀门的开度，来调节管道压力损失的。应当指出，这种方法虽然简单易行，不需严格计算，但是改变某一支管上的阀门位置，会影响整个系统的压力分布。要经过反复调节，才能使各支管的风量分配达到设计要求。对于除尘系统还要防止在阀门附近积尘，引起管道堵塞。

④ 计算系统总压力损失

⑤ 根据系统总压力损失和总风量选择风机

【例 7-3】有一通风除尘系统如图 7-17 所示，风管全部用钢板制作，管内输送含有轻矿物粉尘的空气，气体温度为常温。各排风点的排风量和各管段的长度如图 7-17 所示。该系统采用袋式除尘器进行排气净化，除尘器压力损失 ΔP=1 200 Pa，除尘器的反吹风量为 1 740 m^3/h，除尘器漏风率按 10%考虑。试对该系统进行设计计算。

解：(1) 对各管段进行编号，总风量等于管段 6 和管段 7 的风量：

$$Q=Q_6=Q_7=(800+1\,500+4\,000)\times1.1+1\,740=8\,670\ m^3/h$$

(2) 估计管段风速：查表对于轻矿物粉尘，垂直管的最低风速υ=12 m/s，水平管的最低风速υ=14 m/s。

(3) 计算各管段的局部阻力系数：

管段 1　设备密闭罩ζ=1.0

支流三通　ζ=0.18

$$\sum\zeta=1+0.2+0.18=1.38$$

管段 5　除尘器入口处变径管的局部压力损失忽略不计ζ=0

管段 6　除尘器出口渐缩管（α=20°）

$$\zeta=0.1$$

90°弯头（R=1.5D）2 个ζ=0.2×2=0.4

风机入口处变径管的局部压力损失忽略不计ζ=0

$$\sum\zeta=0.1+0.4=0.5$$

管段 7　风机出口ζ=0.1（估算）

伞形风帽（h/D_0=0.4）ζ=0.7

$$\sum\zeta=0.1+0.7=0.8$$

(4) 根据管段风量和风速查《全国通用通风管道计算表》，确定管径、动压和摩擦阻力系数。全部计算结果在表 7-5 汇总列出。

表 7-5　通风除尘管道系统计算表

管段编号	流量 Q/（m^3/h）	① 长度 L/m	流速/（m/s）	管径 D/mm	② 动压/Pa	③ 摩擦阻力系数	④ = ①×②×③ 摩擦压力损失/Pa	⑤ 局部阻力系数	⑥=②×⑤ 局部压力损失/Pa	④+⑥ 管段总压力损失/Pa
1	1 500	11	13.7	200	112	0.103	126	1.4	156	282
3	2 300	5	14.5	240	126	0.081	51	0.2	25	76
5	6 300	5	15.7	380	147	0.046	33	0	0	33

管段编号	流量 Q/（m^3/h）	①长度 L/m	流速/（m/s）	管径 D/mm	②动压/Pa	③摩擦阻力系数	④ = ①×②×③摩擦压力损失/Pa	⑤局部阻力系数	⑥=②×⑤局部压力损失/Pa	④+⑥管段总压力损失/Pa
6	8 670	4	12.4	500	92	0.033	12	0.5	46	58
7	8 670	8	12.6	500	92	0.033	24	0.8	73	97
2	800	6	15.0	140	135	0.160	129	0.72	97	226
4	4 000	6	16.0	300	153	0.061	56	1.38	211	267

对节点 A 进行压力平衡计算：

$$\Delta P_1=282\ \text{Pa}\quad \Delta P_2=226\ \text{Pa}$$

$$(\Delta P_1-\Delta P_2)/\Delta P_2=(282-226)/226=24.7\%>10\%$$

因该处压力不平衡，改变管段 2 的管径，以增大压力损失：

$$D'_2=D_2(\Delta P/\Delta P')^{0.225}=140(226/282)^{0.225}=133.2\ \text{mm}$$

取 D'_2=135 mm

经计算（表 7-5）$\Delta P'_2$=322 Pa

$$(\Delta P_1-\Delta P'_2)/\Delta P'_2=(282-322)/322=-12\%$$

对节点 B 进行压力平衡计算：

$$\Delta P_1+\Delta P_3=358\ \text{Pa}\quad \Delta P_4=267\ \text{Pa}$$

$$(\Delta P_1+\Delta P_3-\Delta P_4)/\Delta P_4=(358-267)/267=34\%>10\%$$

改变管段 4 的管径，以增大压力损失

$$D'_4=300(267/358)^{0.225}=280.8\ \text{mm}$$

经计算（表 7-5）$\Delta P'_4$=360 Pa

$$(358-360)/360=-0.5\%\leqslant 10\%$$

该除尘系统的总风量 Q=8 670 m^3/L

该除尘系统的总压力损失 $\Delta P=\Delta P_2+\Delta P_3+\Delta P_5+\Delta P_{除尘器}+\Delta P_6+\Delta P_7$

$$=322+76+33+1200+58+97=1\ 786\ \text{Pa}$$

五、高温烟气管道设计计算

高温烟气主要是由各种工业窑炉排出的，它的特点是烟气温度高，粉尘含量较大。

1. 高温烟气管道的布置

高温烟气管道的布置，除应考虑一般含尘管道布置的某些要求外，还应注意以下原则：

① 管道的布置应力求平直畅通、管道短、附件少且管道的气密性要好。

② 高温烟气的热量应尽量充分利用。

③ 经余热利用后的烟气温度一般仍较高。这时还应对管道进行保温处理，使管壁的温度应高于管内气体露点温度的 10～20℃，以防止管内壁的结露。在有人工作的地方保温层外表面温度不得高于 60℃，以避免烫伤。

④ 高温烟气管道必须考虑热膨胀补偿问题。

⑤ 水平烟道烟气流向应和水平烟道的坡度相反，接近烟囱的水平烟道的坡度一般不小于 3%。

⑥ 管道尽量采用地上敷设，当必须采用地下敷设时，管道底部应高于地下水位，并应考虑清灰、防水和排水措施。

⑦ 在可能出现凝结水的管断及湿式除尘器后的管断和风机下方，应安装排水装置。

⑧ 管道系统中必须采取防爆措施。如设置重力防爆门或板式防爆门。

2. 高温烟气管道的计算

高温管道一般采用串联系统，不设分支管路。

1）烟气流速

工业锅炉高温烟气管道中的流速，可按表 7-6 选用。对于较长的水平管道，为避免烟道积灰，烟气流速不宜低于 7～8 m/s；为防止烟道磨损，烟气流速也不宜大于 12～15 m/s。

表 7-6 烟气管道流速 单位：m/s

管道材料	管道	烟道	
		自然通风	机械通风
砖或混凝土制管	4～8	3～5	6～8
金属管	10～15	8～10	10～15

2）管道断面积

高温烟气管道断面积可按下式计算。

$$A=Q/3\,600v \tag{7-34}$$

式中：Q ——烟气流量，m^3/h；

v ——烟气流速，m/s。

对于圆形管道，其直径可由式（7-32）确定。

3）压力损失

高温烟气管道的压力损失可按下式计算。

$$\Delta p=\Delta p_f+\Delta p_L+\Delta p_m+\Delta p_e-\Delta p_r\text{（Pa）} \qquad (7\text{-}35)$$

式中：Δp_f——炉膛或罩子的负压值，Pa；

Δp_L——管道的沿程阻力损失，Pa；

Δp_m——管道的局部阻力损失，Pa；

Δp_e——管道系统中各种设备（冷却设备、净化设备等）压力损失之和，Pa；

Δp_r——烟气的自生力，Pa。

① 工业锅炉炉膛负压值一般取 40～80 Pa；各种排气罩的负压值按有关手册选取。

② 沿程阻力损失 Δp_s 可按式（7-30）计算，摩擦压损系数 λ 可按下列规定选取。

砖砌、混凝土管道　　λ=0.050

轻微氧化的金属管道　λ=0.045

金属管道　　　　　　λ=0.025～0.030

烟气密度ρ_s可按下式换算。

$$\rho_s=273/\text{（}273+t_s\text{）}\cdot\rho_0 \qquad (7\text{-}36)$$

式中：ρ_0——标准状态下干烟气密度，m^3/h（对于锅炉烟气，ρ_0=1.34kg/m^3）；

t_s——烟气的平均温度，℃。

③ 局部阻力损失 Δp_m，可按式（7-31）计算。

④ 垂直管道中高温烟气的自生力

在垂直管道中，高温烟气的密度小于外界空气的密度，在这种密度差的作用下，产生了烟气的自生力，其值可按式（7-37）计算。

$$\Delta p_r=\pm H\cdot\text{（}\rho_0-\rho_s\text{）}\times 9.81 \qquad (7\text{-}37)$$

式中：H——烟道初、终断面之间的垂直高度，m；

ρ_s——垂直烟道中烟气的平均密度，kg/m^3；

ρ_0——空气在一个标准大气压下，温度为 20℃时的密度 1.2 kg/m^3。

在式（7-37）中，“+”表示烟气向上流动；“−”表示烟气向下流动。

第三节　风机的选择

风机是为废气（或空气）通过集气罩、管道、污染控制设备以及其他需要的设备（如废气冷却器等）提供所需的能量。多数风机的生产厂家所提供的说明书中都附有风机性能的特征表，少数厂家还提供一些主要产品的风机特性曲线。

一、风机的分类

按风机的作用原理可分为：① 离心式，在离心风机中，空气在螺旋孔中心进入，垂直转弯，被离心力加速和压缩后排出，离心力通过叶片转换成压力；②轴流式，在轴流式风机中，空气直接沿旋转轴通过，叶片将空气从前面推进，并从后面排出。

二、风机的性能参数

1．性能参数

（1）风量：风机在单位时间所输送气体的体积流量称为风量或流量 Q，单位为 m^3/s。风机一旦确定后，当输送介质的温度和密度发生变化时，风机的体积流量不变。

（2）全压：风机的风压为动压和静压两部分之和，风机的全压指风机出口气流的全压与进口气流的全压之差，其单位为 Pa。

风机的静压为全压减去风机出口处的动压。于是，风机静压与管道系统的压力关系如下：

$$FSP=TP_{out}-TP_{in}-VP_{out} \tag{7-38}$$

式 7-38 也可以写为式 7-39 常用的形式：

$$FSP=(SP_{out}+VP_{out})-(SP_{in}+VP_{in})-VP_{out} \tag{7-39}$$

或

$$FSP=SP_{out}-SP_{in}-VP_{in} \tag{7-40}$$

式中：FSP —— 风机的静压，Pa；

TP_{in} —— 风机进口处气流的全压，Pa；

TP_{out} —— 风机出口处气流的全压，Pa；

VP_{in} —— 风机进口处气流的动压，Pa；

VP_{out} —— 风机出口处气流的动压，Pa；

SP_{in} —— 风机进口处气流的静压，Pa；

SP_{out} —— 风机出口处气流的静压，Pa。

（3）功率

① 有效功率：所输送的气体在单位时间内从风机获得的有效能量，单位为 kW。

$$N_e=\frac{PQ}{1000} \tag{7-41}$$

式中：N_e——风机有效功率，kW；

P——风机的全压，Pa；

Q——风机的风量，m^3/s。

② 所需功率：是指风机在有效功率基础上考虑风机内效率、机械传动效率和电机功率储备所计算的功率，单位为 kW。

$$N = \frac{PQ}{1\,000\eta_{in}\eta_{me}} \times K \tag{7-42}$$

式中：η_{in}——风机内效率，它反映风机内部流动过程的好坏；

η_{me}——风机传动效率，它是反映风机轴承损失和传动损失的指标；

K——电机的功率储备系数。

【例 7-4】某净化系统净化 20℃的含尘空气，已知系统的计算风量 11 500 m^3/h，系统管道计算总阻力 2 000 Pa。（风机风量和压头的附加裕量按 15%计取，风机内效率为 0.8，机械传动效率为 0.98，电机备用安全系数取 1.15）。计算风机的风量和压头及电机的计算功率。

解：Q=11 500 m^3/h×（h/3 600s）×1.15=3.67 m^3/s

P=2 000×1.15=23 000 Pa

$$N = K \cdot \frac{PQ}{1\,000\eta_{in}\eta_{me}} = 1.15 \times \frac{2\,300 \times 3.67}{1\,000 \times 0.8 \times 0.98} = 12.39\ \text{kW}$$

练习：现场测定风机性能时测得风量为 66 500 m^3/h，风机进出口静压差为 1 400 Pa。风机进口管道直径 1 200 mm，风机出口尺寸 960 mm×840 mm，问风机全压是多少？（空气密度 1.2 kg/m^3）

2. 风机性能参数的变化关系

风机样本性能参数是按国家标准规定的条件得出的，当使用条件（大气压力、空气密度、温度）发生变化时，风机性能参数将发生变化，可依据以下公式进行修正：

通风机：$Q=Q_0$

$$N = N_0 \frac{B}{101.325} \times \frac{273+20}{273+t} \tag{7-43}$$

$$P = P_0 \frac{273+20}{273+t} \times \frac{B}{101.325} \tag{7-44}$$

锅炉引风机：$Q=Q_0$

$$N = N_0 \frac{B}{101.325} \times \frac{273+200}{273+t} \tag{7-45}$$

$$P = P_0 \frac{273+200}{273+t} \times \frac{B}{101.325} \tag{7-46}$$

式中：Q、P、N——使用条件下风机的风量、风压和功率；

Q_0、P_0、N_0——风机样本上的风量、风压和功率；

B——当地大气压，kPa；

t——被输送气体温度，℃。

风机使用时，当风机转速、叶轮直径、输送气体密度发生变化时，风机性能参数应依据以下公式进行修正：

当气体密度发生变化时：

$$Q_1=Q_2;\quad p_2=p_1\frac{\rho_2}{\rho_1};\quad N_2=N_1\frac{\rho_2}{\rho_1};\quad \eta_2=\eta_1$$

当风机转速发生变化时：

$$Q_2=Q_1\frac{n_2}{n_1};\quad p_2=p_1\left(\frac{n_2}{n_1}\right)^2;\quad N_2=N_1\left(\frac{n_2}{n_1}\right)^3;\quad \eta_2=\eta_1$$

当叶轮直径发生变化时：

$$Q_2=Q_1\left(\frac{D_2}{D_1}\right)^3;\quad p_2=p_1\left(\frac{D_2}{D_1}\right)^2;\quad N_2=N_1\left(\frac{D_2}{D_1}\right)^5;\quad \eta_2=\eta_1$$

当气体密度、风机转速和叶轮直径同时发生变化时：

$$Q_2=Q_1\left(\frac{n_2}{n_1}\right)\left(\frac{D_2}{D_1}\right)^3;\quad p_2=p_1\left(\frac{n_2}{n_1}\right)^2\frac{\rho_1}{\rho_2}\left(\frac{D_2}{D_1}\right)^2;$$

$$N_2=N_1\frac{\rho_2}{\rho_1}\left(\frac{n_2}{n_1}\right)^3\left(\frac{D_2}{D_1}\right)^5;\quad \eta_2=\eta_1$$

对给定的情况，选择合适风机的三个主要因素为：气体的体积流量、所需风机的全压，以及经过风机的气体密度。而其他的重要因素为：气流中主要污染物的种类（粉尘、液体或易燃气体）和浓度，安装所允许的空间，以及允许的噪声指标等。

三、风机性能的特性曲线与运行工作点

1. 风机特性曲线

风机的性能可以用风机特性曲线来概括。风机特性曲线用于定量的描述风机的风量与全压、功率和机械效率之间的关系，这些关系就形成了风机的特性曲线。各种风机的特性曲线都是不同的，当风机转数、叶轮直径和输送气体的密度改变时，对风量、风压和功率都会有影响。图 7-18 是典型的 4-72 型后弯叶片风机的特性曲线。由图可知，风机特性曲线（转速一定）通常包括全压随风量的变化、功率随风量的变化、效率随风量的变化。因此，一定的风量对应于一定的全压、功率和效率。对于一定的风机类型，将有一个经济合理的风量范围。

2. 管路的性能曲线

风机总是与一定的管路系统连接的，管路系统一旦确定后，系统地压力损失与

系统的风量存在抛物线关系，即：

$$P=S\cdot Q^2 \tag{7-47}$$

式中：P——系统的压力损失，Pa；

S——管网综合阻力系数；

Q——风量，m^3/s。

图 7-19 曲线 AB 和 CD 为不同管路的性能曲线，管路 AB 的压力损失大于管路 CD 的压力损失。

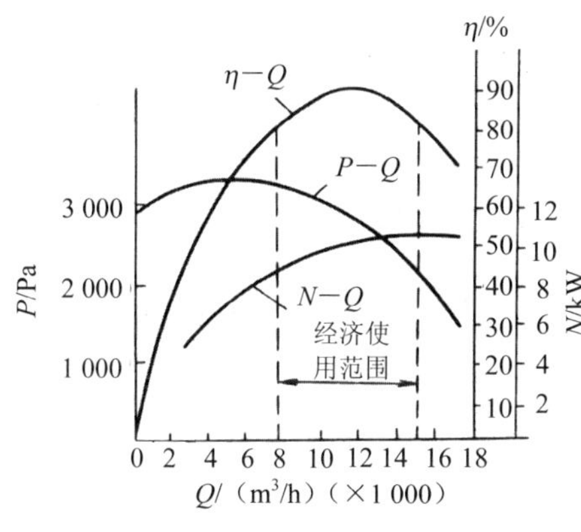

图 7-18 风机特性曲线

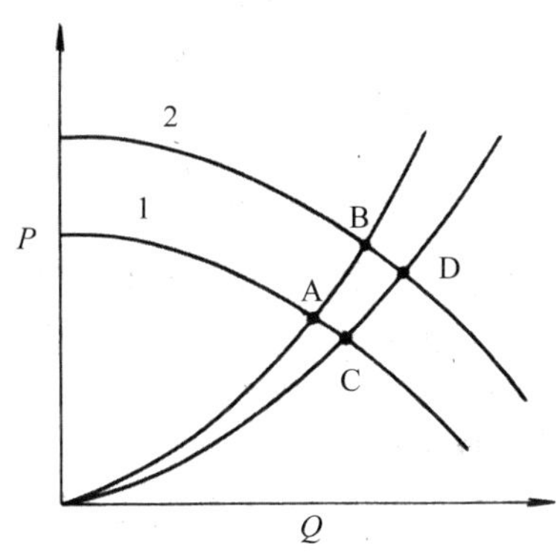

图 7-19 风机的工况调节与联合工作示意

3．风机的运行工作点

由风机的特性曲线可以看出，风机可以在不同的风量下工作。但在实际运行时，风机只在其特性曲线上的某一点工作，该点是由风机特性和管网特性共同确定的，称为风机的运行工作点。即风机运行工作点是风机特性曲线和管网性能曲线的交点。工作点对应的风量和全压就是风机实际运行时提供的风量和压头。

4．风机的工况调节

根据生产工艺的要求，净化系统的流量和压力需要经常变化，也即风机运行工作点要发生变动，这种改变风机运行工作点的方法和措施称为风机的工况调节。风机工况调节通常有两种方法：一是通过改变管路系统的压力损失来改变工作点；二是通过改变风机的性能特性来改变工作点。

1）改变管路系统的压力损失的调节方法

通常通过减少或增加管网系统的阻力（如改变管路系统阀门的开度），即改变管网的特性曲线来实现。例如在图 7-19 中，管路 AB 由于阻力降低，其性能曲线变成 CD。对于风机 1 来讲，其工作点由 A 点变到 C 点，对应风量增加；对于风机 2 来讲，其工作点由 B 点变到 D 点，对应风量增加。

2）改变风机特性曲线的调节方法

风机性能的改变有多种方式，如更换风机、改变风机转速和改变风机叶轮直径等。至于采用何种调节方式应作技术经济比较。例如在图 7-19 中，风机转速提高以后，风机特性曲线 1 变为曲线 2。对于管路 AB 来讲，风机工作点由 A 点变到 B 点，对应风量增加；对于管路 CD 来讲，风机工作点由 C 点变到 D 点，对应风量增加。

5. 风机的联合工作

1）两台型号相同的风机并联工作

当系统中要求的风量很大，一台风机的风量不够时，可以在系统中并联设置两台或多台相同型号的风机。并联风机的总特征曲线是由各种压力下的风量叠加而得。然而，在设计管网系统中，两台风机并联工作时的总风量不等于单台风机单独工作时风量的 2 倍，风量增加的幅度与管网的特性等因素有关。图 7-19 可用作两台风机并联时的示意说明：风机单独工作时，风机的特性曲线为 1；当两台风机并联工作时风机的特性曲线变为 2。对于管路 AB 来讲，并联后风机工作点由 A 点变到 B 点，对应风量增加；对于管路 CD 来讲，并联后风机工作点由 C 点变到 D 点，对应风量增加。

2）两台型号相同的风机串联工作

在同一管网系统中，当系统的压力损失很大时，单台风机不能提供足够的气体输送动力时，可以采用两台风机串联工作。图 7-19 也可用作两台风机串联时的示意说明：风机单独工作时，风机的特性曲线为 1；当两台风机串联工作时风机的特性曲线变为 2。对于管路 AB 来讲，风机串联后风机工作点由 A 点变到 B 点，对应的全压增加；对于管路 CD 来讲，风机串联后风机工作点由 C 点变到 D 点，对应全压增加。

四、风机的选型

风机基本类型的选择是由被处理气体的特性所决定的。而风机的规格则由性能表来决定。一般说来，位于性能表中部性能点的风机效率最高。若设计操作点位于性能表的上部或下部，甚至于性能表之外，则该风机的效率较低，应该考虑选择其他型号的风机。当然，若选不到其他合适的风机，尽管效率不高，也只能使用所选的风机。

一般情况下，风机性能表中的数据是指标准状态下输送空气的性能。如果输送气体是在其他条件而非标准状态，则必须对气体的密度进行修正。管道中被输送气体的密度与风机的静压、功率消耗有关，但与流量无关。

在选择风机时，还应根据现场的情况确定风机的旋转方向，以及风机出口的方向。从电动机一侧正视，叶轮顺时针转称为顺转，而叶轮逆时针转称为逆转。风机的出口方向以机壳的出风口角度表示。风机的出风口角度从 0～90°变化，间隔为 22.5°、45°或 90°（参考风机说明书）。风机的传动方式有 A、B、C、D、E、F 六种，其中 A 为直连，B、C、E 为皮带轮连接，D、F 为连轴器直连传动（图 7-20）。

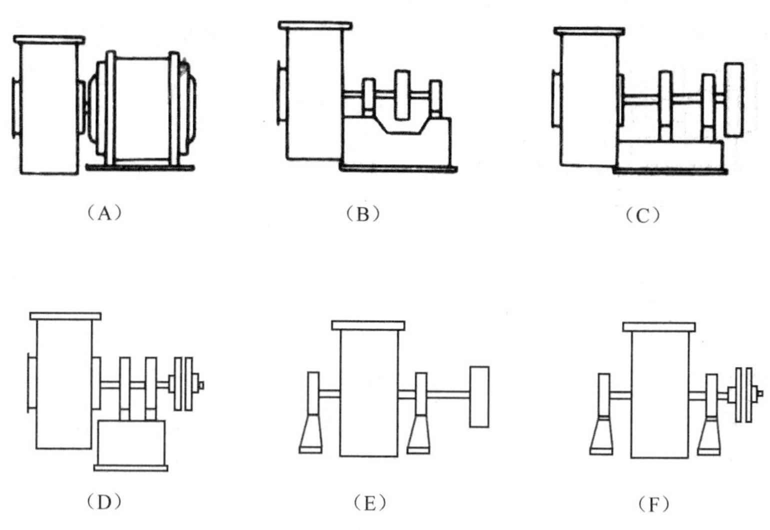

图 7-20　风机的传动方式

风机的选型一般按下述步骤进行：

（1）计算确定管道内所需的通风量

（2）计算所需总推力 I_t

$$I_t = \Delta P \times A_t \text{（N）} \quad (7\text{-}48)$$

式中：A_t——管道横截面积，m^2；

ΔP——各项阻力之和，Pa。

各项阻力一般应涉及下列 4 项：

① 管道进风口阻力与出风口阻力；

② 管道表面摩擦阻力，悬吊风机装置、支架及路标等引起的阻力；

③ 交通阻力；

④ 管道进出口之间因温度、气压、风速不同而生的压力差所产生的阻力。

（3）确定风机布置的总体方案

根据管道长度、所需总推力以及射流风机提供推力的范围，初步确定在管道总长上共布置 m 组风机，每组 n 台，每台风机的推力为 T。

满足 $m \times n \times T \geqslant T_t$ 的总推力要求，同时考虑下列限制条件：

① n 台风机并列时，其中心线横向间距应大于 2 倍风机直径；

② m 组（台）风机串联时，纵向间距应大于 10 倍管道直径。

（4）单台风机参数的确定

射流风机的性能以施加于气流的推力来衡量，风机产生的推力在理论上等于风机进出口气流的动量差（动量等于气流质量流量与流速的乘积），在风机测试条件下，进口气流的动量为零，所以可以计算出在测试条件下，风机的理论推力：

$$\text{理论推力}=\rho\times Q\times V=\rho Q^2/A \tag{7-49}$$

式中：ρ ——空气密度，kg/m^3；

Q ——风量，m^3/s；

A ——风机出口面积，m^2。

试验台架测量推力 T_1 一般为理论推力的 0.85～1.05 倍，取决于流场分布与风机内部及消声器的结构。风机性能参数图表中所给出的风机推力数据均以试验台架测量推力为准，但测量推力还不等于风机装在管道内所能产生的可用推力 T，这是因为风机吊装在管道中时会受到管道中气流速度产生的卸荷作用的影响（柯达恩效应），可使推力减少。影响的程度可用系数 K_1 和 K_2 来表示和计算：

$$T=T_1\times K_1\times K_2 \quad \text{或} \quad T_1=T\,(K_1\times K_2) \tag{7-50}$$

式中：T——安装在管道中的射流风机可用推力，N；

T_1——试验台架测量推力，N；

K_1——管道中平均气流速度以及风机出口风速对风机推力的影响系数。

五、风机的调试、运行与维护管理

1. 安装前的准备工作

安装前应全面熟悉了解风机的说明书，弄清风机工作的通风系统图纸，开箱检查风机各部件是否齐全，机壳外部有无损伤，特别要注意头部整流器是否有损伤变形，各部件连接是否紧密，叶片电机有无损伤，叶轮转动是否灵活，如发现问题应予以修理及调整。

检查风机的安装基础，它必须有足够的强度和刚度，以保证能承受风机运行时的负荷，同时检查基础与风机的连接尺寸是否符合设计要求。

2. 风机的安装方式

1）卧地式安装

将减震器通过连接螺栓固定于风机机座，用中心高调整垫板调节各减震器水平高度，用固定螺栓将风机固于已焊接在基础上的连接钢板上，如风机由于抗震等原因无须减震器，则将风机机座上的螺孔与基础上的预埋螺栓直接连接即可。

2）侧墙卧式安装

风机安装的基本要求与卧地式安装相同，只是安装托架做成斜臂支撑式，托架要有足够的强度和刚度，10#以上风机不宜采用此安装方式。

3）悬挂式安装

先将减震器与风机用螺栓联接成一体，减震器对称安装，布置于风机重心两侧，直接将风机提升插入安装于悬挂支架，悬挂支架的高度，视实际空间距离由用户自定，16#以上风机一般不采用此安装型式。

4）立式安装

风机立式安装方法与卧地式安装一致，对风机基础的强度与刚度要求更严格。

3. 风机的运行

1）试运转

① 风机安装完毕后，在启动前应检查风机转动的灵活性，用手拨动叶片是否有卡住摩擦现象。检查风机及相邻管道内是否有遗留工具和其他杂物。

② 检查管道内的风门是否处于开启状态。

③ 工作人员应远离风机。

④ 点动风机，查看风机转向是否与旋转标记相符，在检查合格后，试运行 10～30 min 后停止，检查叶片有无松动现象，减震座与基础联接螺栓有无松动，一切正常后，再正式启动，投入运行。

2）风机正常运行

风机在正常运行中，主要监视电机的电流，电流不仅是风机负荷的标志，也是一些异常事故预报的标志。其次要经常检查电机与风机的振动是否正常及有无摩擦、异常响声。对并联运行的风机应注意监视风机是否在喘振状态情况下运行。

在正常运行中，如遇下列情况应立即停机检查：

① 风机发生强烈振动或碰擦声；

② 电机电流突然上升，并超过电机的额定电流；

③ 电机轴承温度急剧上升。

风机正常运转中需要注意的事项如下：

① 如发现流量过大，不符合使用要求，或短时间内需要较小的流量，可利用节流装置进行调节；

② 对温度计及油标的灵敏性定期检查，并应控制轴承箱油位在规定的允许范围内；

③ 在风机的开车、停车或运转过程中，如发现不正常现象时，应立即进行检查；

④ 对检查发现的小故障，应及时查明原因，设法消除或处理，如小故障不能消除，或者发现大故障时，应立即进行检查；

⑤ 除每次拆修后，应更换润滑油外，还应定期更换润滑油；

⑥ 对 E 式传动的轴承座应定期（季度）检查，清洗和补加润滑油，以防轴承烧坏。

4. 风机的维护

（1）检查各种排风罩是否完整，操作门和检查孔、盖是否完好，用完后是否关好。

（2）通风管道经初步调整后，必须将调节阀板固定好，并作出标记，不要轻易变动。

（3）经常检查风口、法兰连接处、清扫孔、罩子等的气密性和完好程度，如发现漏风和破损应及时检修。

（4）经常检查通风管道内部有无积尘。如发现在敲打通风管道时，声音闷哑或管内动压比正常数值大为减小，说明通风管道已被堵塞或积尘，应及时清扫。

（5）保温通风管道应定期检查其保温层是否完好，如有受潮和脱落，应及时更换。如伴有蒸汽盘管加热，注意不要使其漏汽。

（6）有接地的通风管道系统，如木工除尘系统，要定期检查其接地装置是否有效。

（7）水冷通风管道应经常注意水夹套有否渗水、漏水，并注意冷却水进水压力和水冷管段内的水压降。供水压力下降表明水量减少；压降增大，表明水夹套内结垢，压降减小，表明可能存在漏、渗现象。遇到上述各种情况都应及时采取措施。

（8）经常检查阀门、风口、清扫孔等的启闭情况，特别是防爆阀是否由于锈蚀而失灵。

（9）检查与工艺设备（过程）联锁的装置（如水力或蒸汽除尘阀门开启度与物料量的联锁，犁式刮板与插板阀的联锁等）是否准确，有效。

（10）定期检查并清扫通风管道外表面的积尘，检查通风管道支、吊架的牢固程度。高空敷设的通风管道应有检修用的走道、爬梯或平台。

5. 离心通风机的维护

（1）检查各连接及紧固部位螺栓是否紧固，轴承润滑状况，与通风管道连接是否良好。清除机壳中的杂物。消除松动、零部件短缺及其他不正常现象。

（2）检查电源接线是否符合要求，安全保护装置是否可靠。

（3）检查传动部件，风机和电机两轴是否同心。如是皮带传动时，检查皮带安装是否正确，要求皮带的紧边在上，当有过松和打滑现象应即调整电机的顶丝。

（4）电机容量大于 75 kW 和电气上无起动装置的风机起动时，应关闭风机入口或出口处通风管道上的启动阀门。在风机转速逐渐增高的过程中，徐徐打开启动阀门。在 3～5 min 内，风机达到额定转速后，完全打开阀门，以避免出现过大的启动电流。

（5）除尘系统与所服务的工艺设备如无联锁装置时，风机等应在工艺设备起动之前起动，在工艺设备停止操作后 5～10 min 再关闭风机，以防止通风管道内积尘。

（6）经常注意风机的工作状况，有无振动及噪声异常。注意轴承温升，各润滑点的润滑情况是否良好。

（7）随时注意各种仪表的读数是否符合规定的运行参数。

（8）检查风机破损、磨漏及焊缝情况。

（9）检查风机叶轮的平衡（不取下叶轮）以及叶轮与机壳的间隙是否正常。

（10）检查风机叶片的黏灰、变形及其完整情况。

复习思考题

一、思考题

1. 为获得良好的防尘效果，设计密闭罩时要注意什么？

2. 设计外部集气罩时，是否排风量越大越好呢？为什么？

3. 集气罩在设计时应遵循哪些原则？

4. 管道系统在布置时应遵循哪些原则？

5. 管道系统在设计计算时，为何选择合适的空气流速？

6. 如何进行风机的选择？

二、练习题

1. 某外部吸气罩，罩口尺寸 $B \times L$=350 mm×400 mm，排风量 Q=0.80 m^3/s，试计算在下述条件下，在罩口中心线上距罩口 0.3 m 处的吸入速度。

（1）四周有边吸气罩；

（2）四周无边吸气罩。

2. 某台上侧吸条缝罩，罩口尺寸 $B \times L$=100 mm×600 mm，距罩口距离 x=350 mm 处吸捕速度为 0.26 m/s，试求该罩吸风量。

3. 某工业槽宽 B=1.5 m，长 L=2 m，槽液温度为 80℃，采用吹吸式通风罩，试计算吹吸风量及吹吸口高度。

4. 有一侧吸罩的罩口尺寸 $B \times L$=300 mm×400 mm，排风量 Q=1.05 m^3/s，试计算在下述条件下，在罩口中心线上距罩口 0.3 m 处的吸入速度。

（1）前面无障碍，无法兰边；

（2）前面无障碍，有法兰边；

（3）设在工作台上，无法兰边。

5. 某车间除尘系统管道布置图如下所示，若系统内空气平均温度为 25℃，钢板管道的粗糙度为 K=0.15 mm，气体含尘浓度为 12 g/m^3，选用旋风除尘器的阻力损失为 1 680 Pa，集气罩 1 和 8 的局部阻力损失系数ξ_1=0.18，ξ_8=0.11，集气罩的排风量为 Q_1=2 950 m^3/h，Q_2=5 400 m^3/h，进行该除尘系统管道设计，并选择排风机。

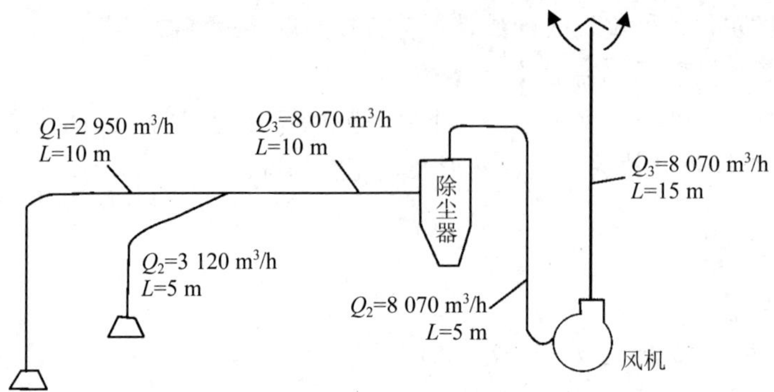

某车间除尘系统管道布置

参考文献

[1] Nodel de Nevers．大气污染控制工程[M]．2 版．胡敏，谢绍东，等．北京：化学工业出版社．

[2] Noel de Nevers．*Air Pollution Contronl Engineering*（Second Edition）[M]．北京：清华大学出版社，2000．

[3] 艾有年，阎立荣．环境监测新方法[M]．北京：中国环境科学出版社，1990．

[4] 蔡艳荣，丛俏，曲蛟．环境影响评价[M]．北京：中国环境科学出版社，2006．

[5] 曹宏彬．“3S”技术在水土保持动态监测中的应用[J]．水利水电工程设计，2005，24（3）：41-43．

[6] 陈怀满．环境土壤学[M]．北京：科学出版社，2005．

[7] 陈礼璠．中国汽车工业发展与大气污染[J]．绿色汽车，2001（11）：33-35．

[8] 陈玲，赵建夫．环境监测[M]．北京：化学工业出版社，2004．

[9] 陈振民．环境质量评价实务[M]．郑州：郑州大学出版社，2003．

[10] 邓桂春，藏树良．环境分析与监测[M]．沈阳：辽宁大学出版社，2001．

[11] 邓益群，彭凤仙，周敏．固体废物及土壤监测[M]．北京：化学工业出版社，2006．

[12] 丁桑岚．环境评价概论[M]．北京：化学工业出版社，2001．

[13] 杜森，高祥照．信息技术在农田施肥管理中的应用[J]．土壤与环境，2002，11（2）：189-193．

[14] 郭静，阮宜纶，等．大气污染控制工程[M]．北京：化学工业出版社，2002．

[15] 国家环境保护总局，国家质量监督检验检疫总局．危险废物鉴别标准（GB 5085．1～7—2007），2007．

[16] 国家环境保护总局，国家质量监督检验检疫总局．进口可用原料的固体废物环境保护控制标准（GB 16487—2005），2005．

[17] 国家环境保护总局，国家质量监督检验检疫总局．生活垃圾焚烧污染控制标准（GB 18485—2001），2001．

[18] 国家环境保护总局，国家质量监督检验检疫总局．生活垃圾填埋污染控制标准（GB 16889—1997），1997．

[19] 国家环境保护总局，国家质量监督检验检疫总局．危险废物焚烧污染控制标准（GB 18484—2001），2001．

[20] 国家环境保护总局，国家质量监督检验检疫总局．危险废物焚烧贮存控制标准（GB 18597—2001），2001．

[21] 国家环境保护总局，国家质量监督检验检疫总局．危险废物填埋污染控制标准（GB 18598—2001），2001．

[22] 国家环境保护总局，危险废物鉴别技术规范（HJ/T 298—2007），2007．

[23] 国家环境保护总局．工业固体废物采样制样技术规范，1998．
[24] 国家环境保护总局．固体废物浸出毒性浸出方法——硫酸硝酸法，2007．
[25] 国家环境保护总局环境工程评估中心．环境影响评价技术方法[M]．北京：中国环境科学出版社，2006．
[26] 国家环境保护总局监督管理司．中国环境影响评价[M]．北京：化学工业出版社，2000．
[27] 郝吉明，马广大．大气污染控制工程[M]．2版．北京：高等教育出版社，2002．
[28] 郝吉明，王书肖，陆永琪．燃煤二氧化硫污染控制技术手册[M]．北京：化学工业出版社，2001．
[29] 何明清，吴华勇，崔伟．土壤与固体废物监测技术问答[M]．北京：化学工业出版社，2006．
[30] 黄秀莲．环境分析与监测[M]．北京：高等教育出版社，1989．
[31] 金国淼． 除尘设备[M]．北京：化学工业出版社，2001．
[32] 金腊华，邓家泉，吴小明．环境评价方法与实践[M]．北京：化学工业出版社，2005．
[33] 李春鸣．土壤样品的采集和处理[J]．西北民族大学学报，2003，24（50）：74-75．
[34] 李广超，傅梅绮．大气污染控制技术[M]．北京：化学工业出版社，2006．
[35] 李广超．大气污染控制技术[M]．北京：化学工业出版社，2004．
[36] 李连山．大气污染控制[M]．武汉：武汉工业大学出版社，1998．
[37] 林肇信．大气污染控制工程[M]．北京：高等教育出版社，1991．
[38] 刘成伦，杜娴．重庆市机动车尾气对大气环境的影响分析及减缓措施[J]．环境污染与防治，2005，27（7）．
[39] 刘凤枝．农业环境监测实用手册[M]．北京：中国标准出版社，2001．
[40] 刘景良．大气污染控制工程[M]．北京：轻工业出版社，2002．
[41] 刘密新，罗国安，张新荣，等．仪器分析[M]．2版．北京：清华大学出版社，2004．
[42] 刘青松．环境监测[M]．北京：中国环境科学出版社，2005．
[43] 刘天齐．“三废”处理工程技术手册：废气卷[M]．北京：化学工业出版社，1999．
[44] 陆书玉．环境影响评价[M]．北京：高等教育出版社，2005．
[45] 陆雍森．环境评价[M]．2版．上海：同济大学出版社，2002．
[46] 陆雍森．环境评价[M]．2版．上海：同济大学出版社，2005．
[47] 马广大，等．大气污染控制工程[M]． 2版． 北京：中国环境科学出版社，2004．
[48] 马广大，傅立新，贺克斌，等．城市机动车排放污染控制[M]．北京：中国环境科学出版社，2000．
[49] 南京农业大学．土壤农化分析[M]．2版．北京：农业出版社，1981．
[50] 宁平，张承中，陈建中．固体废物处理与处置实践教程[M]．北京：化学工业出版社，2002．
[51] 钱易，唐孝炎．环境保护与可持续发展[M]．北京：高等教育出版社，2000．
[52] 石元春．土壤学的数字化和信息化革命[J]．土壤学报，2000，37（3）：289-293．
[53] 孙宝盛，单金林．环境分析监测理论与技术[M]．北京：化学工业出版社，2004．

[54] 孙铁珩，李培军，周启星，等．土壤污染形成机理与修复技术[M]．北京：科学出版社，2005．
[55] 王建昕，傅立新，黎维彬．汽车排气污染治理及催化转化器[M]．北京：化学工业出版社，2000．
[56] 韦进宝，吴峰．环境监测手册[M]．北京：化学工业出版社，2006．
[57] 魏名山．汽车与环境[M]．北京：化学工业出版社，2005．
[58] 吴邦灿，费龙．现代环境监测技术[M]．北京：中国环境科学出版社，2005．
[59] 吴忠标，金一中．大气污染控制工程[M]．北京：科学出版社，2002．
[60] 奚旦立，孙裕生，刘秀英．环境监测．3 版[M]．北京：高等教育出版社，2005．
[61] 熊振湖，费学宁，池勇志，等．大气污染防治技术及工程应用[M]．北京：机械工业出版社，2003．
[62] 易洪佑，梁泽斌．环境监测仪器使用与维护[M]．北京：冶金工业出版社，1989．
[63] 张从．环境评价教程[M]．北京：中国环境科学出版社，2005．
[64] 张殿印．除尘器手册[M]．北京：化学工业出版社，2005．
[65] 张光德．车辆有害排放与控制策略的探讨[J]．武汉科技大学学报，2005，28（1）：46-49．
[66] 张宁红，戢启宏，郝英群，等．环境监测[M]．北京：中国环境科学出版社，2005．
[67] 张世森．环境监测技术[M]．北京：高等教育出版社，1992．
[68] 张永春，等．有害废物生态风险评价[M]．北京：中国环境科学出版社，2002．
[69] 张征．环境评价学[M]．北京：高等教育出版社，2004．
[70] 赵毅，李守信．有害气体控制工程[M]．北京：化学工业出版社，2001．
[71] 赵振纪，杨仁斌．农业环境质量评价[M]．北京：中国农业科技出版社，1993．
[72] 中国科学院南京土壤研究所．土壤理化分析[M]．上海：上海科技出版社，1978．
[73] 李兴虎．汽车环境污染与控制[M]．北京：国防工业出版社，2011．
[74] 余锡刚，吴建，黎颖，等．灰霾天气与大气颗粒物的相关性研究综述.环境污染与防治[J]．2010，32（2）：86-88．
[75] 崔胜民．新能源汽车技术[M]．北京：北京大学出版社，2009．

附录一 通用常数

1．气体常数 R

R =8.314 3 J/（mol·K）

=1.987 kcal/（kmol·K）

=0.082 06 atm·m^3/（kmol·K）

=8.314 3 kPa·m^3/（kmol·K）

2．重力加速度 g

g =9.81 m/s^2

=9.81 N/kg

3．其他常数

①冰点的绝对温度 T=273.15 K

②1 标准大气压 1atm =101 325 Pa

③1 mol 理想气体在标准状态下（0℃，1 atm）的体积为 22.4 L

④自然对数的底 e =2.718 3

附录二 通用单位换算

1．力 N

1 N =kg • m/s^2 =kgf/9.81

2．热 J

1 J =N • m =W • s =0.239 cal

3．功 W

1 W =J/s =N • m/s =0.239 cal/s

4．压力 P

1 atm =101.325 kPa =10.33 m of water =760 mm of mercury

1 Pa =N/m^2 =kg/m • s^2 =10^{-5} bar

1 bar =10^5 Pa =0.987 atm

5．动力黏度 cp

1 cp =0.01 poise =0.001 kg/m • s =0.001 Pa • s

6．运动黏度 cs

1 cs =0.01 stoke =10^{-6} m^2/s